汽车营销学

主　编　赵　伟　袁新建

副主编　高凤玲　张　娜

　　　　刘海涛　徐忠华

中南大学出版社
www.csupress.com.cn

图书在版编目(CIP)数据

汽车营销学/赵伟,袁新建主编. —长沙:中南大学出版社,
2017.4

ISBN 978 - 7 - 5487 - 2640 - 1

Ⅰ.汽... Ⅱ.①赵...②袁... Ⅲ.汽车 - 市场营销学 Ⅳ.F766

中国版本图书馆 CIP 数据核字(2016)第 309083 号

汽车营销学

赵 伟 袁新建 主编

□责任编辑	刘颖维	
□责任印制	易红卫	
□出版发行	中南大学出版社	
	社址:长沙市麓山南路	邮编:410083
	发行科电话:0731 - 88876770	传真:0731 - 88710482
□印　　装	长沙理工大印刷厂	

□开　　本	787×1092　1/16	□印张 12.5	□字数 317 千字
□版　　次	2017 年 4 月第 1 版	□2017 年 4 月第 1 次印刷	
□书　　号	ISBN 978 - 7 - 5487 - 2640 - 1		
□定　　价	30.00 元		

应用型本科院校汽车服务工程专业"十三五"规划教材

学术委员会

主 任

张国方

专 家

（按姓氏笔画排序）

应用型本科院校汽车服务工程专业"十三五"规划教材

编委会

主　任

张国方

副主任

（按姓氏笔画排序）

于春鹏　　王志洪　　邓宝清　　付东华

汤　沛　　邬志军　　余晨光　　李军政

李晓雪　　胡　林　　赵　伟　　高银桥

尉庆国　　龚建春　　蔡　云

前　言

　　近几年随着我国汽车产业的快速发展，汽车产业作为国民经济支柱产业的地位逐步确立，高水平的汽车销售人才需求剧增，相关院校在汽车销售人才的培养方面得到了一定的发展。为了顺应汽车营销行业的发展，注重学生的主动性、参与性和行动性的培养，提高学生操作能力以及对汽车销售发展的适应能力，加快汽车销售人才的培养，使汽车营销人才的培养能取得更大的进步，我们编写了这本教材。

　　根据本科院校"汽车营销"课程的教学需要和汽车行业的职业需求，本书以应用需求为中心，以学生能力培养和技能实训为主体目标，将实际工作内容与教材内容有机结合，致力于打造生动立体的课堂环境，提高学生学习的兴趣和学习的主动性，体现"以人为本、终身教育"的理念。从"帮助、服务"于教师教学及学生学习的角度出发，通过对汽车营销基本概念的讲解，辅以相关汽车营销案例，从而提升学生的理论和实践水平。

　　本书较为全面地介绍了汽车营销方面的基本知识，并注重学生分析问题与解决问题能力的培养，主要内容包括汽车营销概念、汽车市场营销环境分析、消费者购买行为分析、汽车厂商市场定位及竞争战略、汽车产品策略、汽车价格策略、汽车分销渠道策略、汽车促销策略、汽车电子商务营销、汽车销售实务等。

　　本书适用于本科院校汽车服务工程及其相关专业学生使用，也可以作为培训机构的教学用书以及其他喜欢汽车营销知识、从事汽车营销工作的读者的专业指导书，书中所涉及的经验和技巧是编者收集总结的目前汽车营销行业常用的一些经验和实践技能，希望能给读者以启发和帮助。本书由河南科技大学赵伟、高凤玲，南通理工学院袁新建，黑龙江工程学院张娜，沈阳工学院刘海涛，盐城工学院徐忠华编写。其中赵伟编写第1、4、7章，袁新建编写第2、3章，张娜编写第9、10章，高凤玲编写第5、6、8章，刘海涛，徐忠华为本书的编写提供了丰富的资料，为本书的编写作出了很大贡献。

　　本书在编写过程中参考了大量的图书资料和网络资料，由于时间所限，未能一一联系原作者，在此，全体编者向所有原作者们表示衷心的感谢。

　　由于编者水平和经验有限，编写时间仓促，且汽车营销涉及知识广泛，书中难免有纰漏之处，敬请广大读者和同仁批评指正，更欢迎广大读者对我们的工作提出宝贵意见。

编　者

2017 年 1 月

目 录

第 1 章　绪　论

1.1　汽车营销学概论

1.1.1　营销基本理论

市场通常是指买卖双方进行交换的场所,但从市场营销学的角度看,卖方组成行业,买方组成市场,行业和市场构成了简单的市场营销系统。买方和卖方由四种流程联结,卖者将货物、服务和信息传递到市场,然后收回货币及信息。生产商到资源市场购买资源(包括劳动力、资本及原材料),转换成商品和服务之后卖给中间商,再由中间商出售给消费者。消费者则到资源市场上出售劳动力从而获取货币来购买产品和服务。政府从资源市场、生产商及中间商处购买产品、支付货币,再向这些市场征税及提供服务。因此,整个国家的经济及世界经济都是由交换过程所联结而形成的复杂、相互影响的各类市场所组成的。

市场营销是为满足消费者需求和欲望而利用市场来实现潜在交换的活动。市场营销者是从事市场营销活动的人。市场营销者既可以是卖方,也可以是买方。作为卖方,力图在市场上推销自己,以获取购买者的青睐,这样卖方就是在进行市场营销。当买卖双方都在积极寻求交换时,他们都可称为市场营销者,并称这种营销为互惠的市场营销。

1.1.2　营销主要概念

市场营销要素根据不同发展阶段可分为以下几类。

1."4Ps"概念

"4Ps"理论产生于 20 世纪 60 年代的美国,随着营销组合理论的提出而出现。"4Ps"的四要素包括:产品(product)、价格(price)、渠道(place)和促销(promotion)。"4Ps"是人们对汽车厂商营销工具的统称,是汽车厂商为了满足顾客需求,促进市场交易而运用的市场营销手段,这些要素在促进交易和满足顾客需求中发挥着不同的作用。

(1)产品

注重开发的功能,要求产品有独特的卖点,把产品的功能诉求放在第一位。一个完整的产品包括外观、质量、花色、体积、规格、品牌、样式、包装、标签、商标等。

(2)价格

根据不同的市场定位制订不同的价格策略,包括基本价格、折扣、津贴、付款时间、信贷条件等。产品的定价依据汽车厂商的品牌战略,并注重品牌的含金量。

(3)渠道

汽车厂商并不直接面对消费者,而是注重经销商的培育和销售网络的建立,汽车厂商与消费者的联系是通过分销商来进行的。渠道包括销售渠道、储存设施、运输、存货控制等。

(4)促销

促销即传递营销信息,是广告、宣传、个人销售等的结合,包括人员推销、公共关系、营业推广、售后服务等。

"4Ps"的提出奠定了管理营销的基础理论框架。该理论以单个汽车厂商作为分析单位,认为影响汽车厂商营销活动效果的因素有两种:一种是汽车厂商不能够控制的,如社会、人口、技术、经济、环境、自然、政治、法律、道德、地理因素等,称之为不可控因素,这也是汽车厂商所面临的外部环境;另一种是汽车厂商可以控制的,如产品、价格、渠道、促销等营销因素,称为可控因素。汽车厂商营销活动的实质是一个利用内部可控因素适应外部环境的过程,即通过对产品、价格、渠道、促销的计划和实施,对外部不可控因素作出积极动态的反应,从而促成交易的实现,满足个人与组织的目标。

2."4Cs"概念

随着市场竞争日趋激烈,媒介传播速度越来越快,"4Ps"理论越来越受到挑战。"4Ps"实际上代表了销售者的观点,这对于如何适应日益挑剔的消费者并不十分贴切,1990年,美国学者罗伯特·劳特朋(Robert Lauterborn)教授提出了与传统营销的"4Ps"相对应的"4Cs"营销理论。"4Cs"理论是指顾客(customer)、成本(cost)、便利(convenience)和沟通(communication)。

(1)顾客

顾客主要指消费者需要什么样的产品,汽车厂商首先要了解和研究顾客并根据顾客的需求来提供产品。同时,汽车厂商提供的不仅是产品和服务,更多的是由此产生的客户价值。

(2)成本

成本除了汽车厂商的生产成本之外,还包括顾客的购买成本,同时也和产品定价情况有关,合理的成本应是既低于顾客的心理价格,又能够让汽车厂商赢利。而顾客的购买成本包括其货币支出,以及为此次购买耗费的时间、体力、精力、购买行为承担的风险等。

(3)便利

便利就是为顾客提供最大的购物和使用便利,如一种产品是否容易购买、销售网点的数量以及可提供的服务。便利性对于顾客来说属于服务范畴,汽车厂商在制订分销策略时,要考虑顾客的便利性,而不单是汽车厂商自己的便利性。通过高质量的售前、售后服务让顾客在购物时享受到便利是客户价值必备的一部分。

(4)沟通

沟通指消费者喜欢接受哪一种信息获得方式。汽车厂商应该通过同顾客进行积极有效的双向沟通,建立能获得双赢的新型汽车厂商和顾客关系。这不是汽车厂商单向的促销和劝导顾客,而是在沟通中找到能同时实现各自目标的方式。

"4Cs"整个营销活动的重点目标在现实消费者和潜在消费者身上,通过使顾客得到最大程度的满意,建立消费者对汽车厂商及其产品的信任度。通过营销过程中消费者、成本等基本因素的组合,努力做到产品、成本、服务的和谐统一,最终达到汽车厂商与消费者的双赢。

但由于"4Cs"是汽车厂商以顾客需求为导向,看到的是顾客的需求,而市场经济要求的是竞争导向,要求不仅看到需求,还要注意竞争对手,分析自身在竞争中的优势、劣势及采取的对策。因此,"4Cs"以顾客需求为导向,只看到满足顾客需求的一面,没有注意到汽车厂商为之付出的额外的成本,不利于汽车厂商实现双赢,根据市场发展,"4Cs"需要从更高层次以更有效的方式在汽车厂商和顾客之间建立有别于传统的新型的主动关系。

3."4Rs"概念

由于营销要素及营销环境在不断的发展变化,美国学者舒尔兹(Done Schultz)在20世纪90年代提出了"4Rs"营销组合理论,即关联(relevancy)、反应(reaction)、关系(relation)、回报(reward)四个要素的营销组合策略。

(1)关联

关联指汽车厂商运用多种营销技术和方法建立供需之间的价值链,与顾客形成长期稳定的互需、互惠的关联关系,即认为汽车厂商与顾客是一个命运共同体。

(2)反应

在相互影响的市场中,对经营者来说最现实的问题不在于如何控制、制订和实施计划,而在于如何站在顾客的角度及时地倾听并从推测性商业模式转移成为高度回应需求的商业模式。反应是指汽车厂商对市场变化和顾客需求的反应速度,反应策略是指汽车厂商对顾客需求变化迅速作出反应并满足顾客需求的营销策略与能力。汽车厂商要运用反应策略就要建立快捷的营销信息系统、敏捷的制造系统以及灵活便捷的分销系统,而且要实现组织结构的柔性化。

(3)关系

在汽车厂商与客户的关系发生了本质性变化的市场环境中,抢占市场的关键已转变为与顾客建立长期而稳固的关系。关系策略是指关系营销,是以系统论思想为指导,将汽车厂商置身于宏观营销环境之中来考虑汽车厂商的营销活动,认为汽车厂商营销是一个与顾客、供应商、竞争对手、分销商、政府、其他社会组织等利益相关者发生互动作用的过程,关系策略要求汽车厂商应当在提高客户关系管理能力的同时转变营销观念,包括转变五种关系:从一次性交易转向建立长期友好合作关系;从着眼于短期利益转向重视长期利益;从顾客被动适应汽车厂商单一销售转向顾客主动参与到生产过程中来;从相互的利益冲突转向共同的和谐发展;从管理营销组合转向管理汽车厂商与顾客的互动关系。

(4)回报

任何交易与合作关系的巩固和发展,都是经济利益问题。因此,一定的合理回报既是正确处理营销活动中各种矛盾的出发点,也是营销的落脚点。回报策略是指汽车厂商以满足顾客需求为前提,通过顾客满意、员工满意和社会满意来实现汽车厂商满意的营销策略。

"4Rs"营销组合理论重视顾客需求,同时强调以竞争为导向。"4Rs"营销组合理论强调满足顾客在购买和使用过程中综合服务的需求,其营销组合的目标在于为客户提供全套解决方案,满足顾客多层次需求,产生某种利益回馈机制等关联、关系形式,使客户成为汽车厂商忠实的合作伙伴。

与"4Ps"和"4Cs"理论相比,"4Rs"理论是在新的平台上概括了营销的新框架,它不但重视汽车厂商的内部和外部结构,而且更加注重内部和外部的联系。它的最大特点是以竞争为导向,不断整合内外资源,快速响应需求,建立多方关联,实现互动与双赢,同时也延伸和升华了便利性;体现并落实了关系营销的思想,通过关联、关系和反应,提出了汽车厂商如何主动创造需求,建立关系和长期拥有客户来保证长期利益的营销方式等问题,而回报兼容了成本、价格和双赢方面的内容。可以说,"4Rs"是新世纪营销理论的创新与发展,它必将对营销实践产生积极而重要的影响。

但"4Rs"要求的条件较为苛刻,操作起来困难,在短期内难以见到效益。当然,"4Ps""4Cs""4Rs"三者之间不是取代关系而是不断完善和发展的关系。由于现代汽车厂商层次不同,情况千差万别,营销者不可能把三者割裂开来甚至对立起来看待。在实际应用中,汽车厂商应根据自身所处的行业、产品的特性、汽车厂商所面对的消费者以及汽车厂商的营销任务,灵活地选择营销理论及其组合。

1.1.3 汽车营销的作用

汽车产业是国民经济的重要组成部分。汽车行业的发展直接关系到国民经济各行各业的发展。汽车营销不能促进汽车在市场中的流通,还间接地促进了汽车行业及其他行业的发展。

汽车营销是汽车厂商用来把消费者需求和市场机会变成有利可图的发展机会,也是汽车厂商战胜竞争者、谋求发展的重要方法。作为汽车厂商的一项重要经营管理活动,营销对汽车厂商具有以下几项基本功能:

①探索和了解汽车消费者的需求。汽车营销强调汽车厂商应以顾客为中心,以满足消费者需求为出发点,只有通过不停地发现、了解并满足消费者的需求,才能实现汽车厂商的最终价值。

②指导汽车厂商管理者决策。汽车厂商要谋得生存和发展,其中很重要的一项就是要做好经营决策。汽车厂商通过市场营销活动,分析外部环境的动向,了解消费者的需求和欲望以及竞争者的现状和发展趋势,结合自身的资源条件,指导汽车厂商在产品定价、分销、促销和服务等方面作出相应的科学决策。

③开拓市场。汽车厂商市场营销活动的另一个功能就是通过对消费者现在的需求和潜在的需求进行调查、了解与分析,充分把握和捕捉市场机会,积极研发产品,建立更多的分销渠道,采用更多的促销形式来开拓市场,增加销售量和提高效益。

④满足消费者的需求。满足消费者的需求与欲望是汽车厂商市场营销的出发点和制高点,也是市场营销的基本功能。汽车厂商通过市场营销活动,从消费者的需求出发,并根据不同目标市场的顾客,采取不同的市场营销策略,合理地组织及运用汽车厂商的人力、财力、物力等资源,为消费者提供适销对路的产品,搞好销售后的各种服务,从而让消费者满意。

⑤汽车营销是提高汽车厂商效益,促进汽车厂商发展的主要动力。汽车营销的功能决定了在世界技术和成本日益接近的形势下,只有积极营销才是提高汽车厂商效益的最好途径。

⑥开展汽车营销是市场经济体制运行机制的要求。市场经济下的运行机制是资源优化配置的一种形式,在这种运行机制下体现的是优胜劣汰,汽车厂商如果不能顺应环境的变化,只会造车不会卖车,最终必然会在现代汽车市场的激烈竞争中被淘汰。汽车厂商只有运用现代市场营销理念来指导汽车生产与销售,才能在与国内外汽车厂商的激烈角逐中获胜,最终在市场上赢得一席之地。

⑦汽车营销是我国汽车厂商走向世界的必由之路。在经济全球化愈演愈烈,市场经济发

展模式获得普遍认同的今天，我国汽车厂商发展市场营销是与国际市场接轨的必然，我国汽车厂商要想在世界汽车工业中占一席之地，除努力提高汽车制造技术之外，还应不断运用市场营销理论指导实践。

1.2 汽车市场的发展

1.2.1 我国汽车工业的发展

汽车工业是我国国民经济的支柱产业之一，汽车工业属于高新技术密集型工业，其发展也必将带动我国许多工业技术的进步。

近年来，中国汽车工业发展迅速，已经形成了比较完整的工业体系，我国汽车市场目前已被国际公认为是未来发展潜力最大的市场。1990 年以前，我国汽车市场处于公务车阶段，汽车需求量非常低，大部分的购买来自于政府、事业单位，其余是汽车厂商单位用车，很少有私人用车；1990—2000 年，公务用车的份额开始下降，商务用车的份额开始加大，私人购车开始起步；2002 年后，私人购车占整个市场的份额迅速提升，2003 年超过 70%，这标志着汽车市场进入了私人购车阶段。进入这一阶段之后，轿车市场便步入了成长期。而在我国加入 WTO 后更是加速了中国汽车工业的快速发展。目前，几乎所有的汽车跨国公司都已经进入中国，跨国公司通过与国内汽车厂商合资合作，已经占据了一半以上的中国轿车市场。种种迹象表明，国际汽车巨头与中国本土汽车厂商的合作，已经达到了较广的范围，这意味着中国汽车工业已经步入国际化阶段。

近几年来，我国汽车产业快速发展，2015 年，我国汽车产销量双双突破 2000 万，且已连续多年成为汽车产销第一大国。同时，节能与新能源汽车也在积极推进，2015 年，新能源汽车销售超过 30 万辆，产业集中度进一步提高，汽车产业结构进一步得到优化，预计未来数年还将稳步发展。

1. 汽车工业加速国际化进程的主要表现

①国内汽车业的发展在很大程度上已成为跨国公司全球战略的一部分，这意味着国内汽车厂商与跨国公司的合作与融合将进一步升级。

②跨国公司加大对中国的投资力度。目前，世界上主要的跨国汽车公司均已进入中国，其生产布局已经基本完成，面对快速发展的中国市场，几乎所有的跨国公司都在考虑增资扩产。

③跨国公司正全方位介入中国市场，竞争将进一步加剧。除了汽车生产外，竞争还将在汽车销售、维修服务、汽车租赁、汽车金融服务等方面展开。

2. 我国汽车工业发展面临的挑战

我国的汽车工业在国民经济支柱产业中的地位已经显而易见，但同时中国的汽车工业发展也面临更多的机遇与挑战，主要体现在以下几个方面：

①自主品牌难以发展。近几年，中国的自主品牌凭借低于合资品牌的价格优势抢占了我国部分汽车市场份额。但缺少品牌影响效力，当合资品牌凭借其雄厚的资金优势大打价格战时，自主品牌的优势便荡然无存。而且合资汽车厂商强大的研发能力和互补产品线使自主品

5

牌在市场上的操作越发不明朗,面临较大的市场压力。2007 年上市的新车中,有 70% 的车型属于合资品牌,以凯美瑞、福克斯、凯旋等为典型代表形成了中级车市场的强大阵容,可见,我国汽车的自主民族品牌生存压力较大。

②能源消费供需矛盾加剧,汽车产业的高速增长与环境、交通的矛盾日渐突显。中国是一个发展中的新兴大国,燃油供与求之间的矛盾仍将长期存在。"十二五"期间我国汽车产能规模可能会超过 4000 万辆,这将引发一系列的环境、交通等问题,如空气质量下降、交通拥挤等。在此背景下,2011 年绿色汽车产业的发展得到了高度的重视,特别是在新能源与环保政策的制订、汽车绿色技术的推广、环保意识的传播等方面更是如此。"十二五"期间,我国汽车工业的发展重点是节能汽车的发展、交通环境的改善、汽车增长运行和社会和谐发展等。

③零部件产业发展缓慢。目前,我国整车产业的发展和零部件产业的发展处于不协调阶段。根据"十二五"对我国汽车零部件产业发展提出的要求,国家要积极支持对汽车的发动机部件、动力系统、车载设备等核心零部件产业的快速发展。同时,我国整车汽车厂商的重点发展战略是培育和发展零部件合作伙伴,政府需要扶持多个汽车零部件厂商以达到国际一流水平。

1.2.2　汽车工业的发展特点

汽车工业是产业关联度高、规模效益明显、资金和技术密集的重要产业,目前汽车产业处于全球性转移过程之中,每一次产业转移都与技术创新或者生产、组织方式转移密切相关,在生产系统或产品方面取得了创造性突破,未来汽车产业产品和技术发展特点包括以下几个方面。

①新能源汽车。目前,全球气候变暖与环境污染已成为全球关注的问题。由于石油资源储量日渐减少而且不可再生,因此汽车排放标准不断升级,同时新能源汽车在全球引起了高度重视,各国都在新能源汽车的研发上投入大量的人力、物力、财力,使新能源汽车的技术取得了很大进步。

②汽车新技术。汽车安全带、安全气囊、ABS、EBD、ESP 等在国内外汽车产品中已经成为标准配置,但研究人员仍在不断努力突破安全技术的极限。智能控制技术不断应用于汽车,在提高驾驶舒适度的同时,通过电子控制系统来避免驾驶员因为操作不当、视觉盲区和反应迟缓而造成的事故,把事故发生的概率降至最低。安全技术从传统的重视被动安全逐步向重视主动安全技术方向发展,实现了从减小事故伤亡到避免事故发生的观念的转变。

③汽车产品智能化和信息化。现代汽车产品已经从单纯的机械部件集合逐步转变为信息载体和生活娱乐终端,各种智能配置得到广泛的应用和推广。从最初阶段的车载数字音响、电子钥匙、一键启动到当下逐步普及的车载电脑、行车导航、自动泊车技术等,表明智能化、信息化理念已经逐渐融入到汽车产品的整体设计之中。

1.2.3　我国汽车工业发展战略

未来我国汽车工业发展战略主要体现在以下几个方面:

①深入推进战略重组与协同。汽车厂商的集群发展与协同是汽车厂商培育集团整体形象的需要,是提升管理水平的需要。尤其是在汽车工业产能过剩和行业微增长形势之下,加强

行业兼并重组与汽车厂商内部协同是降本增效的有效手段；协同能够提高效率、促进汽车厂商核心竞争力加快提升，从跨国汽车厂商发展经验看，在市场低迷、竞争加剧的形势下，可采取"抱团取暖""建立联盟"等手段，借鉴跨国公司经验，我国汽车厂商也要加快推进业务重组优化。

②提高自主研发和创新能力，发展自主品牌。自主创新是提高汽车厂商竞争力的关键，要不断优化研发创新的运行体系，建设有国际竞争力、国内领先的研发体系。"十二五"乃至今后更长的时期，必须要把提高自主创新能力作为行业和汽车厂商发展的一个主线。加快汽车厂商技术研发能力建设，同时，进一步加大对全球资源、社会资源的创新使用，加快汽车产品研发步伐，深入挖掘各自潜能，探索出一条适合中国国情的自主创新道路。

③重视农村市场开拓，要满足多层次汽车消费的需求。党中央提出要建设社会主义新农村，汽车工业作为国民经济的支柱产业，有责任、有义务为中国农村的发展和农民的生活质量提高提供优质的产品与服务，这也是中国汽车产业今后发展的重点。

④建立强大的汽车零部件支撑体系，努力成为国际汽车零部件采购中心是汽车零部件产业发展的重中之重。努力提高汽车厂商的研发能力，形成有自己特色的品牌，实现多品种配套规模经营，特别是要紧密配合整车汽车厂商的品牌建设战略，通过共同合作提高竞争力，逐步打造中国汽车零部件产业新形象。面对市场竞争，零部件行业要加快产业的兼并重组，提高专业化、规模化的水平。积极探索零部件汽车厂商和整车汽车厂商建立联盟的发展关系，努力形成相互支持、相互依靠、互利共赢的关系。

第 2 章　汽车市场营销环境分析

2.1　汽车市场营销环境概述

2.1.1　市场营销环境含义

营销环境是指与企业营销活动相关的、影响企业营销活动和营销目标实现的各种因素，包括宏观环境和微观环境。宏观环境是外在的、不可控的环境因素，指那些对企业营销活动产生重要影响而又不为企业的营销职能所控制的全部因素，一般包括政治与法律环境、经济和市场环境、自然和人口环境等。所以，通常情况下企业对各种宏观环境因素只能适应，却不能改变。

微观环境是指企业的内部因素和企业外部的活动者等因素。外部活动者主要包括供应商、营销中介组织、竞争者、用户及有关公众等。内部因素是指那些对于企业来说是内在的、可以控制的环境因素，如企业的经济实力、经营能力和企业文化等，企业对各种微观因素可以施加不同的影响。

宏观环境和微观环境处于市场环境系统中的不同层次，所有的微观环境都受宏观环境的制约，而微观环境对宏观环境也有影响，如图 2-1 所示。企业的营销活动就是在这种外界环境相互联系和作用的基础上进行的。

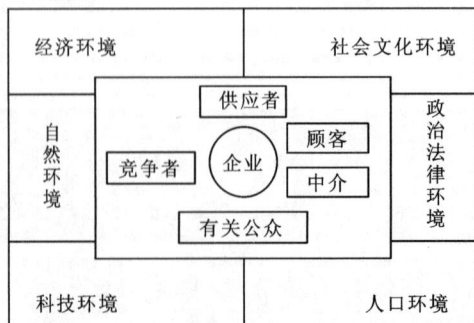

图 2-1　市场营销环境的构成

市场营销环境是一个不断完善和发展的概念,随着商品经济的发展,发达国家的企业越来越重视对市场环境的研究,企业只有不断地适应各种营销环境的变化才能顺利地展开营销活动。在营销实践中除对营销环境进行科学的研究和预测外,还要掌握科学的分析方法,寻找营销机会,及时调整营销策略,使企业的营销活动不断适应变化的营销环境。

2.1.2　市场营销环境特点

汽车产业作为各国国民经济的支柱产业,对宏观环境与微观环境的变化反应非常敏感。一般来说,汽车市场营销环境有如下几个特点。

(1)客观性

汽车企业要从事市场营销活动,必须处理好与供应商、营销渠道及消费者的关系,汽车企业的营销行为要受到法律的约束和社会公众的监督,营销决策更要受到经济、法律、社会文化等因素的约束。

(2)差异性

汽车市场需求的多样化使得不同汽车企业受到不同市场环境的影响,同一种环境因素的变化对不同汽车企业的影响也不相同。因此,汽车企业应当采取不同的营销策略以适应不同的营销环境。德国大众公司的 Polo 是一款欧洲热卖车,但是在国内的销售成绩却未能达到他们预期的水平,大众公司高层分析的结果是 Polo 是一款"复杂"的"小"车,而中国人喜欢"简单"的"大"车。这说明了这样一个问题,中国汽车市场和世界其他汽车市场相比,存在一些独有的差异性,导致这些差异性背后的原因一般是文化(例如不太接受两厢掀背车型)、历史等因素。在欧洲热卖的车型,在中国未必就能畅销;一些车型在国外销量很差,但在中国却非常走俏。

(3)动态性

汽车市场营销环境是企业营销活动的基础和条件,随着时间的推移而发生变化。如我国汽车消费者的消费趋势已从追求生活的基本满足转变为追求汽车的档次及个性化等,这些转变会对汽车企业的营销行为产生直接影响。因此,企业的营销活动必须适应环境的变化,不断地调整和修正自己的营销策略。

(4)关联性

市场营销环境各因素是相互联系、相互依赖、相互作用的。如国家宏观调控政策中的财政与税收政策、通货膨胀、需求过旺、原材料短缺等因素都能导致商品价格的上涨;科技、经济的发展会引起政治、经济体制的相应变更或变革,从而影响企业产品的质量及其更新换代的速度等。这种相关性给企业开展市场营销营造了更加复杂的客观环境。

(5)不可控性

影响市场营销环境的因素是多方面且比较复杂的,表现出不可控性。而且这种不可控性对不同企业的表现也不相同,有的因素对某些企业来说是可控的,而对另一些企业则可能是不可控的;有些因素今天是可控的,而到了明天则可能变为不可控因素。比如一个企业不能控制国家的政治、法律制度,企业不可能控制人口增长和变化趋势、消费者的经济情况以及竞争对手的生产经营情况等。

2.2 汽车市场营销环境分析

2.2.1 汽车市场营销环境分析概述

1.市场营销环境分析的意义

①市场营销环境分析是企业开展营销活动的出发点。汽车企业的营销活动受到营销环境的影响和制约，适应环境是企业生存和发展的前提。营销环境的动态性，要求企业进行的市场营销活动应围绕营销环境的变化来开展。企业应该重视调查并分析市场营销环境，在营销环境分析的基础上制订营销策略。

②市场环境分析有助于企业趋利避害，发现市场机会和规避环境威胁。汽车营销环境的变化不断带来新的机会，而机会与威胁往往同时存在。营销的任务在于抓住机会、化解威胁，以有力的措施迎接市场的挑战。企业趋利避害的前提是时刻关注与分析环境变化。

③市场营销环境的分析是企业制订和实施营销策略的依据。企业要想使市场机会成为利润的增长点，制订的营销策略就必须与营销环境相协调。

2.市场营销环境分析的步骤

汽车企业生存在复杂多变的环境之中，各种环境因素对企业的经营管理活动都会产生一定程度的影响，但它们不是同时、均等地发生作用，在不同时期、不同条件下，环境因素对企业经营管理活动的影响是有区别的，有时甚至会有较大的差异。因此，在研究营销环境时，要根据不同的情况做不同的分析，只有区别对待，才能更有效地利用环境因素。

市场营销环境分析一般按以下步骤进行。

（1）收集营销环境信息

汽车企业对直接营销环境和间接营销环境的信息收集工作主要由企业内部报告系统和市场调研系统来完成。内部报告系统能够让企业清楚地认识自己，营销调研系统则能够让企业及时了解外部营销环境。通过市场营销调研可以及时准确地掌握市场动态，使企业决策建立在坚实可靠的基础之上。

（2）营销环境威胁分析

环境威胁是指企业营销环境因素中对企业发展不利的因素的总和。如果汽车企业不采取果断的营销措施，这种不利因素将会降低企业所占的汽车产品市场份额。因此，可以按威胁的潜在严重性和威胁出现的可能性进行分析，威胁的潜在严重性表示环境威胁出现后给企业带来利润损失的大小，威胁的可能性一般用概率值表示，数值越大表示出现威胁的可能性越大。对汽车企业来讲，威胁的潜在严重性和威胁出现的可能性存在以下四种情况。

①潜在严重性和出现威胁的可能性均大，一旦出现，将会给企业造成极大的利益损失，应予以高度重视。

②潜在严重性大，出现威胁的可能性小，一旦出现，会给企业造成较大的利益损失，因而不可掉以轻心。

③潜在严重性小，出现威胁的可能性也小，一般不构成对企业的威胁，是较为理想的市场营销环境。

④潜在严重性小，出现威胁的可能性大，出现以后对企业造成的损失虽小，但也应加以注意。

（3）营销环境机会分析

市场机会是指汽车企业营销环境因素中对企业发展的有利因素的总和。同样的环境对于不同的企业，其导致的市场机会和市场容量大小往往不一样，由此带给企业的潜在利润也就不一样，其潜在吸引力也就不同。企业在利用各种市场机会时，取得成功的可能性也有大小之分。潜在的吸引力即潜在的赢利能力，在市场机会中，潜在吸引力和成功的可能性是不同的。

①潜在吸引力和成功的可能性都很大。市场机会属于最好的营销环境机会类型，企业应全力以赴加以发展。

②潜在吸引力大而成功的可能性小。企业应设法找出导致成功可能性低的原因，察看是不是企业内部存在组织管理不善、技术水平低等方面的原因。然后设法改善不利因素，使企业自身条件加以改善。

③潜在吸引力小而成功的可能性也小。企业应一方面积极改善自身的条件，一方面观察其发展变化趋势，以准备随时利用市场机会。

④潜在吸引力小而成功的可能性大。对于大型企业来说，遇到这样的机会往往是观察其变化趋势，而不是积极加以利用；但对于中小企业来说，因其产生的利润空间已足够企业的生存与发展，所以中小企业应积极加以利用。

（4）机会–威胁综合分析

通过对市场机会与环境威胁的分析，企业可以准确地找到自己面临的市场机会和环境威胁的位置，确定企业营销战略的方向与重点。如果将市场机会矩阵和环境威胁矩阵结合起来分析，就可以得出机会–威胁分析结果。

在机会–威胁分析过程中，通过分析机会水平和威胁水平，可以归结出以下四种不同的环境状况：

①机会水平高，威胁水平高，这种环境为冒险环境；

②机会水平高，威胁水平低，这种环境为理想环境；

③机会水平低，威胁水平低，这种环境为成熟环境；

④机会水平低，威胁水平高，这种环境为困难环境。

企业处于何种环境状态在很大程度上是由宏观环境造成的。因此企业要经常监视和预测宏观环境的变化，以便及时采取适当的营销策略，使企业与环境变化相适应，以便在汽车市场的竞争中立于不败之地。

3. 环境分析的基本策略

环境分析的基本策略主要包括以下两个方面：

（1）企业在宏观环境变化中应采取的策略

对汽车企业市场营销来说，最大的挑战莫过于环境变化，其会对汽车企业造成的威胁。而这些威胁的来临，一般又不为汽车企业所控制，因此汽车企业应做到冷静分析、沉着应对。面对环境威胁，汽车企业可以采取以下三种策略：

①对抗策略。这种策略要求尽量限制或扭转不利因素的发展。比如企业通过各种方式促使或阻止政府或立法机关通过或不通过某项政策或法律，从而赢得较好的政策法律环境。显

然企业采用此种策略时必须要以企业具备足够的影响力为基础，一般只有大型企业才具有采用此种策略的条件。此外企业在采取此种策略时，其主张和所作所为，不能倒行逆施，而应同潮流趋势一致。

②减轻策略。这种策略适宜于企业处于不利因素发展时采用。它是一种尽量减轻销售损失程度的策略。一般而言，环境威胁只是对企业市场营销的现状或现行做法构成威胁，并不意味着企业就别无他途，俗话说"天无绝人之路""东方不亮西方亮"。企业只要认真分析环境变化的特点，找到新的营销机会，及时调整策略，不仅能使营销损失降低成为可能，而且还能谋求更大的发展。

③转移策略。这种策略要求企业将面临环境威胁的产品转移到其他市场上去，或者将投资转移到其他更为有利的产业上去，实行多角经营。例如合资组装方式转移生产、产品技术转移等都是转移市场的做法。但转移市场要以地区技术差异为基础，即在甲地受到威胁的产品，在乙地市场仍有发展前景。企业在决定多角经营(跨行业经营)时，必须要对企业是否在新的产业上具有经营能力做谨慎分析，不可贸然闯入。

总之，当企业在遇到威胁和挑战的时候，营销人员，尤其是管理者，应积极寻找对策，带领全体职工努力克服困难，创出光明前景。

(2)企业在微观环境变化中应采取的策略

成功的企业都离不开机遇。所谓市场机遇无非是指企业所处的市场微观环境出现有利于企业发展时的状态。研究市场机遇，及时抓住有利的市场机遇，能够使企业走向成功。但是，机遇具有偶然性、时效性和不确定性，如不能及时发现和利用，则转瞬即逝，还可能使原本对企业有利的因素变为对企业不利的因素。因此，任何一个企业，都应认真分析和研究企业微观环境，尤其是有关市场竞争的各种信息，使之为企业所用。企业在面对各种微观因素变化时，可采取以下五种策略：

①开发性策略。当顾客对企业的现有产品或服务不满意而产生更高层次需求时，企业就面临着一种微观环境的改变，即原有市场发生变化，潜在需求出现。这时如不能及时抓住机会改变原有产品，就有可能失去已占领的市场。因此，必须立即组织研究人员在短期内开发出能满足顾客需求的新产品。假如这种新产品开发的过程较复杂、需要投入大量人力和财力或所需的时间很长时，应在产品开发的不同阶段，把开发信息传递给消费者。这样，不仅能使消费者知道自己的需求将得到满足，还可以起到刺激需求、扩大影响和促销的多重作用。

②同步性策略。当企业的市场竞争者以相同质量、相同价格的产品打入市场时，本企业面对的可能是十分复杂和难以独家取胜的市场环境。这时，如果本企业处于领先地位，则应保持住原有的市场地位；如果处于市场竞争中的次要地位，则应与同类型企业步调一致。所谓同步性是指在资金、人力和物力一定的情况下，避免出风头，与市场上大多数同类企业站在一起，保持一致的步调，否则，将有可能伤元气或很快被挤出市场。我们都知道，在任何国家，不管它的经济多么发达，任何一个企业都不可能完全垄断市场，总要与众多企业共同生产或经营同类产品。那么，假如在条件不允许的情况下与领先的企业竞争，就可能很快被击垮；假如与大多数企业共同生存，则可能会保持住企业现有阵地而生存并发展起来。

③改变性策略(扭转性策略)。扭转性策略是指当微观环境中的某一部分对本企业的产品或服务不产生需求或产生抵触性需求且这种情况具有暂时性或可扭转性时，企业不应立即放弃在这一领域的营销活动，而应该采取相应措施改变这部分消费者的意念或需求倾向，把

负需求倾向转变为正需求。具体做法就是在这部分顾客集中的区域内，大范围、大轮回地进行促销活动，通过示范性使用、名人效应以及其他一切可行的促销方法去促使他们改变自己的行为。如果这部分顾客中多数顾客属于理性购买者，应考虑多用实例和数据来说明其产品的效应，如果多数属于感性或冲动购买者，则应多用刺激性事例或场面较大的、能引起即时效应的方法来诱导。很多实例证明，当企业产品质量过关且未处于市场生命周期末端时，一部分顾客的负需求是完全可以通过策略加以改变的。

④适应性策略（差别性策略）。当顾客中存在着较明显的购买力差别时，应适应这种状况，把相同产品的销售价格分别定在不同的档次上，即在不同地区、不同时间、不同的交易形式下，同一产品定为不同的价格。这种营销方法的基础是由于购买力水平不同而产生的不同消费心理，当然，并不是所有产品在任何条件下都可以采用这一策略，比如以较低价格购买的顾客能够很容易地以较高价格把该产品倒卖给其他顾客，对于以高价销售产品的竞争者，采用这种以低价格倾销占领市场的策略便不适用。有很多企业，在实际运用这一策略时可以灵活变通，比如同质量产品以不同形式出现，可以稍加改变产品的外形，也可以把产品的包装变得俏丽些，或者在高价产品上加些饰物。这样，既能保证生产时不改变工艺流程，生产出与原产品或低价产品"不同"的可以以高价出现在市场上的产品，又能使顾客产生以高价购回的产品有别于一般产品的想法，满足消费者的求名的消费心理。

⑤转移性策略。转移性策略是指当微观环境中原有顾客的消费习惯或消费行为改变时，企业的产品不被消费者接受而产生市场威胁时，应把产品及时、迅速地转移到其他地区以求发展。比如在两个地区生活水平或购买力水平存在差异的情况下，当产品在购买力水平高的地区销售时被多数顾客放弃时，可转移到购买力水平低的地区继续销售，将黑白电视从城市市场转移到农村市场就是一个例子。当然，采取这种策略时必须考虑产品的市场生命周期和消费状况以及区域间的差别，不能一概而论地把此地销不出的产品转移到彼地销售而没做任何市场调查和预测。在商品经济发达的情况下，各地区市场消费状况的差异性会逐渐缩小。因此，若要采用此方法进行营销，必须先进行周密的市场调查研究，切不可轻举妄动。

4. 市场营销环境分析方法

通过分析营销环境，企业可以知道当前和未来环境中存在哪些营销机会和威胁，以便能充分利用机会，有效应对威胁，保证企业的生存和持续发展。

SWOT 环境分析方法是一种企业战略分析方法，即根据企业自身既定的内在条件进行分析，找出企业的优势、劣势及核心竞争力之所在。其中，S 代表优势（strength），W 代表 weakness（劣势），O 代表 opportunity（机会），T 代表 threat（威胁）。按照企业竞争战略的完整概念，战略应是一个企业的强项、弱项与环境的机会、威胁之间的有机组合。

从竞争角度看，对成本措施的抉择分析，不仅来自于对企业内部因素的分析判断，还来自于对竞争态势的分析判断。通过对企业外部环境与内部条件的综合分析，明确企业可利用的机会和可能面临的风险，并将这些机会和风险与企业的优势和缺点结合起来，形成企业成本控制的不同战略措施。

SWOT 分析方法的基本步骤包括：分析企业的内部优势、弱点，既可以是相对企业目标而言的，也可以是相对竞争对手而言的；分析企业面临的外部机会与威胁，可能来自于与竞争无关的外部环境因素的变化，也可能来自于竞争对手力量与因素变化，或二者兼有，但关键性的外部机会与威胁应是确定的；将外部机会和威胁与企业内部优势和弱点进行匹配，形成可行的战略。

SWOT 分析有四种不同类型的组合：优势机会组合、弱点机会组合、优势威胁组合及弱点威胁组合。

优势机会战略，是一种发展企业内部优势与利用外部机会的战略，是一种理想的战略模式。当企业具有特定方面的优势，而外部环境又为发挥这种优势提供有利机会时，可以采取该战略。例如良好的产品市场前景、供应商规模扩大和竞争对手有财务危机等外部条件，配以企业市场份额提高等内在优势可成为企业收购竞争对手、扩大生产规模的有利条件。

弱点机会战略，是利用外部机会来弥补内部弱点，使企业摆脱劣势获取优势的战略。虽然有时存在外部机会，但由于企业存在一些内部弱点而妨碍其利用机会，可采取措施先克服这些弱点，例如，企业弱点是原材料供应不足或生产能力不够，从成本角度看，前者会导致生产能力闲置、单位成本上升，而加班会导致一些附加费用。在产品市场前景良好的前提下，企业可利用供应商扩大规模、新技术设备降价、竞争对手财务危机等机会，实现纵向整合战略，重构企业价值链，以保证原材料供应，同时可考虑购置生产线来克服生产能力不足及设备老化等缺点。通过克服这些弱点，企业可能进一步利用各种外部机会，降低成本，取得成本优势，最终赢得竞争优势。

优势威胁战略，是指企业利用自身优势，回避或减轻外部威胁所造成的影响。如竞争对手利用新技术大幅降低成本，给企业造成较大成本压力；同时材料供应紧张，其价格可能上涨，这些都会导致企业成本状况进一步恶化，使之在竞争中处于非常不利的地位。但若企业拥有充足的资金、技术娴熟的工人和较强的产品开发能力，便可利用这些优势开发新工艺，简化生产工艺过程，提高原材料利用率，从而降低材料消耗和生产成本。

弱点威胁战略，是一种旨在减少内部弱点，回避外部环境威胁的防御性技术。当企业存在内忧外患时，往往面临生存危机，降低成本也许将成为改变劣势的主要措施。当企业成本状况恶化、原材料供应不足、生产能力不够、无法实现规模效益，且设备老化，使企业在成本方面难以有大的作为，这时将迫使企业采取目标聚集战略或差异化战略，以回避因成本方面的劣势，并回避因成本原因带来的威胁。

SWOT 分析也存在着一些常见的错误，特别是初学者在进行 SWOT 分析时容易出现的问题。有时这样的错误会严重误导分析结果。

在整体目标尚未明确或达成共识前，就进行 SWOT 分析，会导致分析结果七零八落，最后无法落实，因为最主要的目标可能有 3~5 个，且不停改变，如此将造成多头出击的状况。此外，有时整体目标已经提出，但每个人理解的状况仅停留在各自脑海，没有经过分享与确认，也容易造成误解。

将 SWOT 分析当做可行的策略。SWOT 分析仅是对现状客观的陈述。或许多数人能在"优势""劣势"与"威胁"方面做到客观的陈述，但在"机会"这一方面许多人会将策略写进去，而非现象。可以试着将"机会"想成"理想情况"进行描述，有助于推出下一步的策略。

波士顿矩阵分析法是波士顿咨询集团(boston consulting group，BCG)在 20 世纪 70 年代初开发的。BCG 矩阵将组织的每一个战略事业本位标在一种二维的矩阵图(图 2 – 2)上，从而显示出哪个战略事业单位能提供高额的潜在收益，哪个战略事业单位是组织资源的漏斗。

BCG 矩阵的发明者、波士顿公司的创立者布鲁斯认为"公司若要取得成功，就必须拥有增长率和市场份额各不相同的产品组合，组合的构成取决于现金流量的平衡"。波士顿矩阵通过市场增长率和市场占有率两个维度对业务单位进行分析。

在图 2 - 2 中，横坐标表示相对市场份额，表示各项业务或产品的市场占有率和该市场最大竞争者的市场占有率之比，比值高就表示此项业务是该市场的领先者。纵坐标为市场增长率，表明各项业务的年销售增长率。具体坐标值可以根据行业的整体增长而定。图中圆圈表示企业现有的各项不同的业务或产品，圆圈的大小表示它们销售额的大小，圆圈的位置表示它们的成长率和相对市场份额所处的地位。

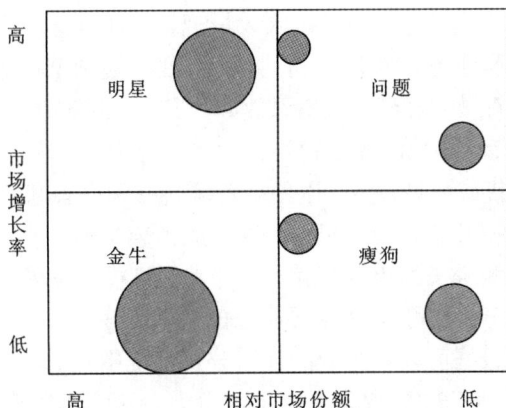

图 2 - 2　波士顿矩阵

通过分析不同的业务单位在矩阵中的不同位置可以将业务单位分解为如下 4 种业务组合：

①问题型业务。问题型业务是指高市场增长年、低市场份额的业务，这些产品利润率可能很高，但占有的市场份额很小。这通常是一个公司的新业务，为发展问题业务，公司必须建立工厂、增加设备和人员，以便跟上迅速发展的市场，并超过竞争对手，这将意味着大量的资金投入。"问题"非常贴切地描述了公司对待这类业务的态度，因为这时公司必须慎重回答"是否继续投资、发展该业务？"。只有那些符合企业发展长远目标、企业具有资源优势、能够增强企业核心竞争力的业务才能得到肯定的回答。得到肯定回答的问题型业务适合于采用战略框架中提到的增长战略，目的是扩大市场份额，甚至不惜放弃近期收入来达到这一目标，因为问题型业务要发展成为明星型业务，其市场份额必须有较大的增长，然而得到否定回答的问题型业务则适合采用收缩战略。

②明星型业务。明星型业务是指高市场增长率、高市场份额的业务，这个领域中的产品市场处于快速增长，且市场份额占有支配地位，但也许会或也许不会产生现金流量，这取决于新工厂、设备和产品开发对投资的需要量。明星型业务是由问题型业务继续投资发展起来的，可以视为高速成长市场中的领导者，它将成为公司未来的金牛业务。但这并不意味着明星业务一定可以给企业带来源源不断的现金流，因为市场还在高速成长，企业必须继续投资，以保持与市场同步增长，并击退竞争对手。企业如果没有明星业务，就失去了希望，但过多也可能会使高层管理者作出错误的决策。这时必须具备识别能力，将企业有限的资源投入在能够发展成为金牛的恒星上。同样的，明星型业务要发展成为金牛业务适合于采用增长战略。

③金牛型业务。金牛型业务是指低增长率、高市场份额的业务，处在这个领域中的产品产生大量的现金，但未来的增长前景是有限的。这是成熟市场中的领导者，它是企业现金的来源。由于市场已经成熟，企业不必大量投资来扩展市场规模，同时作为市场中的领导者，该业务享有规模经济和高边际利润的优势，因而给企业带来大量现金流。企业往往用金牛业务来支付账款并支持其他三种需大量现金的业务。金牛型业务适合采用战略框架中提到的稳定战略，目的是保持市场份额。

④瘦狗型业务。瘦狗型业务是指低市场增长率、低市场份额的业务，这个剩下的领域中的产品既不能产生大量的现金，也不需要投入大量现金，针对这些产品要改进其绩效是没有希望的。一般情况下，这类业务常常是微利甚至亏损的，瘦狗型业务存在的原因更多的是由于感情上的因素，虽然一直微利经营，但不忍放弃。其实，瘦狗型业务通常要占用很多资源，如资金、管理部门的时间等，多数时候是得不偿失的，瘦狗型业务适合采用战略框架中提到的收缩战略，目的在于出售或清算业务，以便把资源转移到更有利的领域。

业务或产品多从问题型开始转向明星型，进而成为金牛型，最终降为瘦狗型。企业必须注意每项业务的变化并预测未来的市场变化，以此来制订投资发展战略。

利用波士顿模型进行分析，可评价各项业务的前景。BCG 是用"市场增长率"这一指标来表示发展前景的。这个数据可以从企业的经营分析系统中提取，还可以评价各项业务的竞争地位。采用"相对市场份额"这个指标来表示竞争力。这一步需要做市场调查才能得到相对准确的数据。计算公式是把一家单位的收益除以其最大竞争对手的收益，得到需要的结果。同时可标明各项业务在 BCG 矩阵图上的位置。以业务在二维坐标上的坐标点为圆心画一个圆圈，圆圈的大小表示企业每项业务的销售额，到了这一步公司就可以诊断自己的业务组合是否健康。一个失衡的业务组合就是因为有太多的瘦狗型或问题型业务，或太少的明星型和金牛型业务。例如有三项问题型业务，不可能全部投资发展，只能选择其中一项或两项，集中投资发展；只有一项金牛型业务，说明财务状况是很脆弱的，有两项瘦狗型业务，这会是沉重的负担。

确定纵坐标"市场增长率"的标准线，从而将"市场增长率"划分为高、低两个区域。

比较科学的方法有两种，即：a. 把该行业市场的平均增长率作为分界点；b. 把多种产品的市场增长率（加权）平均值作为分界点。需要说明的是，高市场增长定义为销售额至少要达到 10% 的年市场增长率（扣除通货膨胀因素后）。

确定横坐标"相对市场份额"的标准线，从而将"相对市场份额"划分为高、低两个区域。

一种比较简单的方法是，高市场份额意味着该项业务所在行业的领导者的市场份额。需要说明的是，当本企业是市场主导者时，这里的"最大的竞争对手"就是行业内排行第二的企业。

2.2.2　汽车市场营销宏观环境分析

1. 人口环境

市场营销对人口因素极其关注。市场是由具有购买欲望和购买能力的人组成的，有人才能有顾客，而且只有人才能发展成为顾客。人口因素对汽车企业的市场购买量、产品的品种结构等市场状况都具有决定性影响。人口环境指一个国家和地区的人口数量、人口质量、家庭结构、人口年龄分布及地域分布等因素的现状及其变化趋势。在一般情况下，人口数量意味着市场容量和市场潜量；人口结构意味着消费选择和消费结构。为满足不同年龄结构的需求，不同公司会推出不同市场定位的车型。

（1）人口总量与自然增长状况

在收入不变的情况下，人口越多，则对汽车的需求量也就越大。

（2）人口结构

目前，人口结构变化对我国汽车企业营销产生较明显影响的主要有以下 3 个方面：

①女性消费市场巨大，成为消费热点之一。随着职业女性的增加和经济地位的提高以及其自主、自立意识的增强，已经有越来越多的女性成为现实的或潜在的汽车消费者。女性已经成为汽车消费市场中一股举足轻重的力量。

②青少年人口比重下降，消费档次不断提高。汽车企业要根据青少年活跃、感性的特点，生产出动感、时尚的车型，占领青少年汽车市场。

③人口结构老龄化，老年汽车市场成规模。汽车企业应针对 60 岁以上的老年人大多腿脚不便、反应迟钝的特点，生产车门较宽、门槛较低、助动型驾驶座、放大型仪表盘和后视镜、按钮制动、自动锁车及价格较低的车型，占领老年汽车市场。

（3）家庭结构状况

婚姻状况与家庭的住址、规模在很大程度上会影响以家庭为消费单位的汽车需求。我国家庭结构发展趋势中最显著的特征是家庭小型化，子女一般不再和父母一起生活和居住，相互之间的连接手段和工具就是以车代步。

（4）人口分布

人口分布的动态变化对汽车企业的营销活动也产生一定的影响。目前，在城市尤其是大城市，随着人口数量的增加，直接导致城市规模不断扩大，许多从前人口较少的郊区，也逐渐发展成为繁华的居住区。人们居住在这些远郊地区，却都要到原来的市区上班，这无形中就增加了市民买车的需求。

这些情况就使得汽车企业有了更多的消费群体，进而使家用车市场不断繁荣。

2. 政治环境

政治环境是指企业市场营销的外部政治形势给企业市场营销带来的或可能带来的影响。在国内市场上，政府通过改革经济体制和制订经济政策的方式制约、管理汽车的生产和经营。由于我国实行的是社会主义市场经济体制，虽然经济关系市场化、企业行为自主化、宏观调控间接化和经营管理法制化，但政府还是可以通过财政、金融和价格等政策、规定来规范企业的经营行为。在意识形态方面，主要是通过对汽车市场营销组合的影响表现出来，如汽车的结构、造型、品牌、商标、销售服务、定价、分销，特别是促销策略等，都会最终影响消费者的价值判断和购买选择。另外，一个社会的国情、民情、民俗和民风等，也会影响消费者的兴趣和爱好，形成不同的消费需求和消费时尚。在国际市场上，随着经济全球化和国际经济一体化的发展，各国政府、不同意识形态以及政党、政局、政策的变化，也会直接或者间接地影响汽车的市场营销。

对我国汽车营销者而言，应密切注意的政策包括市场经济体制及中长期基本经济政策、汽车工业产业政策、税收政策、进口管理政策。

3. 法律环境

法律环境是影响汽车市场营销最具约束力的力量，既包括对企业市场营销产生重要影响的各项法律，也包括产品的技术标准、技术法规、商业惯例等。

法律对汽车企业营销的影响主要体现在3个方面：一是保护消费者，如《产品责任法》《中华人民共和国消费者权益保护法》《中华人民共和国广告法》等法律，其目的主要是维护消费者利益，阻止企业非法牟利；二是促进或限制企业的营销活动，如《中华人民共和国公司法》《中华人民共和国企业法》等法律有利于企业健全经营机制和加强对整体营销活动的自身控制，《中华人民共和国反垄断法》《中华人民共和国反不正当竞争法》等法律则是用来监督、指导企业行为，保护企业之间的公平竞争；三是维护社会利益，如《中华人民共和国环保法》《中华人民共和国环境、噪声、污染防治条例》等主要用来维护生态平衡，保护公众利益。

每部法律都会对汽车企业的市场营销活动形成某种约束，因此，企业的市场营销人员必须掌握有关消费者利益、环境保护和社会利益方面的法律知识。保护消费者利益已经成为现代法律的重点，把握这一点对企业开展市场营销尤为重要。

在政策方面，国家的汽车政策主要包括汽车产业政策、汽车企业政策、汽车产品政策和汽车消费政策4个方面：

①汽车产业政策。国家的汽车产业政策可分为抑制汽车产业发展的政策和促进汽车产业发展的政策，历史上，英国就曾经是一个对汽车产业实施抑制政策的国家。

②汽车企业政策。汽车是国家的支柱产业，重点汽车企业更是国家的栋梁，无论国内还是国外，重点汽车企业都享受优待政策和保护政策。例如，我国在1997年推出了优待重点汽车企业的政策，规定凡是国家重点汽车企业，均可以享受以下5条优惠政策：固定资产投资方向调节税为零；优先鼓励其股票和债券的发行与上市；银行在贷款方面给予积极支持，在利用外资计划中优先安排；企业集团的财务公司，经国家有关部门批准，可以扩大业务范围；对经济型轿车、锻造工具、轿车关键零部件的模具，适当鼓励政策性贷款。

③汽车产品政策。现代市场营销学把企业的产品结构划分为宏观和微观两部分。其中宏观结构是指一个汽车企业所拥有的产品线的多少，即指货、客、轿三种汽车所占的比例。微观结构是指某种产品的整体结构，是指汽车的车型，即某一种汽车在大、中、小型等方面的细分。汽车的宏观结构和微观结构都受国家汽车产品政策的影响。如我国《中华人民共和国公路法》的实施将促使汽车的产品结构得到进一步的改善，家用经济型轿车和重型载重汽车进一步得到发展，汽车工业将更多地采用电喷和柴油技术，减轻自重和减小风阻系数，车型设计将更多地采用节能技术等。

汽车的微观结构首先表现在汽车的功能上，而汽车排量是表现汽车功能的主要指标。为了降低环境污染，发展小排量汽车已经成为当今世界汽车技术发展的方向。为此，西欧和北美都是以提高燃油税的方法，来鼓励消费者积极使用小排量汽车。汽车的微观结构还表现在汽车的车型上。我国曾在1997年出台了对10~19座轻型客车关键零部件进口的税率优惠政策，以鼓励国产轻型客货车的发展。

④汽车消费政策。政府对汽车消费的态度以及制订的相关消费政策可以更为直接地促进国家汽车工业的发展。汽车消费政策通常可以分为鼓励汽车更新与鼓励汽车消费这两类，前者是针对现在的汽车消费者而言的，后者则是针对潜在的汽车消费者来说的。

鼓励汽车更新政策主要分为两种：一是新车更换政策，对愿意更换新车的消费者给予一定的经济补贴；二是旧车报废政策，执行科学的汽车报废标准以促进汽车更新。如我国曾实行的按照汽车排量降低购置税的政策和家用轿车60万公里数的报废年限都在一定程度上促进了汽车的消费和汽车市场的良性发展。

在制订鼓励汽车消费政策方面，德国是一个典型的例子，德国不仅是汽车生产大国，还是世界闻名的汽车消费大国，这不但得益于其国民经济的高速发展，还在于德国政府制订了刺激汽车消费的政策，该政策主要包括四个方面内容：尽量简化消费者购车手续、尽量降低消费税率、支持顾客灵活付款、实施道路畅通工程等。在上述汽车消费政策的影响下，德国的汽车工业和汽车消费水平都得到了大幅提升。

4. 经济环境

汽车市场不仅需要人口，而且还需要购买力。购买力是指社会购买力，包括消费者个人购买力和社会集团购买力。实际汽车潜在消费者的购买力取决于现行收入、消费支出、储蓄、负债及信贷情况等。营销者必须密切注意与公司业务有紧密关联的收入与消费者支出模式中的主要趋势，特别是高收入和对价格敏感的消费者。

（1）消费者收入分析

在市场营销学领域，消费者收入主要是指消费者的工资、奖金、补贴、福利以及他们的存款利息、债券利息、股票利息、版权稿酬、专利拍卖、外来赠款、遗产继承等一切可以视之为收入的全部现金收入，最关键的是可支配收入。个人可支配收入指在个人收入中扣除消费者个人缴纳的各种税款和交给政府的非商业性开支后的剩余部分，可用于消费或储蓄的那部分个人收入，它构成实际购买力。个人可支配收入是影响汽车消费者购买力的决定性因素。家庭和个人可任意支配收入指在家庭和个人可支配收入中减去用于购买生活必需品的费用支出（如房租、水电、食物、衣着、药品、子女教育、保险以及贷款等项开支）后剩余的部分。这部分收入是消费需求变化中最活跃的因素，一般用于购买高档耐用消费品、娱乐、教育和旅游等，也是企业开展营销活动时所要考虑的主要因素。目前，大多数中国家庭开支依次用于吃穿、住房、子女教育、医疗、交通以及通信。城镇家庭在住房、子女教育、医疗、交通以及通信等方面的开支占家庭收入的 20%，而发达国家则占 40%。家庭经济承受能力是轿车进入家庭的先决条件，国际上通常以轿车的价格与人均国民生产总值（GNP）的比值 R 来衡量家庭购车能力。由于世界各国的家庭收入结构、消费结构和货币实际购置力以及发展轿车的政策不同，各国的 R 值有很大的不同。按国际市场普通级轿车价格 7000 美元（相当于人民币 5万元），年使用费按行驶 10000 公里需人民币 6000 元计，根据对目前已拥有轿车的家庭抽样调查，测算出轿车大量进入中国家庭的 R 值为 2～3。由此计算出中国家庭购置轿车应具备的能力为：

$$人均 GNP = 车价/R = 5 万元/(2～3) = (2.5～1.7)万元；$$

$$家庭人均收入 = 人均 GNP \times 家庭实际人均收入占人均国民生产总值的百分比$$

$$= (2.5～1.7)万元 \times 0.55 = (1.38～0.94)万元；$$

由此得出家庭年收入 =（1.38 ＋0.94）/2 ×3.5（家庭平均人口）=4.04 万元，即家庭年收入达到 4 万元左右才具备购买轿车的能力。

（2）消费者支出分析

随着消费者收入的变化，消费者支出会发生相应变化，继而使一个国家或地区的消费结构也发生变化。德国统计学家恩格尔于 1857 年发现了消费者收入变化与支出模式，即消费结构变化之间的规律性。恩格尔所揭示的这种消费结构的变化通常用恩格尔系数来表示，即：

恩格尔系数＝食品支出金额/家庭消费支出总金额

恩格尔系数越小，食品支出所占比重越小，表明生活富裕，生活质量高；恩格尔系数越大，食品支出所占比重越高，表明生活贫困，生活质量低。恩格尔系数是衡量一个国家、地区、城市以及家庭生活水平高低的重要参数。企业从恩格尔系数可以了解目前市场的消费水平，也可以推知今后消费变化的趋势及对企业营销活动的影响。居民恩格尔系数的变化，甚至各社会阶层、各地区居民的消费支出结构的变化，使得汽车消费的层次和需求不断变化。当这个地区居民可以自由支配的资金越来越多，足以支付个人购买汽车费用时，这个地区购买家用汽车的个人消费支出必将增加，个人汽车消费的市场也会越来越大。

（3）消费者储蓄分析

消费者的储蓄行为直接制约着市场、购买量的大小。当收入一定时，如果储蓄增多，现实购买量就减少；反之，如果用于储蓄的收入减少，现实购买量就增加。

居民储蓄倾向受到利率、物价等因素的影响。人们储蓄目的也是不同的，有的是为了养老，有的是为未来的购买而积累，当然储蓄的最终目的主要也是为了消费。消费者储蓄是一种潜在的、未来的购买力。消费者的储蓄形式有银行存款、债券、股票以及不动产等，被称为现代家庭的"流动资产"，它们大都可以随时转化为现实的购买力。汽车企业应关注居民储蓄的增减变化，了解居民储蓄的不同动机，从而制订相应的营销策略，获取更多的商机。

（4）消费者信贷分析

消费者信贷，也称信用消费，指消费者凭信用先取得商品的使用权，然后按期归还贷款，从而完成商品购买的一种方式。信用消费允许人们购买超过自己现实购买力的商品，创造了更多的消费需求。随后我国金融体制改革的不断深入及银行体系的改组，国家今后对金融调控将更多地采用经济手段。信贷规模的大小、信贷控制的松紧，对汽车销售市场的需求规模扩张与收缩形成同向运动。银行在汽车金融领域内实施的政策，对于个人消费将起到决定性作用，同时也对汽车营销产生深远影响，目前，在个人汽车消费市场中，个人消费信贷仍占很大比重。银行收缩信贷消费对汽车消费市场影响很大。如在2004年末至2005年初的北京汽车市场，很多购车者都在持币待购，导致车市冷清。这一方面是因为当时汽车的价格战刚刚开始，许多消费者在期待更低的购车价格，另一方面是因为当时的金融政策起了很大的影响，过去很多可以低首付以至零首付的销售方式由于政策的原因都不能实施，加大了购车者的资金压力。金融政策的变化对汽车销售市场构成了影响。

5. 自然环境与使用环境

（1）自然环境

在生态平衡不断遭到破坏，自然资源日渐枯竭，污染问题日益严重的今天，环境已成为涉及各个国家、各个领域的重大问题，环保呼声越来越高。从市场营销角度来讲，自然环境的发展变化将给企业带来严重的威胁，但市场机遇与挑战并存。自然环境对汽车企业市场营销的影响主要表现在：

①汽车工业越发达，汽车普及程度越高，汽车生产消耗的自然资源就越多。

②汽车制造原料短缺，能源成本增加。自然矿产资源日益短缺，近年来铁矿石的总供给能力已无法满足钢铁冶炼的需要，这对汽车企业的市场营销活动是一个长期的约束条件。

③生态与人类生存环境总趋势趋于恶化，政府环境保护日趋严格，汽车的大量使用又明显地产生环境污染物，因而环境保护对汽车的性能要求越来越严格，这既是汽车企业发展的

威胁，又是一个发展的机会。

既要保证企业可获利发展，又要保护资源与环境，企业就要实行可持续发展战略。达成社会与自然协调发展的主要对策有：

①依靠科技进步节约自然资源，提高自然资源的综合利用率。例如，第二次世界大战后，世界汽车工业在科技进步的推动下，大量的轻质材料、电控技术被用于汽车工业，平均每辆汽车消耗的钢材下降10%以上，自重减轻约40%。

②加强对汽车节能、改进排放等新型技术的研究与利用，寻求合理的替代资源。例如，目前正在广泛研究的电动汽车、燃料电池汽车、混合动力汽车、其他能源汽车等。

（2）汽车使用环境

汽车使用环境指影响汽车使用的各种客观因素，一般包括气候、地理、车用燃油、道路交通、城市建设等。

①气候因素。气候因素包括大气的温度、湿度、降雨、降雪、风沙等情况以及它们的季节性变化。自然气候对汽车使用时的冷却、润滑、起动、充气效率、制动等性能以及对汽车机件的正常工作和使用寿命都会产生直接影响。因而汽车厂商在市场营销的过程中，应向目标市场推出适合当地气候特点的汽车，并做好相应的技术服务和及时解除用户的使用困难，以使用户科学地使用本企业的产品。

②地理因素。这里所指的地理因素主要包括一个地区的地形地貌、山川河流等自然地理因素和交通运输结构等经济地理因素。汽车企业应面向不同地区推出具有地域性的汽车产品。

③车用燃油。车用燃油是汽车使用环境的重要因素，包括汽油和柴油两种成品油。汽车燃油对汽车营销的影响有：车用燃油受世界石油资源不断减少的影响，将对汽车企业市场营销及汽车工业发展起着很强的制约作用，如两次石油危机给世界汽车工业以严重冲击，全球汽车产销量大幅度下降；车用燃油中汽油和柴油的供给比例影响到汽车工业的产业结构，进而影响到汽车企业的产业结构。

④道路因素。道路交通是汽车使用的重要环境，包括城市的道路面积占城市面积的比例、城市交通体系及结构、道路质量、道路交通流量、以及车辆使用附属设施等因素的现状及其变化。它是评价一个城市经济状况的重要内容，能从侧面反映出一个城市的文明程度。道路交通对汽车营销的影响有：道路交通条件好，有利于提高汽车运输在交通运输体系中的地位，提高汽车运输的工作效率，提高汽车使用的经济性等，从而有利于汽车企业的市场营销；汽车的普及程度增加，有利于改善道路交通建设，从而为企业的市场营销创造更为宽松的道路交通使用环境；我国由于人多地少以及道路建设需要巨额投资，因而从道路占地面积和建设投资方面看，道路交通条件将对我国汽车企业的市场营销在一定程度上构成长期的约束；虽然城市建设使得城市道路宽阔，硬件条件得以改善，但不断增长的汽车量，却让城市的交通环境越来越恶化，拥堵的交通打消了很多人的购车愿望。

6. 社会文化环境

社会文化环境主要指一个国家或地区的民族特征、价值观念、生活方式、风俗习惯、宗教信仰、伦理道德、教育水平、语言文字等的总和。主体文化是占据支配地位的，起到凝聚整个国家和民族的作用，是由千百年的历史所形成的文化，包括价值观、人生观等；次级文化是在主体文化支配下所形成的文化分支，包括种族、地域、宗教等。文化对所有营销的参与者的影响是多层次、全方位、渗透性的。它不仅影响企业营销组合，而且影响消费心理、消费习惯等，这些影响多半是通过间接的、潜移默化的方式来进行的。这里主要分析以下几个方面：

①教育水平。教育水平不仅影响劳动者的收入水平，而且影响消费者对商品的鉴别力，影响消费者心理、购买的理性程度和消费结构，从而影响着企业营销策略的制订和实施。

②宗教信仰。人类的生存活动充满了对幸福、安全的向往和追求。在生产力低下、人们对自然现象和社会现象迷惑不解的时期，这种追求容易带着盲目崇拜的宗教色彩。沿袭下来的宗教色彩，逐渐形成一种模式，影响人们的消费行为。

③价值观念。价值观念指人们对社会生活中各种事物的态度和看法。不同的文化背景下，价值观念差异很大，影响着消费需求和购买行为。把汽车作为身份的象征，也在一定时期影响消费。对于不同的价值观念，营销管理者应研究并采取不同的营销策略。

④消费习俗。消费习俗指历代传递下来的一种消费方式，是风俗习惯的一项重要内容。消费习俗在饮食、服饰、居住、婚丧、节日、人情往来等方面都表现出独特的心理特征和行为方式。

⑤消费流行。由于社会文化多方面的影响，消费者产生共同的审美观念、生活方式和兴趣爱好，从而导致社会需求的一致性，这就是消费流行，如现在流行的自驾游对汽车企业的影响等。

7. 科学技术环境

当今世界汽车市场的竞争实际上是一场现代科技的较量，是技术创新的竞争。科学技术创新为汽车的发展带来新的市场和机遇。科学技术环境是影响汽车市场营销的重要因素，科学技术的发展必然会给汽车性能、汽车材料、汽车生产、汽车销售等方面带来变化，其中，汽车性能的变化体现在汽车导航系统、安全系统、制动系统、防盗系统、电子技术等方面。汽车材料的变化表现在由传统的钢材发展为采用塑料、橡胶、玻璃等材料或者合成材料(如铝镁合金、铝碳合金、碳素纤维等)，以达到质量轻、耐磨损、抗撞击、寿命长、故障少、成本低等目的。汽车生产的变化可通过世界汽车技术竞争史反映出来，20世纪60年代前是汽车制造的竞争阶段，目的在于提高效率和降低成本；20世纪70年代是汽车性能的竞争阶段，目的是降振减噪和提高寿命；20世纪80年代是汽车造型的竞争阶段，以虚拟成型技术和柔性生产技术为特征；进入20世纪90年代后，则是汽车仿真设计的竞争阶段，通过快速更新汽车车型来占领市场。汽车销售的变化则由直接销售、间接销售发展到互联网销售，"互联网上看照片，连锁店里看实物，金融中心交货款，配送中心开汽车"这一崭新的汽车销售模式，已经越来越被汽车生产厂家所青睐。科学技术环境对汽车企业营销活动的影响主要表现在以下几方面：

①汽车技术的发展直接影响汽车企业的经济活动。在现代，生产力水平的提高，主要依靠设备的技术开发(包括原有设备的革新、改装以及设计、研制效率更高的现代化设备)，创造新的生产工艺、新的生产流程。同时，技术开发也扩大了资源利用的广度与深度，不断创造新的原材料和能源。这些不可避免会影响到汽车企业的管理程序和营销活动。

②汽车技术的进展和应用影响汽车企业的营销决策。消费者、经营者、竞争者和市场都受到科学技术的冲击，这种冲击，意味着科学技术的发展给企业带来发展机会的同时，也伴随着风险和隐患。

③汽车技术的发展对人们的生活方式、消费方式和消费需求结构产生深刻的影响。科学技术是一种"创造性的毁灭力量",它本身创造出新的产品,同时又淘汰落后的产品。汽车企业在组织营销时,必须注意科学技术环境的变化,看准营销时机,避免科学技术的发展给企业造成威胁。

2.2.3 汽车市场营销微观环境分析

1.汽车企业内部环境

企业内部环境是指企业的类型、组织模式、组织机构、经济实力及企业文化等因素。企业的组织机构,即企业的职能分配、部门设置及各部门之间的关系,是企业内部环境最重要的因素。

(1)企业的经济实力

经济实力是支撑企业市场营销成功的物质基础,往往以企业规模、生产能力和市场占有率等指标表现出来,为企业的生存和发展提供空间。企业的经济实力对汽车市场营销的影响主要表现在企业的营销能力和企业的竞争能力。最近,汽车产业盛行集中、兼并、重组和联盟之风。市场主导者和市场挑战者即大型汽车企业越来越大;市场跟随者和市场补充者即中小型汽车企业越来越小。这些都将被年产汽车超百万辆的巨型汽车集团所取代。世界每年生产的新车,有将近90%来源于这些集团的生产线,它们垄断了80%的汽车市场。它们一方面努力实现汽车生产全球化,另一方面在拥有强大国内生产基地的基础上,大力拓展汽车销售国际化。

(2)企业的经营能力

经营能力是支撑企业市场营销成功的精神基础,它往往以企业效益、产品销量和销售增长率等指标表现出来。世界各大汽车公司的经营者们,无一不是资本或资产运营的高手。他们或者通过控股来取得其他汽车企业的所有权,或者通过参股来取得其他汽车公司的经营权。总之,都是通过对其可支配资本或资产的经营来求得经济效益的最大化。在我国,这种资本或资产经营的理论和实践都还处在相对滞后的阶段,影响了企业经济实力与经营能力的协调发展。

(3)企业文化

企业文化是作为独立经济实体的企业在长期的生产经营过程中逐步生成和发育起来的以企业哲学、企业精神为指导及核心的价值准则、行为规范、道德规范、生活信念和企业的风俗、习惯、传统等,以及在此基础上生成、强化起来的经营指导思想、经营意识等。许多企业良好的经营业绩都表明,谁拥有文化优势,谁就可以获得更大的竞争优势、效益优势和发展优势。所以说企业文化对企业的市场营销有着重要影响,企业应当重视文化建设。

2.企业营销渠道

企业营销渠道主要包括生产供应者和营销中介,营销中介包括汽车中间商、实体分配公司、营销服务机构和财务中间机构等。

(1)生产供应者

生产供应者是指向企业提供生产经营所需资源(如设备、能源、原材料和配套件等)的组织或个人。供应商的供应能力包括供应成本的高低和供应的及时性,这是营销部门需要关注的。这些因素短期将影响企业的销售额,长期将影响顾客的满意度。我国不少的汽车企业对其生产供应者采取"货比三家"的策略，既与生产供应者保持大体稳定的配套协作关系，又让生产供应者之间形成适度的竞争，从而使本企业的汽车产品达到质量和成本的相对统一。实践表明，这种做法对企业的生产经营活动具有较好的效果。

（2）营销中介

营销中介是指协助汽车企业从事市场营销的组织或个人，包括中间商、实体分配公司、营销服务机构和财务中间机构等。中间商能帮助公司找到顾客从而将产品销售出去。实体分配公司帮助企业从原产地至目的地之间存储和移送商品。企业必须综合考虑成本、运输方式、速度及安全性等因素，从而决定运输和存储商品的最佳方式。营销服务公司包括市场调查公司、广告公司、传媒机构、营销咨询机构，它们帮助公司正确地定位和促销产品。财务中间机构包括银行、信贷机构、保险公司和其他金融机构，他们能够为交易提供金融支持或对货物买卖中的风险进行担保。而大多数企业和客户都需要借助金融机构为交易提供资金。

营销中介对企业市场营销的影响很大，关系到企业的市场范围、营销效率、经营风险和资金流通等。因此，企业应处理好与营销中介之间的合作关系。

3. 消费者

消费者是企业市场营销的起点和终点，是企业赖以生存和发展的衣食父母。不同的市场需求要求汽车企业和经销商提供不同的产品和服务。一般来说，消费者市场可以分为五类：消费者市场、企业市场、经销商市场、政府市场和国际市场。消费者市场由个人和家庭组成，他们仅为了自身消费购买商品和服务。企业市场购买商品和服务是为了深加工或在生产过程中使用。经销商市场购买产品和服务是为了转卖，以获取利润。政府市场由政府机构组成，购买产品和服务用以服务公众，或作为救济物资发放。国际市场则由其他国家的购买者组成。每个市场都有各自的特点，都在一定程度上影响汽车企业营销决策的制订。上述每一种市场都有其特有的顾客。而这些市场上不同的顾客需求，必定要求汽车营销企业以不同的服务方式提供不同的产品（包括劳务），从而制约着汽车企业营销决策的制订和服务能力的形成。因此，汽车营销企业要认真研究为之服务的不同顾客群，研究其类型、需求特点以及购买动机等，使企业的营销活动能针对汽车顾客的需求，符合顾客的愿望。

中国消费者的三大特征是：低购买力水平者所占比例较大；收入增长速度较快；地区之间和城乡之间差异大。汽车企业必须时刻关注消费者的需求和变化。

4. 竞争者

所谓竞争者广义上指的是向一企业所服务的目标市场提供产品的其他企业或个人。竞争者的范围是非常广泛的，包括现实竞争者、潜在竞争者、直接竞争者与间接竞争者、国内竞争者与国际竞争者等。从满足消费需求或产品替代的角度看，每个企业在试图为自己的目标市场服务时通常面临着四种类型的竞争者：

（1）愿望竞争者

愿望竞争者指提供不同产品以满足不同需求的竞争者。对汽车制造商来说，生产摩托车等不同产品的厂家就是愿望竞争者。如何促使消费者更多地首先购买汽车，而不是首先购买摩托车等其他产品，这就是一种竞争关系。

愿望竞争主要是从行业乃至产业之间的竞争关系来看的，它既不属于生产经营相关产品的企业之间的竞争，也不属于生产经营相同产品的企业之间的竞争。愿望竞争将使购买力的投向在不同行业或不同产业之间发生转移，从而使不同行业或产业的市场规模发生或大或小的变化。

（2）一般竞争者

它指的是向一个企业的目标市场提供种类不同但可以满足同一种需求的产品的其他企业。例如，一个消费者打算通过某种形式来解决上下班的交通问题，而购买一辆自行车，或是购买一辆摩托车，或是购买一辆轿车都可以满足他的要求，那么提供自行车、摩托车以及轿车的各个企业之间就在这一部分市场上形成了竞争关系，互为一般竞争者。

实际上，这些类型很不相同的产品却有着相同或类似的功用，它们在满足某种需求上是可以相互替代的，这些产品就是所谓的相关产品。一般竞争考察的主要是不同行业间生产经营相关产品的企业之间的竞争问题。一般竞争将使购买力的投向在不同行业生产经营相关产品的企业之间发生转移。一般竞争的强度，主要取决于科技进步所带来的相关产品的多少以及相互替代的程度。在科技进步较快的情况下，企业应对一般竞争问题予以较多的关注。

（3）产品形式竞争者

产品形式竞争者是指生产同类产品，但提供不同规格、型号、款式或者不同质量、价格以满足消费者相同需求的竞争者。例如，奥迪、奇瑞之间的竞争就是产品形式的竞争。

（4）品牌竞争者

它指的是向一企业的目标市场提供种类相同，产品形式也基本相同，但品牌不同的产品的其他企业。由于主客观原因，购买者往往对同种同形而不同品牌的产品形成不同的认识，具有不同的信念和态度，从而有所差异选择，因而这些产品的生产经营者之间便形成了竞争关系，互为品牌竞争者。如同一市场中的捷达汽车和桑塔纳汽车互为品牌竞争关系。

上述第（3）、（4）种竞争，是在相同产品之间进行的，属于同行企业间的竞争。这两种竞争，将使同行业内不同企业的市场占有率和市场地位发生变化。市场营销学中所讲的竞争，较多地是指品牌竞争、产品形式竞争以及一般竞争。

上述这些不同而且不断变化着的竞争关系，是汽车企业在开展营销活动时都必须密切注意和认真对待的。一般地说，竞争对手的力量越强，其在产品及市场营销组合的有关方面则越有竞争力，其威胁也就越大。企业要制订正确的营销策略，除了要了解市场的需要与购买者的购买决策过程外，还要全面了解现实竞争对手的数目、分布状况、综合能力、竞争目标、竞争策略、营销组合状况、市场占有率及其发展动向等方面的情况，要对潜在竞争对手进行全面分析。

5. 社会公众

社会公众是指对企业的营销活动有实际的潜在利害关系和影响力的团体和个人，一般包括融资机构、新闻媒介、政府机关、协会、社团组织和普通民众。金融机构包括银行、信贷公司、保险公司等，新闻媒体包括广播电视、报刊、网络等，政府机关包括工商、税务、物价、质检、环保组织等。

汽车企业要满足公众的需求，顾及公众的感受，与公众保持良好的关系，提高品牌知名度与美誉度。社会公众会关注、监督、推进及制约企业的营销活动，对企业的生存和发展产生巨大影响。例如，金融机构会影响一个公司获得资金的能力；新闻媒介对消费者具有导向作用；政府机构决定政策动态；普通民众的态度影响消费者对企业产品的信念等。企业应当采取积极有效的措施，树立良好的企业形象，与重要的社会公众保持良好的关系。

2.3 汽车市场调研与预测

市场营销面对的是不断变化和充满竞争的市场，企业每一步的决策都将对企业的发展产生很大的影响。我国汽车工业正处于迅速发展时期，从近年来的汽车销量来看，已呈现出市场需求大、市场上推出新车型多、市场竞争日趋激烈、潜在客户中持币待购者众多、消费者日趋成熟、购买者对车型的挑剔十分严格等特点。汽车企业要想发展良好，必须通过对市场的发展变化进行调研和预测，掌握市场的基本情况和发展趋势，寻找营销机会，避免或减少风险，才有可能稳定发展。企业通过对市场产品、市场需求和竞争程度的调研分析、预测，可以根据自身特点，制订客观、科学的生产计划和营销计划，从而提高企业的市场竞争力。

2.3.1 汽车市场营销信息系统

在现代市场经济指导下，汽车企业要想得到更好的发展，就必须使顾客享受到高品质的产品和服务。而随着消费者收入的增长和汽车新产品的推出，企业只有掌握消费者对不同产品和产品宣传的反应模式，更好地了解消费者心理，通过对消费者消费信息的统计，作出正确的营销策略，才能提供比竞争者更好的产品和服务。汽车市场营销信息系统，对于汽车企业了解市场变化，为营销决策提供全面、快捷、方便有效的信息资源，增强汽车企业的市场竞争力具有重要的作用。

1. 市场营销信息系统及组成

汽车市场营销信息系统是指能够为汽车营销决策者及时准确地收集、整理、分析、评估、分送转达所需信息的人员、设备和程序的集合。其任务是准确及时地对有关信息进行收集、分类、分析、评估和分发，供营销决策者运用，以使营销计划、实施和控制具有科学性和准确性。其组成如图 2-3 所示。

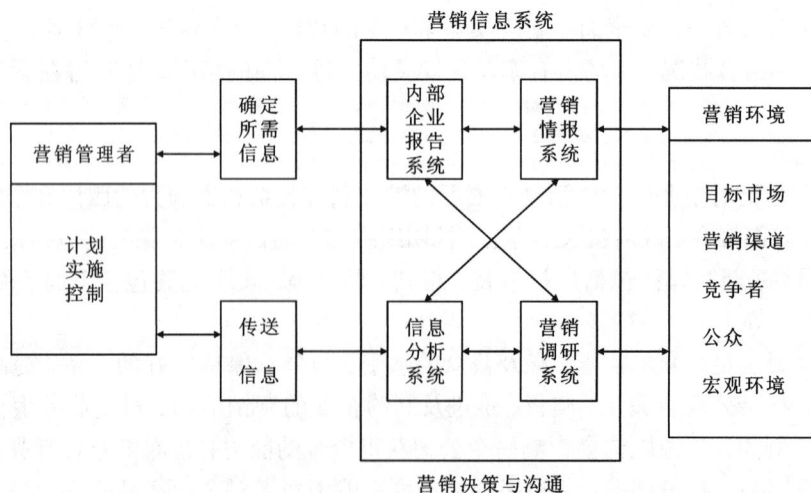

图 2-3 汽车市场营销信息系统的组成

首先由营销管理者确定所需信息的范围和数量，接着根据需要建立以下四大系统：①企业内部报告系统；②营销情报收集系统；③营销调研系统；④信息分析系统。最后由信息分析系统对所得到的信息进行处理，使其更有实用价值。然后，由系统以适当的形式，在适当的时间将信息送至管理人员手中。

营销管理的负责人和其他营销专业人士经常需要委托他人对特定的问题和机会进行正式的营销调研。一般情况下他们首先需要做一个市场调查或一个产品偏好试验，也可能是一个地区的销售预测或是一个广告效果评价。营销调研的工作的内容是洞察顾客态度和购买行为。我们对营销调研的定义是系统地设计、收集、分析和报告与公司所面临的特定营销状况有关的数据，以及发布调查研究结果。根据调查，全球的营销调研业务是一个年产值大约数百亿美元的行业。

一个公司能用多种方法进行营销调研。大多数大公司都有自己的营销调研部门，它们在组织中扮演着关键性的角色。

2.汽车市场营销信息系统的应用

汽车市场营销信息系统，对汽车企业监视市场变化，为营销决策提供全面、迅速、准确和有效的信息，增强汽车企业的市场竞争地位具有重要意义。

（1）企业内部报告系统

汽车市场营销人员运用的最基本的信息系统是企业内部信息系统，它以内部会计系统为主，同时辅以销售报告系统，集中反映订货、销售、存货和现金流量等数据资料。营销管理人员可以通过分析这些信息发现一些新的问题或机会，进而采取切实可行的改进措施。

汽车从订单到收款的循环是企业内部报告系统的核心内容。订货部门要及时处理营销员、经销商和顾客提交的订单。仓储部门及时发货，发票副本、运单和账单或其复印件应及时分送有关部门。企业内部报告系统应向公司及时提供全面、准确的生产经营信息，以掌握时机，更好地处理进、销、存以及运环节的问题，在市场竞争中处于有利的地位。新型企业信息报告系统的设计，应符合使用者的需要，要求及时、准确、简洁和标准化。

（2）营销情报系统

营销情报系统是指市场营销管理人员用以获得日常的有关汽车企业外部营销环境发展趋势的恰当信息的一整套程序和来源。它的任务是利用各种方法收集和提供企业营销环境最新发展的信息。营销情报系统与企业内部报告系统的主要区别在于后者为营销管理人员提供事件发生以后的结果数据，而前者为营销管理人员提供正在发生和变化中的数据。

营销情报系统必须要以不断获取大量信息作为支撑，没有足够的信息就没有营销信息系统。营销情报可以从许多渠道获得，一般来说，情报的收集方式有无目的的观察、有条件的观察和非正式的探索。

日本丰田汽车公司在情报的研究和利用上很有经验。在科技情报方面，丰田汽车公司获取情报的方法除与普通竞争对手获取情报相同的方法外，还加强了与大学和科研机构的合作，如丰田汽车公司与美国马萨诸塞工学院关系十分亲密（马萨诸塞工学院的"产业界联系计划"是一个加强学校同企业联系，积极把研究成果向民间企业推荐的组织）。在国际经济情报方面，丰田汽车公司除利用联合国和其他国际经济组织以及贸易对象国的公开出版物及文献资料外，还通过海外情报机构获取重要情报。丰田汽车公司重视情报工作还体现在公司管理制度中，重视全体职工的集思广益，不惜代价收集情报和征求合理化建议成为公司管理的一条重要准则。该公司自办了《丰田新闻》《社内通讯》等报刊，同时还建有研究室，不断研究国内外情报，汲取合理化建议，不断推陈出新，总结新经验。

（3）营销调研系统

该系统用于系统地识别、搜集、分析和提取数据资料，并根据企业所面临的特定的营销状况分析有关的调研结果。其主要任务是搜集、分析和传递有关市场营销活动的市场信息，提出与企业营销问题有关的市场营销报告，以帮助企业制订有效的营销决策和营销战略。

汽车企业要在激烈的市场竞争中取得胜利，营销调研研究的范围很广泛，这就要求每个汽车营销员需要在日常营销工作中重视营销调研工作，能及时准确地获得更多别人所不知道的信息。

目前，大多数汽车企业都有自己的营销调研部门，但他们仍需要利用外部公司做专项调查或研究，以获取他们需要的各种信息。

（4）营销分析系统

营销分析系统也称营销科学管理系统。该系统是指通过软、硬件支持，协调数据收集和系统分析，利用工具和技术，分析企业内、外部环境的相关信息，并把它转化为营销活动的基础系统。它是用先进的统计程序和模式，对市场营销信息进行分析，以便从中发现、总结更精确的研究成果，帮助市场营销人员制订更好的营销决策。一个完善的市场营销分析系统由三部分组成，即资料库、统计库和模型库。其中资料库是由汽车企业收集的内部和外部资料组成，内部资料包括销售、订货、存货、推销访问和财务信用资料等；外部资料，包括政府资料、行业资料、市场研究资料等。统计库的功能是采用各种统计分析技术从大量数据中提取有意义的信息，统计库分析结果将作为模型的重要依据。模型库包含了由管理科学家建立的解决各种汽车营销决策问题的数学模型，如新产品销售预测模型、竞争策略模型、产品定价模型以及最佳营销组合模型等。

3. 应用汽车市场营销信息系统需要注意的问题

营销信息对企业的经营决策和生存发展具有重要的作用，而营销信息系统是对营销信息的收集、加工、评估和分析的一系列工作过程。为此，企业在收集和运用信息过程中应该注意以下几个方面：

①由于营销信息的获得需要付出一定的人力、财力，所花成本非常高，且信息过于分散，有的又欠准确，为此，企业的领导者必须具有高瞻远瞩的见识和智慧，树立信息就是企业的生命的思想意识，广泛收集信息，并通过营销信息系统的处理，使之成为准确可靠的信息。

②企业的销售人员是企业与外部联系的窗口，他们担当着为企业推销产品，并与客户结成固定的合作伙伴，争取为企业带来长期的利益和获得外部信息的任务，而获得信息是推销人员的重要工作内容之一。这就要求推销人员具有良好的个人素质和工作能力，具有整体观念、全局观念。为此，必须注意对推销人员业务能力的培养和提高，经常开展业务竞赛活动，使推销人员不断提高工作能力，成为收集信息和推销产品的行家。

③电子计算机在建立营销信息系统过程中起着重要的作用。在不断发展变化的信息时代，计算机通过互联网大大增强了其收集、储存信息的功能，并且计算机兼有建立模型和分析、解答问题等一系列简化手算程序、节省时间的功能。这就要求企业领导者不仅要重视对计算机操作人员的培训，同时也要避免办一切事情都依赖计算机的思想。因为机器是由人来制造和使用的，尽管计算机的运用可以大大提高工作效率，节省时间，计算精确并会带来巨

大的效益，但这并不能说明它可以完全取代人力来工作，因为没有人来操作和输入程序，计算机将无法工作。为此，还必须着力培养计算机人才，并从观念上正确地看待计算机的作用，它只是由人来使用的一种工具和手段，绝不是可以依赖的拐棍。也就是说，企业领导者在观念上首先应重视人的作用和潜能的发挥，让下属愉快地工作；其次要注意充分运用计算机设备来为企业决策和日常经营管理服务，发挥计算机辅助人脑功能的作用，从而提高分析、处理营销信息的效率，促使整个企业的经营管理工作正常、高效运行。

④企业既要适应信息系统要求，又要追求经济效益。营销信息系统的建立将会打破某些职能部门之间的界限，信息要趋向"一体化"。例如，由各职能部门分别执行的取得信息的职能，将要由计算机化的信息系统集中起来执行，为此，企业各职能部门的设立应适应营销信息系统的要求；此外，企业建立营销信息系统必须讲求经济效益，防止不必要的费用开支，要使利用系统所取得的收益大于企业为获取需要的信息所开支的费用。

2.3.2　汽车市场调研

在现代市场营销管理过程中，市场调研扮演着十分重要的角色。为获得制订营销计划和决策所需的充分、准确的信息资料，汽车企业必须进行市场调研。汽车市场调研是汽车营销管理的起点，是伴随着市场产生、发展而出现的如何认识市场、分析市场的科学管理工作。其实质是运用科学的方法，有计划、有目的、系统性地收集、整理和研究分析有关市场营销方面的信息，提出调研报告，并总结有关结论，提出机遇与挑战，以便帮助管理人员了解营销环境，发现问题与机会，并为市场预测与营销决策提供依据。

1.汽车调研的概念和作用

汽车市场调研是指汽车企业对用户及其购买力、购买对象、购买习惯、未来购买动向和同行业的情况等方面进行全部或局部的了解，了解涉及企业生存与发展的市场运行特征、规律和动向，以及汽车产品在市场上的产、供、销状况及其对上述各方面能产生影响的因素和影响程度。

汽车市场调研是企业营销活动的出发点，它运用科学的方法，对获取的数据与资料进行系统地、深入地分析和研究，从而得出合乎客观营销活动发展规律的结论。营销调研是企业经营的一项经常性工作，是企业增强经营活力的重要基础，其作用十分重要。表现在以下四个方面：

①及时了解市场的变化。市场调研有助于管理者了解市场状况以及抓住市场机会。凡是与企业市场营销活动直接或间接相关的问题都可以成为调查的对象，如国际、国内汽车产业发展宏观环境，政策、法律规定，竞争状况等营销环境调研，汽车及零部件市场需求调查，价格走势、产品开发和技术发展趋势、产品与服务质量状况等营销组合策略调研，竞争对手调研，用户购车心理与购买行为调研等。通过市场调研，有利于企业在科学的基础上制订营销战略与营销计划，有利于企业进一步挖掘和开拓新市场并作出快速反应，以保持与市场的紧密联系，发挥竞争优势。

②制订科学的营销战略与营销计划。通过对市场的了解，能够相对正确地掌握市场的动向，把握市场的方向，作出正确的营销战略。

③提高顾客满意度。质量和顾客满意度已成为产品间关键的竞争武器。但是，由于企业对质量的追求常常是产品导向的，这对顾客毫无意义，这样的高质量通常并不能带来销售

额、利润或市场份额的增长，只是在浪费资源、精力和金钱。现代营销的新观念是强调质量回报。质量回报有两层含义：第一，企业所提供的高质量应是目标市场所需要的；第二，质量改进必须对获利产生积极的影响。企业能够获得质量回报的关键是开展营销调研，因为它有助于企业确定哪些类型和形式的质量对目标市场是重要的，有时也可以促使企业放弃一些他们自己所偏爱的想法。

④挖掘和开拓新市场。市场在不断的变化中会产生许多新的需求，出现新的市场，在新的需求面前，如果具有敏锐的观察力和开拓精神，就会挖掘和开拓出新的市场。

2.汽车市场调研的内容

汽车营销管理人员对企业自身情况比较了解，故市场调研常以获取外部环境信息为主要目的。市场调研的范围极为广泛，主要内容有市场环境调研、需求调研、汽车产品调研、营销活动调研和竞争对手调研，如图2-4所示。

（1）市场环境调研

市场环境调研主要包括了解企业面临的外部环境和内部经营条件之间存在的各种矛盾和问题，从而制订解决这些矛盾和问题的对策。调研分析宏观环境变化及其趋势，是寻求市场机会的重要途径。汽车市场宏观环境调研的主要内容如表2-1所示。

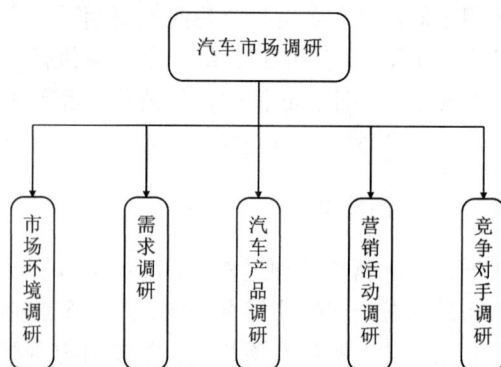

图2-4 汽车市场调研的主要内容

表2-1 汽车市场宏观环境调研的主要内容

调查要素	调查的主要内容
人口因素	人口总数、人口密度与分布状况、人口流动及其流动趋势、消费的基本单位等
经济因素	①国家、地区或城市的经济特性，包括经济发展规模、趋势、速度和效益 ②所在地区的经济结构、人口及其就业状况、交通条件、基础设施情况、同行业竞争的状况 ③一般利率水平，获得贷款的可能性以及预期的通货膨胀 ④国民经济产业结构和主导产业 ④社会购买力水平、居民收入水平、消费结构和消费水平
政治因素	①国家整体的政治局面、政治形势、政治体制，政府的经济政策、法令、法规和政府行为，国家有关国民经济和社会发展的规划及计划 ②政府有关汽车方面的方针、政策和各种法令、条例等，可能影响本企业的诸多因素的调查，如汽车价格策略、汽车税收政策、信贷政策等 ③调查有关部门及其领导人、关键人的情况
科技因素	①国内外新技术、新工艺、新材料、新车型的发展趋势和发展速度 ②国家有关科研和技术发展的方针、政策及规划
自然因素	自然资源、基础设施建设、环境保护措施、气候状况等
文化因素	①了解一个社会的文化习惯、文化差异、思维方式、风气、时尚、爱好、宗教信仰、价值观念和教育发展水平 ②调查当地人的文化水平 ③调查民族特点

（2）需求调研

需求调研是市场营销调研的核心内容，其目的在于了解消费者在一定的时间内对某种车型的需求量、需求时间，以及了解市场占有面的宽窄和各汽车生产厂家市场占有率的大小，从而决定采取何种措施进入市场，或稳固已有市场的占有率，或进一步扩大市场占有率。

（3）营销活动调研

汽车营销活动调研主要包括产品调研、分销渠道调研、价格调研、促销活动调研和售后服务调研。

（4）汽车产品调研

汽车产品调研包括：

①分销渠道调研。如分销渠道现状调研，中间商销售情况调研，用户或消费者对经销商的印象及评价调研，分销渠道及策略的实施、评估、控制与调整调研等。

②价格调研。如市场供求趋势及其对产品价格的影响调研，制约营销价格政策的有关因素调研，产品价格的供给弹性和需求弹性调研，新产品的价格政策调研，目标市场对本企业产品价格水平的反映调研等。

③促销活动调研。如推销人员的安排和使用情况调研，营销人员的销售业绩调研，各种促销措施对用户和消费者产生的影响调研，有效的人员促销战略与战术调研调研，各种公关活动和宣传措施对产品销售量的影响调研等。

④销售服务的调研。如消费者需要在哪些方面得到服务调研，服务质量如何调研，服务网点分布情况及主要竞争对手提供服务的内容与质量调研等。

（5）竞争对手调研

竞争对手调研主要包括竞争者的产品有何优势、竞争者所占的市场份额、竞争是直接竞争还是间接竞争、竞争者的生产能力和市场营销计划、竞争者的类型及主要竞争者、消费者对主要竞争者的产品的认可程度、竞争者产品的缺陷、消费者的需求中还有哪些未在竞争者的产品中得到满足等。竞争对手调研的主要内容如表 2 - 2 所示。

表 2 - 2　竞争对手调研的主要内容

调查要素	调查的主要内容
竞争者的确认	有没有直接或间接的竞争对手？有哪些？ 竞争对手主要是指经营同类车辆，并以同一地区为经营地域的汽车销售企业
竞争者基本情况	①竞争对手的所在地和活动范围 ②竞争对手的经营规模和资金状况 ③竞争对手经营的车辆品种、价格、服务方式及在顾客心目中的声誉和形象 ④竞争对手新车型的经营情况 ⑤潜在竞争对手的状况
竞争者的实力	按照竞争者力量对比，可分为强力竞争和弱力竞争。前者构成较大威胁，后者暂不构成较大威胁
竞争者优劣	竞争者经营管理的优劣势、代理的车型与品牌优劣势、网点、服务优劣势调查
竞争者的营销策略	竞争者的营销方式与策略、品牌与服务、价格、广告与促销、分销等策略的现状、应用营销策略的效果等

3.汽车市场调研的步骤

汽车市场调研的程序虽没有一成不变的模式，但也有一些共同的规律，一般都要经过以下几个步骤。

（1）调研准备

首先明确调研目标，确定指导思想，限定调研的问题范围。企业市场营销涉及的范围很广，每次调研活动只能就企业经营活动的部分内容展开调研。调研目标一般应由企业营销综合职能部门提出。调研目标一经确立，调研人员在今后的调研活动中应始终围绕本次调研目标开展工作。

在明确了调研目标之后，应成立专门对该次调研负责的调研工作小组，这可以使调研工作有计划、有组织地进行。另外，如果调研活动规模较大，则所需的工作人员就会较多，会涉及跨部门，甚至跨企业、跨行业的合作，为了保证调研活动取得有关方面的支持，还必须成立调研领导小组。调研工作小组的职能是具体完成调研工作，其组成人员可以包括企业的市场营销、规划（或计划）、技术研究、经营管理、财务或投资等多方面的人员，这些人员的来源既可能只限于企业内部，也可能来自企业以外的单位或组织（如相应的研究机构等）。而调研领导小组成员一般包括工作小组组长（课题负责人）以及主要参加部门的相应负责人。

（2）初步调研

为了使调研活动能满足已明确的调研目标，提高调研工作的效果，在正式调研之前，调研工作小组应把本单位或本系统内部已经掌握的情报资料搞清楚，以便在此基础上明确尚需继续调研补充的项目或内容，在这一步骤中可以对市场进行初步的分析，访问一些有经验的专业人员，找出影响调研目标实现的关键问题所在，并由此来确定市场营销调研的范围，拟定调研提纲。

（3）制订和实施调研计划

经过初步调研以后拟定调研提纲，在此基础上制订出详细的调研计划，按步骤实施调研是整个市场营销调研过程中最复杂的阶段，主要涉及以下几项工作：

①选择和安排调研项目。它包括明确要取得哪些项目的资料，这一点取决于所确定的调研项目，调研项目的选择将直接关系到调研目标能否达到。实际上，调研就是调研人员着手搜集材料，为进一步分析提供依据。为了得到所需的信息，调研人员要搜集有关资料，包括二手资料和原始资料。所谓二手资料是指经别人搜集、整理过的资料，通常是已经发表过的资料。原始资料则是指调研人员通过发放问卷、面谈、抽样调研等方式搜集到的第一手资料。

②选择和安排调研方法。它包括调研地区和调研对象以及采用的调研方法（文案调研、实地调研等）。调研人员在开展一个调研项目之初，首先要搜集相关资料，这就是文案调研。但是文案调研存在时效性和准确性等方面的问题，为了解决这些问题，使决策者能够得到足够的、及时的、准确的信息，调研人员必须进行原始资料的搜集，即实地调研。大多数企业在调研初期所进行的文案调研，主要是为了明确营销中存在的问题和调研目标，而决策本身所需要的重要资料则多数是通过实地调研获得的。实地调研是指调研人员亲自深入营销地点，现场搜集材料的过程。

③选择和安排调研人员。这关系到调查资料是否准确。要选派有一定理论水平和技术水平，又有一定市场调研经验的和工作能力的人员来当调研人员。可采取短期培训和自学相结合的方式来提高调研人员的素质，让调研人员学会善于接触各种类型的客户，能严肃认真地对待所承担的调研任务。

④组织调研工作。在调研过程中，有的被调研者不予合作，拒绝回答所提的各种问题，或者被调研者想尽早结束调研而随便回答，不提供确切的数字和资料等，遇到这种情况时，调研人员要采取措施妥善解决，或另找被调研者，或放弃这次调研，或与被调研者再次约定调研时间。总之，要尽可能按调研方案的要求取得准确的调研资料。

⑤调研人员的考核。这一项要在调研工作中进行，以利于调研工作的及时推进。

（4）调研总结

调研总结是整个调研工作的最后一步，这一阶段由整理调研资料和提出调研报告两部分组成。

①整理调研资料。它包括对调研所得资料的编校、分类、统计和分析等。调研工作小组应对调研得到的资料及被调研者的回函分门别类地编辑整理和统计分析，应审查资料之间的偏差以及是否存在矛盾。因为被调研者的知识、专业存在差别，所以对同一问题的回答往往不一致，此时就应分析矛盾的原因，判断他们回答的根据是否充分。此外，还应从调研资料中优选信息，总结出几种典型的观点或意见。整理资料是一项繁琐而艰辛的工作，因而调研者必须有耐心、细致的工作作风。在进行资料整理分类时，各类别之间要有显著的差异性，相同（或近似）的资料要归于同一类，分类要尽量详细，这样的资料才有较高的科学价值。资料经过校核和分类之后，统计和分析工作就应该开始了。市场调研人员还要运用某些统计方法，对资料进行检验和分析。

②提出调研报告。这是汽车市场调研的必然过程。调研报告一般应包括调研的目标、调研的范围和使用的调研方法、调研的结论、建设性的意见、必要的附件。在编写调研报告时，要注意紧扣调研主题，力求客观、扼要，使企业决策者一目了然；要求文字简练，避免或少用专门的技术性名词，必要时可用图表形象地说明。

调研活动结束后，工作小组应对本次调研活动进行工作总结，交流有关经验，总结有关教训，以作为今后进行调研工作的借鉴经验。调研人员提出调查报告，并不表示调研工作已经结束，调研人员还要了解提出的建议是否被领导采纳和实施，如被采纳实施了，则需要了解实施后的效果。

4. 市场调研方式和方法

（1）汽车市场调研的方式

市场调研的方式可分为全面调研、重点调研、典型调研和抽样调研等几种。

①全面调研指的是在一定的时间间隔内，对调研区域内所有的调研对象进行全面调研的一种调研方式。全面调研可以获得完善的调研资料，便于剖析事物变化的本质，但涉及面广，工作量大，人力、物力、财力和时间消耗多，应慎重选用。

②重点调研指的是在所有调研对象中，选择一部分对整体影响较大的重点调研对象进行调研的方式。如通过对我国几个主要汽车生产集团年产量增长情况的调研，推测出我国汽车

工业的发展趋势。

③典型调研指的是在全体被调研对象中，选出一部分具有代表性的个体进行调研的方式。如通过对世界轿车市场变化规律的调研，推断出整个世界汽车市场的变化规律等。

④抽样调研指的是按照一定的方法，从被调研的总体对象中抽出一部分个体样本进行调研的方式。然后，通过对个体样本调研的结果，运用一定的处理方法推测出总体的变化情况。

（2）汽车市场调研方法

汽车市场调研方法可以分为直接资料调研方法和间接资料调研方法。

①直接资料调研方法。直接资料调研是通过调查收集的资料进行调研分析。一般直接资料调研又分为观察法、专题讨论法、问询法和试验法等。

观察法是指调研者在调研现场利用一定的手段对被调查对象进行实地观察再获取调研资料的方法。采用这种方法的调研结果比较准确，但工作量大，时间耗费较多，调查面也受到一定的限制。

观察法是一种有效收集信息的方法。与其他方法相比，观察法可以避免让调研对象感觉到正在被调研，被调研者的活动不受外在因素的干扰，从而提高调研结果的可靠性。但现场观察只能看到表面的现象，而不能了解到其内在因素，并且在使用观察法时，需要反复观察才能得出切实可信的结果。同时也要求调研人员必须具有一定的业务能力，才能看出结果。

观察法的优点在于它是一种非介入式的收集信息的方式，是直接获取第一手资料的方式，可以避免由于语言交流中的误解、暗示以及人际交往中的感情因素等对于信息的干扰。观察法也有缺点，如不能深入探讨原因、态度和动机，无法探讨调研对象的历史背景情况，对调研员的要求较高，调研费用也较高。

在实际的操作中，不管采用何种观察调研方式，都应制订详细的观察计划和观察清单，进行有目的、有计划地观察。

专题讨论法是指有目的地邀请6～10人，在一个富有经验的主持人的引导下，花几个小时讨论汽车营销中的某一个话题，如一项服务、一种设计要素等。主持人应保持客观的立场，并始终使话题围绕在本次讨论的主题上，激发参与者的创造性思维，自由发言，这种方法对主持人的素质要求较高。谈话应在轻松的环境下进行，如在家中进行，并可通过供应饮料使大家感到轻松自如，从而得到较自然真实的看法。

专题讨论法通常用于在进行大规模调研之前所进行的试探性调研中，它可以了解到汽车消费者的态度、感受和满意的程度。调研人员应避免将调研结果推广给所有的消费者，毕竟这种方法的样本规模太小，很难具有完全的代表性。

问询法是一种双向调研方法，可用口头询问与书面询问的方式来调研，可以是普通询问与专家询问；可以是逐个询问单个调研对象，也可以是借助座谈会形式同时对多个调研对象进行询问；总之，询问方式多种多样。书面调研成本低，一次调研面广，还可以用计算机等先进手段迅速处理，是国外常用方法之一。询问时应注意采用多项选择法、自由回答法、顺序排列法、程度评定法等。设计问卷要注意语气自然、温和、有礼貌，而且简单易答，不占较长时间，以免令人望而生畏，拒绝回答。几种问询方法的优缺点见表2－3。

表 2 – 3　几种问询方法的优缺点

方法	优点	缺点
面谈法	当面听取意见，收集比较全面的资料。通过被调研对象回答问题的表情或环境的状况，及时辨别回答的真伪，有时还可能发现意想不到的信息	调研周期较长，调研费用较高，调研的质量容易受到气候、调研时间、被访者情绪等其他因素的干扰
电话问询	可以在较短的时间里获取所需信息，节省时间和费用，容易得到面谈法不易得到的调研对象的配合	调研过程中无法显示照片、图表等背景资料，无法对比较复杂问题进行调研，调研范围受到电话普及率的限制，调研人员不在现场，难以辨别回答的真伪
邮寄调研	调研样本的选择受到的限制较少，调研的范围可以很广泛，并节约调研费用，可避免面谈中受调研人员倾向性意见的影响，可以得到一些不愿公开谈论而企业又很需要的比较真实的意见	对问卷设计有较高的要求，回收率较低；缺少调研人员与调研对象之间的交流；缺少对回答准确性和完整性的有效控制
留置问卷	填写时间充裕，被调研者意见不受调研人员的影响，访问员经验之间的差异对调研质量的影响不大，可以对被访者回答的完整性和可信性给予及时评价和检查，保证问卷有较高的回收率	地域范围有限，调研费用较高，不利于对调研人员的监督管理，对调研人员的责任心有较高的要求

　　试验法是指将选定的刺激措施引入被控制的环境中，进而系统地改变刺激程度，以测定顾客的行为反应。由于排除或控制了许多没有研究意义的因素，因此，研究人员所观察到的影响可以被认为是采取的某些刺激措施所致。实际上，我们可以把试验本身视为一个由许多投入影响主体并导致产出的系统。在这个试验中，试验主体是指可被施以行动刺激，以观测其反应的单位。在汽车市场营销试验里，主体可能是汽车消费者、4S 店及销售区域等。试验投入是指研究人员用来试验其影响力的措施变量，它可能是汽车价格、颜色、销售奖励计划或市场营销变量等。环境投入是指影响试验投入及其主体的所有因素，其中包括竞争者行为、天气变化、不合作的经销商等。试验产出也就是试验结果，这种结果主要包括销售额的变化、顾客态度与行为的变化等，其中销售额既是最后的产出，也是最有力的产出。

　　②间接资料调研法。间接资料调研法指通过搜集各种历史和现实的动态统计资料，从中获取与调查项目有关的信息进行统计分析的调查方法，也叫作资料分析法或室内研究法。它的优点是调研费用低、速度快、调研范围广，而且反映的信息内容较为真实、客观，但调研的目的性没有直接资料调研明显，获得的资料可能存在时效性不强、还需进一步加工处理的问题，且其分析工作的难度较高。另外由于间接资料是各个企业都有可能获得的，企业无法形成信息方面的优势，因而在市场营销调研中，更多采用直接资料调研法。

5. 汽车市场调研的局限性

　　①管理层对营销调研认识的局限性。营销调研不仅仅是一项调查事实的业务，很多人对调研职责的看法是设计一张表格、找到一批愿意填写表格的人、再有选择地与一些人面谈，然后报告上述行为的结果，能给管理层提供可选择和可操作的建议不多，质量也不是管理层所希望的。因此，有不少调研结果没有起到应有的作用，使得管理层认为营销调研的作用是

非常有限的。

②营销调研人员的能力、素质不高。有些公司主管把处理调查表格和记录、分析统计结果的工作看成是简单的文案工作，比照文员的标准支付报酬，这样就只能请到能力相对比较弱的营销调研人员，缺乏能力和创造性的调研人员肯定很难作出使主管满意的成果。

③方向性的错误。这是一种类似于"只见树木不见森林"的错误，是指过于关注细节而忽略了根本性的问题，这方面最有代表性的莫过于可口可乐在进行了大量的市场调研后引入新可乐配方的案例，其失败的主要原因是没有从市场营销的角度确定正确的调研问题，仅仅调查了对口味的看法而忽略了消费者对品牌的看法。另一个案例也值得参考，大众的 GAOLE 轿车在中国市场的失败，其原因是他们仅仅考虑到这款轿车在巴西年轻人中受欢迎就进行相同的类比，在进行了大量的市场需求调研后按照巴西模式推入中国市场，这种忽略文化背景和消费习惯的调研和可口可乐公司所犯的错误原因是一样的。

④调查结果过于拖延。由于市场经营环境的变化越来越快，所以对营销调研出结果的时间要求也越来越紧，但是好的营销调研是需要时间和资金的，当营销调研需要的时间太长或成本过高时，管理层会对营销调研感到失望和有划不来的感觉。

⑤不同工作需要存在差异性。主管需要的是具体、明确以及可操作的报告，但是调研者的报告可能是定性的、抽象的分析，这种由于工作需要上的差异也会影响到营销调研结果的应用。

2.3.3 汽车市场预测

一个公司决定进行市场调研的目的之一就是要确定自己的市场机会，尤其是在打算进入某一适合进行调研活动的市场时，要根据企业的资源来判断进入这一市场是否具有竞争能力，是否符合企业的经营目标，是否能获取最大的利润。这就需要对每一个市场的潜在规模、市场增长率和预期利润等进行预测。对于汽车市场营销来讲，汽车市场预测是至关重要的。

1.汽车市场预测的概念及作用

汽车市场预测是建立在汽车市场调研的基础上的，根据汽车市场的相关信息以及汽车市场宏观环境和微观环境的状况，运用科学方法和逻辑推理，对未来发展趋势进行估计和推测，定性或定量地估计出汽车市场的发展前景。汽车的市场预测主要包括未来汽车的需求预测、汽车供给预测、汽车产品价格预测、汽车技术发展趋势预测、汽车企业的竞争形势预测、汽车企业本身经营能力的预测等方面。对于汽车销售企业而言，最重要的就是汽车市场需求预测。

汽车市场预测的作用和意义可以概括为以下四个方面：

①市场预测是汽车企业制订经营计划的重要依据，有利于适应和满足消费者需要。汽车企业在制订经营计划时，需要考虑汽车市场的未来需求、用户需求、供给趋势等，这就必须进行市场预测，并根据汽车市场需求的变化来调整企业的营销活动。

②汽车市场预测有利于汽车企业提高经营者的管理和决策水平。每个汽车企业在进行经营决策之前，首先必须掌握并作出市场环境及其发展变化的预测，这是进行正确、科学决策的首要条件。

③汽车市场预测有利于汽车企业准确、理性地把握未来的汽车发展趋势。市场预测可使

汽车企业更好地适应市场的变化,增强竞争优势。在现代市场经济条件下,汽车市场的需求结构以及顾客的购买力是随着汽车市场环境的变化而变化的。因此,汽车企业必须对汽车市场作出正确的预测,才能根据情况变化,调整本企业的营销策略。

④汽车市场预测有利于汽车企业提高经济效益。

汽车市场预测的作用和意义还可以很形象地表达出来,如图 2 - 5 所示。

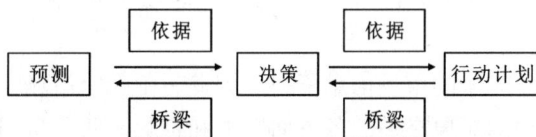

图 2 - 5　汽车市场预测的作用与意义

目前,由于我国的汽车产业正处于快速发展时期,各大汽车公司都在迅速地扩大规模,抢占市场份额。汽车市场运行规律极为复杂,汽车市场经常处在剧烈的波动中。在这样的形势下,汽车企业更加有必要在市场调研的基础上,科学地做好市场预测工作,准确把握未来汽车市场发展的形势,建立科学的企业发展决策,克服经营盲目性,增强其竞争能力、应变能力,从而达到经营目标。

2.汽车市场预测的种类及方法

汽车市场是一个极其复杂的大系统,影响因素多,包括的内容也很丰富,所以,汽车市场预测的范围宽广,预测种类多,分类标准也很多。一般汽车市场预测有如下几种划分方法。

①按预测范围划分,汽车市场预测可以分为宏观市场预测和微观市场预测。宏观市场预测是对国民经济发展趋势的预测,如汽车市场的总供给和总需求、国民收入水平、物价水平等。微观市场预测是指在一定的国民经济宏观环境下,对影响汽车企业生产经营的各种微观因素进行研究和预测。

②按预测期限划分,汽车市场预测可以分为长期市场预测、中期市场预测和短期市场预测。长期市场预测的预测期限为 5 年以上,一般是对汽车市场的发展趋势进行推断,预测误差较大。中期市场预测期限为 1 年以上 5 年以下,用于企业制订中期发展规划。短期市场预测期限为 1 年以下,用于确定汽车企业短期任务及制订具体实施方案。

③按预测方法划分,汽车市场预测可以分为定性预测、定量预测和综合预测。定性预测也称为直观判断,是市场预测中经常使用的方法。定性预测主要依靠预测人员所掌握的信息、经验和综合判断能力,预测市场未来的状况和发展趋势。定性预测方法包括专家会议法、德尔菲法、销售人员意见汇集法和顾客需求意向调查法。定量预测是利用比较完备的历史资料,运用数学模型和计量方法,来预测未来的市场需求。定量预测基本上分为两类:一类是时间序列模式;另一类是因果关系模式。在汽车市场预测中,常常是这些预测方法联合使用,以提高预测的准确性和可靠性。

3.汽车市场预测的步骤

掌握汽车市场预测的步骤,是预测工作中最基本的一环,以此为基础,才能顺利地将预测工作进行到底。

（1）确定预测目标

可以从不同的目的出发对市场经济活动进行预测。预测目标不同，需要的资料、采取的预测方法也会有一些区别。因此，进行汽车市场预测首先要明确预测的具体对象的项目和指标，其次还要分析预测的时间性、准确性（如果是短期预测，允许误差范围要小，而中长期预测，误差允许为20%～30%）、划分预测的商品以及地区范围等具体问题。有了明确的预测目标，才能根据目标的需求收集资料，才能确定预测进程和范围。

（2）收集和整理资料

汽车市场预测要求有充分的市场信息资料。因此，在确定市场预测目标以后，首要工作就是广泛系统地收集与预测对象有关的各方面数据和资料。收集资料是汽车市场预测工作的重要环节。按照汽车市场预测的要求，凡是影响市场供求发展的资料都应尽可能地收集。资料收集得越广泛、越全面，预测的准确性就越高。

收集的市场资料可分为历史资料和现实资料两类。历史资料包括历年的社会经济统计资料、业务活动资料和汽车市场研究信息资料。现实资料主要包括目前的社会经济和市场发展动态，生产、流通形势和消费者需求变化等。收集到的资料，需要进行归纳、分类以及整理，最好分门别类地编号保存。在这个过程中，要注意标明市场异常数据，要结合预测进程，不断增加、补充新的资料。

（3）选择预测方法

收集完资料后，要对这些资料进行分析、判断。常用的方法是首先将资料制成表格和图形，以便直观地进行对比分析，观察汽车市场活动规律。分析判断的内容还包括寻找影响汽车市场的因素与市场预测对象之间的关系，分析预测汽车市场供求关系，分析判断当前的消费需求及其变化，以及消费心理的变化趋势等。

在分析判断的过程中，要考虑采用何种预测方法进行正式预测，汽车市场预测有很多方法，选用哪种方法要根据预测的目的和掌握的资料来决定。各种预测方法都有不同的特点，适用于不同的市场情况。

汽车市场预测方法是根据预测期的长短、范围以及所占有的资料多少来确定的。若不能占有较充分的数据，如新产品的需求预测，劳动力需求结构预测等，则应采用定性的预测方法；若预测时能够占有充分的数据，并且未来的市场变化与历史的规律差异不大时，宜采用定量的预测方法。不同的定性、定量方法适用的预测期有所不同，在实施预测时、应根据具体的预测目的，选用不同的预测方法。为保证预测结果有效，通常将几种预测方法结合运用，以互相补充。

（4）建模和预测

汽车市场预测是运用定性分析和定量测算的方法进行的市场研究活动。在预测过程中，一些定性预测方法，经过简单的运算，可以直接得到预测结果。定量预测方法要应用数学模型进行计算、预测，预测中要建立数学模型，即用数学方程式构成市场经济变量之间的函数关系，抽象地描述经济活动中各种经济过程、经济现象的相互联系，然后输入已掌握的汽车市场信息资料，运用数学方法求解，得出初步的预测结果。

定量预测方法在采用几种不同模型或方法预测时，如果预测结果相差很多，要结合定性分析，对结果做必要的调整或修改。运用模型预测时，要先试行预测，对模型的预测精度进行评价，精度较为满意，才宜进行正式预测。

(5)预测结果评价及编制报告

通过计算产生的预测结果，是初步的结果。这一结果还要经过多方面的评价和检验，才能最终使用。一般来说，初步结果检验方法有理论检验、资料检验和专家检验。理论检验是运用经济学、市场学的理论，采用逻辑分析的方法，检验预测结果的可靠程度。资料检验是重新验证、核对预测所依赖的数据，将新补充的数据和预测初步结果与历史数据进行对比分析，检查初步结果是否合乎事物发展逻辑、符合市场发展情况。专家检验是邀请有关方面专家，对预测初步结果作出检验、评价，综合专家意见，对预测结果进行充分论证。

评价完的预测结果，并不是预测活动的终结，事实上，没有一种预测方法所得到的预测结果能与实际情况完全符合，一个成功的汽车市场预测，应要求预测尽可能接近实际，使其预测误差降到最小，如果偏差过大，将失去预测的意义。由于预测是为决策服务的，因此，预测的好坏，在很大程度上决定着决策的成败。我们在分析评价预测结果的精确性时，要对预测结果的近期变化幅度进行追踪，最后在充分研究分析预测结果可靠性的基础上，形成预测的分析报告。

当采用定量预测方法时，对汽车市场同一预测对象的预测，人们既可以采用多种预测模型，也可以对同一模型采用不同的自变量。像这样对同一预测对象采用多种途径预测的方法，称为组合预测方法。它是现代预测科学理论的重要组成部分，其思想就是认为任何一种预测方法都只能部分地反映预测对象未来发展的变化规律，只有采用多种途径进行预测，才能更全面地反映事物发展的变化。实践证明，对于改善预测结果的可信度，组合预测方法比采用单一预测方法具有显著的效果。因此，现代预测实践大多都采用组合预测方法。但采用组合预测方法，要处理组合预测带来的多个预测结果。对于多个预测结果，到底该选用哪个结果作为预测的最终结论呢？组合预测在理论上针对这一实际问题提出了解决方法，即组合处理。

所谓组合处理就是通过一定的方法，对多个预测结果进行综合处理，最终使预测结论收敛于一个较窄的区间内，即得到较窄的预测值取值范围，并将其作为最终的预测结论。组合处理的方式又分为权重合成法和区域合成法两种。

权重合成法就是对各种预测结果(称为中间预测结果)分别赋予一定的权重，最终预测结果即为各中间预测结果与相应权重系数乘积的累计值，可表示为

$$y = \sum_{i=1}^{n} y_i a_i$$

式中：y 为综合预测值，即最终预测结果；a_i 为第 i 个中间预测值被赋予的权重系数；y_i 为第 i 个中间预测值；n 为中间预测值的数目。

区域合成法是取各个预测模型预测值的置信区间之交集为最终预测结果，可表达为

$$y = \prod_{i=1}^{n} (y_i \pm \Delta y_i) \sum_{i=1}^{n} a_i = 1$$

式中：Δy_i 为第 i 个模型的预测值在 a_i 处的置信区间。

总之，组合处理可以去除一部分随机因素对预测结果的影响。实践表明，它对改善预测

结果的准确度有着显著效果。

2.3.4　汽车市场预测实践中应注意的问题

预测人员在实际进行汽车市场预测活动时，应注意以下问题：

①政策变量。汽车市场受国家经济政策和非经济政策的影响很大。在进行汽车市场预测时，政策变量常常影响到模型曲线的拐点和走势，影响到曲线的突变点。即使在根据历史实际值建立的模型中考虑了政策突变的影响，也并不意味着包括了未来政策突变对预测结果的影响。这种影响对预测结果的可信度具有决定性影响，这一点要特别注意。

政策变量虽然不是很好控制，但并不是不可预知的。政策的制定总有其目的性，它往往是针对某些经济或社会问题制订的，最终目的总是要促进经济和社会的稳定发展。从这个意义上讲，政策是可预知的，只要预测人员加强对经济和政策的研究，便可以通过对未来经济运行的预测达到对政策预测的目的。由于存在较多不确定因素，对政策的预测要比对经济的预测困难很多。汽车企业可以通过建立预警系统，加强对营销环境的监测，从大体上把握政策变化。

②预测结果的可信度。对预测结果做组合处理后，最终预测值也不可能给出可信度。这个困难尚有待预测科学本身的发展，但在实践中却不能因此而裹足不前。

③预测的方案。实际预测活动应尽量给出多个预测方案，以增加决策的适应性，避免单方案造成的决策刚性。

④拟合度与精度。拟合度是指预测模型对历史观察值的模拟程度。一般来讲，对于既定的历史数据，总可以找到拟合度很高的模型。但预测人员也不应过分相信拟合度越高，预测结果就越准确的观点。预测准确性的高低属于精度问题，拟合度好，不一定精度也高。

⑤预测的期限。预测按时间可分为长期预测和中短期预测。一般来说，对短期预测较好的模型，不一定对长期预测也较好；反之亦然。对于这两类预测，从精度上讲，对短期预测精度的要求应高于长期预测。

⑥预测模型。现在有将预测模型复杂化、多因素化的趋势，虽然这种发展趋势一般有利于提高预测的精度，因为这样包括了更多因素的影响。但有时复杂的模型不一定比简单模型的预测精度好，而且因素过多，对这些因素未来的走势也不易判断。

⑦数据处理与模型调整。如果某个模型的预测误差较大，人们通常采取对原始数据进行平滑处理和修改模型的方法去解决。这种对原始数据进行平滑处理的方法实际上是在回避矛盾。数据异常总有其原因，预测人员应首先对此加以研究，以便在预测活动中考虑这些原因的影响。

⑧实际与想象。预测人员在预测活动开始时就对预测对象的未来发展进行预想，并以此来不断修正预测结果。但这属于一种本末倒置的方法，尤其是中间预测值的取舍以及组合处理时，应力求回避这种易犯的错误。

在预测结果作出之后，并不意味着这是一成不变的最终结果。好的企业的市场营销者会根据市场的变化和社会的进步，不断地作出新的市场营销调研，不断地及时调整已有的市场营销预测方案，以此来指导企业的发展。如果做不到这一点，则企业是无法得到长期发展的。

美国福特汽车公司在早期通过对美国汽车市场的调研和预测,引入生产流水线而大大降低了汽车的生产成本,并因此降低了汽车的价格,扩大了市场占有率,成为世界最大的汽车生产商。当时巨大的市场需求量使福特声称:"我们只生产黑色的车!"随着福特汽车的普及,美国汽车市场的需求发生了很大的变化:汽车保有量的提高使消费者不再满足于有车,还要有自己喜欢的车。对于这一点,福特没有重视,缺乏对市场的进一步掌握。而就在同一时期,美国通用汽车公司通过生产不同样式、不同颜色的汽车而崛起,渐渐取代了福特而成为世界第一大汽车生产商。这就是及时调整市场调研和预测结果的重要价值。

汽车营销掌握的资源总是有限的,要想在市场中占有一席之地,必须对未知的竞争做好充分的调查和预测,只有充分地发挥战略策划的优势,提高运作的效率,看清优劣态势,做好机会分析,才能为营销目标作出正确的行动方案和战略部署。

第 3 章　消费者购买行为分析

　　企业将经济性资源转化为产品，再将产品转化为商品，其市场营销的目的是使消费者的需求得到满足并使自己获得利润。对于汽车企业的市场营销，最重要的在于了解消费者希望购买什么汽车以及购买的行为特征。因此，汽车企业必须重视对消费者及其购买行为的研究，这是企业经营的一个核心问题。本章研究汽车各种消费者是如何选择、购买、使用和处置汽车商品和服务的。企业如果掌握了其中的变化规律和特点，就能够实施有效的营销计划。

3.1　汽车消费者购买行为概述

　　汽车市场营销的核心是满足购车者的需求，它必须通过具体的市场购车行为才能得到满足。购车者的行为有其自身的规律，企业的市场营销要围绕满足购车者需求这一中心展开各种活动并且要想取得成功，就必须了解消费者购车行为的产生、形成过程和影响因素，把握消费者购车行为的规律，从而使企业正确制订营销战略，实现其经营目标。

3.1.1　汽车消费者市场的概念和组成

　　中国消费者的总体消费模式，由于经济发展速度太快而呈现出难以捉摸的状态。我们按照市场细分的原则来看中国的汽车消费者是如何对待汽车企业的营销活动的。在此之前，我们需要明确汽车消费者市场的定义与构成。

　　汽车消费者是指为了消费而购买和使用汽车的人，我们把汽车消费者所组成的市场称为汽车消费者市场。它大体上可以分为汽车消费者市场和汽车组织者市场，在这里主要是分析汽车消费者市场的购买行为和模式。汽车消费者市场的构成如下：

　　①汽车个人消费者市场。它指的是通过购买汽车作为个人或家庭的消费使用，满足个人在工作、生活上需求的消费群体。在当今世界范围内，这种类型的汽车消费者人数众多，对汽车的需求量十分强劲，占据了每年世界汽车用户的绝大部分。目前，个人消费者市场是我国汽车消费市场增长最快的一个细分市场，汽车消费也将以私人消费、新增需求为主。

　　②集团消费者市场。集团消费者是将汽车作为集团消费性物品使用，维持集团事业运转的集团用户。这一市场是我国汽车市场中比较重要的一个细分市场，其重要性不仅表现在具有一定的需求规模，还常常对全社会的汽车消费起着示范性作用，包括政府机关、学校、企

业等组织，他们构成了汽车集团消费市场。在大市场、小政府的理念驱动下，全国从上而下进行了公务用车制度的改革，无论是政府机关还是事业单位，属于公务用车性质的车辆总数会下降，企业单位的用车在不断深化的市场竞争压力下，也会按照需要购车，而不是按照个人喜好购车。作为营销人员应该密切注意相关政策的变化。

③经营用户市场。以运营为基本特征，将汽车作为生产资料使用，满足生产、经营需要的组织和个人，他们构成汽车的经营用户市场。在经营用车中主要有高档公路运输客车、旅游客车、中轻型客车、城市公交车、出租车以及旅游用车等。目前，这一市场在我国汽车市场上也占有重要位置。

④其他直接或间接用户市场。这个市场指的是以上用户以外的各种汽车用户及其代表，主要包括以进一步生产为目的的各种再生产型购买者(汽车租赁业)，以进一步转卖为目的的各种汽车中间商。在此有必要强调一下汽车租赁业，在发达国家，汽车租赁业是左右汽车市场发展的一股非常重要的力量，所有的汽车制造商都与汽车租赁公司有着深度的业务联系，最新最好的车首先给汽车租赁公司，使用几年后再折价更换新车，回收的旧车进入特约经销站的旧机动车市场。

3.1.2　汽车消费者购买行为的要素

汽车消费者购买行为的要素有：

①购车类型。这是对消费者购买客体或购买对象的分析，企业可以通过市场调查，研究了解汽车消费者市场需要什么样的汽车，尽量在外观、品牌、质量、性质、价格等方面满足消费者的需求，一般情况下，汽车购买者偏好物美价廉、式样新颖、富有个性的汽车。

②购车时间。这是对汽车消费者购买时间的分析。表面上看汽车消费者购买汽车没有时间规律性，但是从深层来分析，还是有一定规律可循的。一般情况下，购车者都是喜欢工作之余或是在周末的时候去看车，季节性购车也有一定的趋势。

③购车地点。这是对消费者购买地点的分析，包括汽车购买者决定在何处购车以及实际在何处购车。不同的汽车在决定购买和实际购买地点上是有区别的。有些商品，消费者可能在购买地点就会作出购物的决定，而且选择就近购买。选择购买汽车则不同，可能由家庭成员共同商量决定，然后到信任的汽车销售中心购买。

④购车主体。这是分析汽车购买主体，也就是汽车由谁购买的问题。由于汽车购买者年龄、性别、收入、职业、教育、性格等方面的不同，因而在需求与爱好方面也存在着很大的差异。由谁购买汽车实际上是多人参与购买的活动，包括以下五种人：发起者、影响者、决策者、购买者和使用者。

传统的观念认为，汽车购买的重要角色是决策者，但是从现在的家庭状况来分析，由于独生子女的特殊情况，在一定程度上打破了传统的"权威"，从而影响了购买者的决策。在家庭购车决策过程中，五种角色地位不同，心理状态也不相同，满足他们需要的方法也不同。因此，企业营销人员必须有针对性地制订与汽车营销工作相关的营销策略和方法。

⑤购车原因。这是对汽车购买者购买欲望和动机的原因分析，是消费者购买汽车的原动力。当购车的欲望强烈到一定程度时，就会产生购买的动机。没有购车的欲望和购买动机，购车行为几乎是不存在的。因此，分析"为何购买汽车"的关键是对欲望和动机的分析。企业

应该通过对消费者的调查和预测，准确地把握和弄清楚消费者为何购车这一问题。

⑥购车方式。这是对消费者购买方式和付款方式的分析。购车者采取什么样的方式购车，是现场付款还是分期付款，这会影响到企业营销计划的制订，企业应该根据汽车消费者的不同要求，制订相应的汽车营销策略。

3.1.3 汽车消费特点

汽车消费特点为：

①汽车的价格比较高。虽然随着我国加入世界贸易组织（WTO）后，跨国汽车公司的介入冲击了我国的汽车市场，汽车的价格出现了明显的降低，但是下降只是相对的，汽车的价格仍然表现为便宜的要几万，贵的达到几十万，甚至百万、千万等。所以，相对于目前我国平均消费水平来说，不是任何人都能买得起汽车的，买车还是需要一定的经济实力。

②汽车的使用成本比较高。汽车在使用过程中，除了油费之外，每年要交保险费、年检费以及日常的维护、修理费用等，出行时要交过桥费、高速公路的过路费，有时还得交停车费等，让部分消费者产生了"买得起车，却养不起车"的感叹。

③汽车的消费将更多、更直接地受宏观经济的影响。当前已经进入汽车市场政策敏感期，政策传闻、政策信息、政策动态都将对汽车市场产生重大影响，甚至起决定性的影响。比如，2009 年 3 月国家推行的汽车下乡政策，极大地提高了汽车销售量。从 2015 年推行的对 1.6 L 及以下排量的小型汽车实行购置税减半政策，促进了汽车市场中小排量汽车的销售。

④汽车的消费需求随时代的发展而变化。个人购买需求一般从简单到复杂、由低级向高级发展。在现代社会中，各类消费方式、消费观念、消费结构的变化总是与需求的发展性和时代性息息相关，所以汽车产品个人购买需求的发展也会永无止境，如一汽大众的捷达牌轿车，就是一个很好的实例。它最早投入市场时为化油器式的发动机，后来进一步发展为二气门式多点电喷汽油机、六气门式多点电喷汽油机，目前还开发了自然吸气式柴油机。

⑤汽车消费者购买行为相对复杂。这方面主要表现在影响消费者购车行为的因素比较多，从消费者有需求到购买汽车受到一系列复杂因素（如经济、文化、性格等）的影响。

3.2 影响汽车消费者购买行为的因素

3.2.1 政治因素

一个国家的政策会对消费者的购买行为产生间接的影响。汽车消费政策包括购买阶段的政策、保有阶段的政策、使用阶段的政策。随着私人购车比例的增加，汽车消费政策对汽车市场的影响越来越大。在中国市场，用户在汽车的使用过程中除负担日常的消耗费用外，还要承担不少杂费，比如购置附加费、车检费、保险费、年审费、交管费及各种地方性模糊收费。这些都影响了汽车工业的发展。但是近几年国家正在努力改善这一状况，逐步制定各项合理的政策。其实，一个良好、宽松的轿车消费环境对于轿车消费的激励作用很重要。

3.2.2　经济因素

影响市场购买行为的经济因素主要是社会生产力水平和消费者经济收入。具体如下所述:

(1)社会生产力水平对市场购买活动的影响

购买行为的对象——商品的提供,归根到底要受到社会生产力发展水平的影响。它决定着一个社会所能提供的商品的种类、数量和质量,同时也影响人们的消费观念。例如,在卡尔·本茨发明汽车以前,无论多么富裕的组织和个人都不可能产生购买汽车的想法和购买到汽车这种产品。

(2)消费者的经济收入对市场购买活动的影响

对于大多数企业来说,真正关心的并不是这个社会的生产力发展水平,而是它所面对的消费者的经济收入。

轿车的私人购买与人均 GDP 之间有着必然的联系。人们用 R 值来表示这两者之间的关系:R = 轿车的价格/人均 GDP,一般来说,当 R 值为 $2 \sim 3$ 时,私人更倾向于购买轿车。

消费者的收入是有差异的,同时又不断发生变化,因此,会影响消费的数量、质量、结构以及消费方式,从而影响市场购买行为。如:

①消费者绝对收入的变化影响购买行为。引起消费者绝对收入变化的主要因素是消费者工资收入变化、财产价值意外变化等,同时,政府的税收政策变化、企业经营状况的变化,都会导致消费者绝对收入的变化。同样是在购买汽车的问题上,当该消费者收入较低时,第一关注的往往是汽车的价格和耗油量,而一旦收入提高,可能就会对汽车的安全性能和外观提出要求,对汽车售后维修、零部件的供给更为关注。

②消费者相对收入的变化影响购买行为。消费者相对收入变化是指当其绝对收入不变时,由于其他社会因素(如商品价格、分配方式等)产生变化,而使收入发生变化。

③消费者预期收入的变化影响购买行为。消费者在购买贵重商品时,往往要对未来的收入情况作出一定的预期估计,尤其是打算采用贷款或者分期付款的购买方式时,这种行为的影响会更明显。现今,对于大多数中国消费者来说,汽车仍然属于一种奢侈品,因此,汽车生产企业必须考虑到消费者对未来收入的预期可能对其购买行为产生比较大的影响。除了消费者自身的工作环境和自身能力外,总体经济环境、社会的稳定程度以及社会保障体制的健全与否都会影响到消费者对未来收入的预测。

3.2.3　社会因素

消费者的购买行为还会受到社会因素的影响。这些社会因素主要有:社会阶层、相关群体、家庭和角色地位四类。

(1)社会阶层的影响

划分社会阶层的主要标准是购买者的职业、收入、受教育程度和价值观等。不同层次的购买者由于具有不同的经济实力、价值观念、生活习惯和心理状态,最终产生不同的消费活动方式和购买方式。企业的营销工作应当集中于为某些特定的阶层(即目标市场)服务,制订相应的营销组合策略,而不是同时去满足所有阶层的需要。

（2）相关群体的影响

一个人的行为会受到许多群体的影响，相关群体可分为三类：①紧密型群体，即与购买者个人关系密切、接触频繁、影响最大的群体，如家庭、邻里、同事等；②松散型群体，即与购买者个人关系一般、接触不太密切，但仍有一定影响的群体，如个人所参加的学会和其他社会团体等；③渴望群体，即购买者个人并不是这些群体的成员，但却渴望成为其中一员，羡慕该类群体中某些成员的名望、地位，因此效仿他们的消费模式与购买行为。这类群体的成员主要是各种社会名流，如文体明星、政界要人、学术名流等。相关群体对个人购买者购买行为的影响是潜移默化的。有研究表明，汽车个人购买者的购买行为容易受到相关群体的影响，例如，当一个家庭购买到一辆满意的轿车时，就会向周围群体传达这种信息，在他的影响下，其朋友和同事等相关群体就很有可能会选择这款车型。

（3）家庭的影响

购买者家庭成员对购买者的影响极大，人们的消费习惯、消费观念、消费方式和行为最先是从家庭继承发展而来。譬如在个人购买者购买决策的参与者中，家庭成员的影响作用是首位的。家庭对消费活动的影响有三个方面：家庭决定了其成员的消费行为方式，常常是父母影响子女，子女继承父母的消费行为方式；家庭影响其成员的价值观，但并非绝对，有时子女接受新时代的价值观；家庭消费的决策方式会随家庭成员的变化而发生变化，家庭的多种消费价值观影响购买者的购买行为。

根据家庭的购买权威中心的差别区分，家庭类型基本上可以分为四类：丈夫决策型、妻子决策型、协商决策型和自主决策型。私人汽车的购买，在买与不买的决策上，一般是丈夫决策型或协商决策型；但在款式或颜色的选择上，一般是妻子决策型。从营销角度来看，认识家庭的购买行为类型，有利于营销者明确自己的促销对象，以便实施更好的营销策略。

（4）角色地位的影响

营销学中的角色地位是指个人购买者在不同的场合所扮演的角色及所处的社会地位。一个人在一生中会加入许多群体，如家庭、俱乐部以及各类组织。每个人在各群体中的位置可用角色和地位来确定。每一角色都对应着一种地位，这一地位反映了社会对他的总评价。因而，购买者在购买商品时往往结合自己在社会中所处的地位和角色来考虑，所购买的产品要有成为个人地位标志的潜力。例如，奔驰汽车这一高档汽车是事业成功者的象征。

3.2.4　文化因素

文化是指人类从生活实践中建立起来的文学、艺术、教育、科学等的总和，包括民族传统、宗教信仰、风俗习惯、审美观念和价值观念等，影响私人购买汽车的文化因素主要包括民族传统、审美观念和价值观念。

①社会文化。影响消费者购买行为的文化因素是指所形成的共同的价值观、信仰、道德、风俗习惯，具有不同文化层次的人有着不同的价值观念、审美观点、生活标准和行为准则，因而文化是造成消费者购买行为差异的深层原因。

②社会阶层。不同社会阶层的消费者由于在职业、收入、教育等方面存在明显差异，因此即使购买同一类型的产品，由于兴趣、偏好和动机的不同，因而也有不同的购买行为。

③审美观和价值观。不同的消费者有不同的审美观和价值观。审美观和价值观不是一成

不变的,往往受社会舆论、社会观念等多种因素的影响,并制约着消费者的欲望和需求的取向。如我国汽车消费者一般认为美国车以宽敞舒适为好;德国车以精密、操控感强为好;日本车和韩国车以配置丰富、各方面均衡为好。在 20 世纪八九十年代,中国人对两厢车有着严重的排斥心理,认为三厢车才是真正的轿车,且两厢车在追尾碰撞时不安全。而现在两厢车反而很受欢迎。在现阶段的中国车市,各种类型的车在中国私车消费领域都有拥护者,说明消费者对汽车的审美观念是不一致的,也很容易变化。这也要求汽车生产企业必须花更多的精力用于市场调研,从而推出适合不同消费群的车型。

④民族传统。中国人一向在消费上表现为重积累、重计划等特点,在选择商品时追求实惠和耐用,这也就说明为什么大众的捷达和桑塔纳如今在市场上仍然长盛不衰。但中国同时也是一个快速发展的国家,许多青年人在文化上与西方国家差异已经缩小,在消费行为上表现为注重当前消费,购买时不太追求实用而讲究时尚等。

3.2.5 个人因素

个人因素指会对消费者购买行为产生影响的个人特征,它主要包括年龄、职业、个性和思想观念等方面。通常在文化、社会各方面因素大致相同的情况下,仍然存在着私人购买行为差异极大的现象,其中的主要原因在于个人购买者之间存在个人情况的差别。

①年龄和生命周期的阶段性。不同年龄的人有不同的需求和偏好,在衣、食、住、行各方面的需求都随年龄的变化而变化;处在不同年龄段的人,审美观、价值观也会不同,从而产生不同的购买行为。例如,年龄大的人在选择汽车产品时会考虑成熟稳重的车型;而年轻人则比较容易接受新的事物,喜欢标新立异的感觉,他们在买车时就会考虑车型的时尚性和个性。

总体说来,处于不同阶段的家庭,其需求特点是不同的。企业在进行营销时,只有明确目标顾客所处生命周期的阶段,才能拟订适当的营销计划。对汽车营销而言,主要面临的是处于"满巢"期家庭阶段的各类顾客。

②职业。职业状况对于人们的需求和兴趣有着重大影响。不同的职业决定着人们的不同需求和兴趣。职业不同的消费者由于生活、工作条件的不同,消费习惯也存在很大差别。通常,企业的市场营销在制订营销计划时,必须分析营销所面对的私人购买者的职业对象,在产品细分许可的条件下,注意开发适合于特定职业消费需要的产品。职业往往决定着一个人的社会地位和经济状况。政府官员大多愿意购买黑色轿车,因为黑色不张扬,代表成熟与稳重;而从事艺术或传媒行业的人则大多会选择颜色鲜艳的轿车。

③生活方式。生活方式的不同也会形成不同的消费需求。在企业与消费者的买卖关系中,一方面个人购买者要按照自己的爱好选择商品,以符合其生活方式;另一方面企业也要尽可能提供合适的产品,使产品能够满足消费者个人生活方式的需求。

④个性和自我观念。个性是影响个人购买行为的另一个因素,它指的是个人的性格特征,是一个人比较固定的特性,如自信或者自卑、冒险或者谨慎、勇敢或者胆小等,以及与其相关联的另一个概念,即购买者的自我观念或自我形象。对于汽车营销来说,了解个人购买者的这些个性特征和思想观念,可以帮助企业确立正确且符合目标消费者个性特征的产品品牌形象。例如,爱冒险的消费者就比较容易接受广告的影响,成为新产品的早期试用者。

3.2.6　心理因素

消费者的购买行为也受到四种主要心理因素的影响，即感觉、动机、信念和态度、学习。感觉取决于物质刺激物的特征，同时还依赖于刺激物与周围环境的关系（形态观念）以及个人所处的状况；动机是一种需要，它能够及时引导人们去探求满足需要的目标；人们通过行为的学习，获得自己的信念和态度，而消费者的信念和态度反过来又会影响其购买行为。

（1）感觉

一个人的感觉决定了个体看待事物的结果。人们通过感官来接收外在信息并输入信息，最后会形成大量的对外界事物的信息集合。虽然我们立即获得了大量零碎的信息，但只有一部分会成为知觉，在头脑中留下比较深刻的印象，在做个体决策的时候就会对行为产生影响。我们选择一些信息同时放弃其他大量的信息，是因为无法在同一时间里注意所有的信息。这种现象有时候称为选择保留。假如所选取的信息与期望的事物联系在一起，则容易被人所察觉。假如这些信息能满足个体眼前的需要，人们也可能让这些信息上升为意识，成为个体心理因素中比较稳定的状态。例如，当你觉得出行不方便时，就会去注意各类汽车产品广告；相反，假如你觉得买车对你来说不必要，这种广告不被注意到的可能性就会更大。

（2）动机

当一个人的某种需求未得到满足，或受到外界刺激时，就会引发某种动机，再由动机导致行为。对于汽车这种产品来说，消费者如果只是满足生理上的需求，那么选择经济型轿车并保证安全就足够了，事实上，很多消费者在购车时会关心很多其他因素，比如颜色、外观等审美因素，甚至有些消费者会考虑该车能不能给他带来身份和地位的象征。

研究消费者购买动机生成机理的重要理论是美国著名心理学家马斯洛的需求层次理论。马斯洛的需求层次理论把需求分成生理需求、安全需求、社交需求、尊重需求和自我实现需求五类，如图3-1所示，依次由较低层次到较高层次，从企业经营消费者满意（CS）战略的角度来看，不同需要层次上的消费者对产品的要求都不一样，即不同的产品满足不同的需求层次。将营销方法建立在消费者需求的基础之上考虑，不同的需求也即产生不同的营销手段。

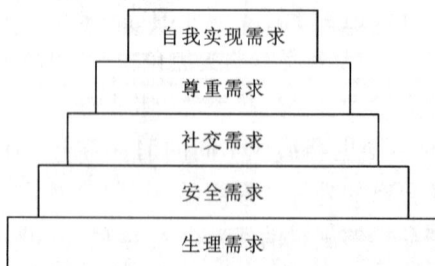

图3-1　马斯洛需求层次理论

需求层次越高，消费者就越不容易被满足。经济学上，"消费者愿意支付的价格等于消费者获得的满意度"，也就是说，同样的汽车，满足消费者需求层次越高，消费者能接受的产品定价也越高。

（3）信念和态度

购买行为中的信念有的是建立在对名牌产品的信任基础上的，有的则可能是建立在某种偏见或讹传上的。通常我们会认为奔驰象征着成功人士，而宝马代表了活力与激情。这些都是由消费者日常生活中的体验而转化成的信念。对营销有利的信念，企业应当采用各种手段去加强；而不利的信念，企业就应该采取一些营销手段去纠正产品在消费者心中的形象。

态度是一种评价性的、较为稳定的内部心理倾向。人们会在认知的基础上对人和各种事物产生一定的态度，而这种态度会影响个体如何对待事物。当消费者对公司营销实践的一个或几个方面持否定的态度时，不仅他们自己会停止使用公司的产品，还会要求亲戚和朋友也这样做。市场营销者应该估计消费者对价格、品牌、广告、销售人员、维修服务、商店布局、现存和未来产品的特点等各方面所持的态度。对于消费者来说，态度一旦确定，就很难改变。因此，汽车企业应该努力改变自己产品的形象去迎合消费者的偏好，不能允许有损产品形象的事情发生。

（4）学习

消费者的学习过程是由驱策力、刺激物、提示物（诱因）、反应和强化五要素组成的。当消费者有意向购买汽车产品时，往往会收集很多有关汽车的资料加以对比。当其购买汽车后，会根据自己使用的感觉以及企业售后服务的态度对该产品作出评价，这一过程就是学习的过程。因此，汽车企业应该准确把握自身产品与潜在消费者驱使力的关系，并根据消费者这种"刺激—反应—强化"的规律，向广大消费者提供有效刺激物和诱因来强化消费者反应，刺激消费者来购买自己的汽车产品。

3.3　汽车消费者购买行为分析

3.3.1　汽车购买行为类型

要正确地引导消费者展开其购买行为，就必须对消费者的购买行为进行分析。消费者的购买行为会因为购买决策类型的不同而变化。同一个消费者在购买日常生活用品和购买耐用品时会采取不同的购买方式。越是贵重的耐用品，购买越会成为复杂的决策过程，参与决策的人员就会越多。消费者在复杂决策的过程中会发生十分复杂的心理活动，这种复杂的心理活动支配着消费者的购买行为。美国学者阿萨尔根据消费者在购买过程中参与者的介入程度和品牌的差异程度，将消费者的购买行为概括分为四大类型，如图 3 - 2 所示。所谓参与者介入程度是指参与购买人数的多少以及他们在购买活动中投入的时间、精力的多少。介入程度越高、品牌间差异越大，整个购买行为则越复杂。

1. 复杂型购买行为

复杂型购买行为是指所需购买的商品品牌多，品牌之间差异较大，购买过程中参与购买的人员甚多，意见众多，方案也不少，决策前有必要通过一个复杂的运作过程。

汽车购买属典型的复杂型购买行为。首先，过去我国只有少数几种汽车品牌，自从我国

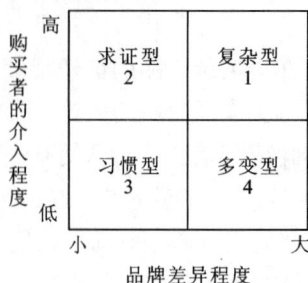

图 3 - 2　消费者购买行为类型区域图

加入 WTO 后，各跨国公司通过合资形式进入我国汽车制造业，同时引入许多先进车型，新的品牌每年有十多种，车型更多；加之进口车因关税下调而降价，使汽车市场上的产品五彩缤纷、目不暇接，在短期内使消费者的汽车购买行为变得十分复杂。其次，汽车商品是有风险的商品，不少名牌汽车常常会因产品缺陷而大批量地被召回。这是因为汽车消费市场竞争激烈，产品开发周期相对较短，而零部件可全球采购，新技术可能还未十分成熟，耐久考验不足等诸多原因引起的，这也引起了购买行为的复杂性。最后，面对诸多新品牌的车辆，又有许多选装配置，目前在一辆经济型轿车上可以选装大部分中高级轿车的配置，仅选装方面哪怕是相当专业的人士也要大费脑筋。因而消费者在购买时往往会格外小心谨慎。购买者在实施购买汽车行为的前期，基本上是一个学习、了解商品的阶段，若拟定购买目标是中高档车辆，而由于价格问题，进口与国产车均可供选择，这将使得学习过程和购买行为更趋复杂化。

2. 求证型购买行为

求证型购买行为是指所需购买的是价格昂贵的耐用品，且各种品牌差异不大时，消费者常常持有反复探询求证的购买行为。

当今汽车销售市场上，各种车型基多，但局部细分市场的产品和品牌差异可能不大。例如一段时间以来，国产中高级轿车主要是上海通用的别克、一汽大众的奥迪 A6 以及广汽本田的雅阁 3.0。这三款排量 2.8 ~ 3 L 的车型均是跨国公司与我国汽车企业合资推出的精品车型，三种车型总体结构稍有差异。奥迪 A6 的配置多，经济性能好，但其价格较昂贵；别克与雅阁的主要区别在于别克车宽敞明亮，雅阁发动机款式新，这三款车型之间的取舍取决于消费者的偏好，购买决策所需的时间一般较短。

由于汽车产品的价格昂贵，消费者在购买时态度十分谨慎，但是在这种购买行为中，消费者购买之后往往因发现所购商品的弱点而心理产生不平衡，这时消费者往往会收集更多的资料、信息，力图证明自己购买选择的正确性，以减少购后感觉与感前感觉之间的失调。这种求证心态或减少失调心态就是购买行为类型名称的由来。鉴于这种心理特点，企业营销人员应明确销售产品所处的市场竞争地位，合理定价；介绍产品时应讲清其优势和特色，增强消费者对汽车产品和品牌的信念，并使消费者在购买之后对自己的选择感到满意。三款国产中高级轿车的主要差别比较见表 3 - 1。

表 3 -1　三款国产中高级轿车的主要差别比较

比较项目	上海通用别克	广汽本田雅阁 3.0	一汽大众奥迪 A6
车长、车宽尺寸	稍大	最小	居中
百公里油耗	居中	稍大	最小
发动机款式	较老	新	新
最高车速/(km·h^{-1})	≥195	≥200	≥228
价格/万元	35 ~ 36	35	48 ~ 51

3.习惯型购买行为

许多产品的购买是在消费者低度介入、品牌差异不大的情况下完成的。消费者习惯于某一品牌后通常就延续使用下去，这种购买行为就叫作习惯型购买行为。

大部分食品和日用品均属于这类商品。消费者常常因为习惯而长期购买某一品牌的产品，并未经过学习过程，这主要是通过大量的广告重复宣传导致消费者对该品牌的熟悉程度逐渐增加，又由于消费者对这类产品的购买决策不太重视，故而购买后也很少做出购后使用评价，当然也谈不上对品牌的忠诚。

4.多变型购买行为

多变型购买行为是指对一些消费者低度介入的有很大差异的品牌，消费者会经常改变品牌选择。典型的商品如各类软饮料的购买，改变品牌选择并非是因为对产品不满意，而是由于品牌众多，各有所长，满足好奇心在购买行为中起了很大作用。对于这类商品的营销，企业应保持特色、加强广告来保持销售市场的份额，或者用降价、广告和各类促销活动来扩大市场销售。

3.3.2　私人消费市场的购买行为分析

1.消费者的购买角色

私人消费者在购买活动中，由于所处条件不同，会担当不同的角色。例如，某家庭需购买一辆汽车，提议可能来自父亲，买什么品牌的建议可能来自亲朋好友，对汽车功能的要求也许是由儿子提出的，而汽车的外形可能是母亲的建议，这辆轿车最终可能是由父亲上班使用。诸如此类的购买行为，每个人可以担当不同的角色。常见的角色有：

①发起者。首先提出购买建议的人。

②影响者。对购买决策产生影响的人，如家庭成员、同事或朋友等。

③决策者。对实施购买活动具有完全或部分决定作用的人。

④购买者。具体执行购买决策的人。

⑤使用者。实际使用所购商品的人。

2.消费者类型

研究汽车市场私人消费者购买行为时，可以从不同角度进行分类，但较为普遍的分类方法是以购买态度作为标准。根据我国汽车市场的基本情况，汽车市场的私人消费者购买行为可以大致分为以下几类：

①理智型。具有理智型购买动机的人，在购买商品前一般经过了深思熟虑，了解所购买

商品的特性，购买思维方式比较冷静，在需求转化为现实之前，他们通常会进行广泛的信息收集和比较，充分了解商品的相关知识，在不同品牌之间进行充分的调查，慎重挑选，反复权衡比较，在最终作出决策后，还要进行购后评价，这属于典型的完整的购买过程。现阶段由于经济还不是很发达，私人购车对于一般家庭来说是一项比较大的消费支出，因此我国的私人汽车消费者的购买行为多属于这种理智型。对于这种顾客，汽车企业营销者应制订策略帮助消费者掌握汽车相关知识，借助多种渠道宣传产品优点，发动营销人员乃至顾客的相关群体对顾客施加影响，简化购买过程。

②自信型。具有这种购买动机的人，同样会先详细了解产品的相关信息，但是他们又有很强的自信心，有自我确定的标准和理由，一般属于某一品牌的忠实用户，对这一品牌的汽车满意程度很高，其他企业的营销人员很难通过他们的营销活动而改变这种类型消费者原先的计划。

③选价型。这是指对商品价格变化或差异较为敏感的人。具有这种购买态度的人，价格的高低是他们作出购买决策的主要标准。这种购买行为主要分为两种类型：选高价和选低价。豪华汽车的购买者属于前者，工薪阶层和二手车消费者多属于后者。

④冲动型。这是指容易受到别人诱导和影响而迅速作出购买决策的人。这种类型的消费者多数具有较强的资金实力，容易受到外界环境的诱导，有时会被商品的某一个特征所吸引，缺乏考虑。对于这种购买者，他们对需求的实现缺乏慎重的考虑，容易在购后怀疑自己决策的正确性，因此汽车企业应该针对这种消费者提供较好的售后服务，树立他们对本公司产品的良好信念。当然，汽车在我国尚属于高价格的耐用品，这种购买行为并不多见。

如果按购买动机分类，则可以分为以下几种：

①求实购买。这种类型的消费者追求汽车的使用价值、内在质量和效用，讲究实用和方便，对造型和外观不过分要求。

②求利购买。这种类型的消费者追求汽车价格低廉，喜欢旧车型或旧车，不在意质量、外观和造型等。

③求新购买。这种类型的消费者追求汽车造型新颖和别致，不太计较价格。

④好癖购买。这种类型的消费者仅为了满足个人爱好，以符合自己需要为标准。

⑤求名购买。这种类型的消费者追求名牌、高档，注重品牌和产地，不关注其他。

⑥求同购买。这种类型的消费者追求大众产品，对汽车的各个方面都关心。

3. 个人购买决策过程

消费者个人的购买过程，一般可分为以下五个阶段：确认需要、信息收集、评估选择、购买决策、购后行为(图3-3)。这是一个复杂而完整的过程，这一购买决策模式表明，购买过程在购买行为之前就已经开始了，并且要延续到购买行为之后的很长一段时间才结束。当然，其中的五个步骤并不是每一个消费者在购买时都要一一经过的，比如对汽车的相关知识了解比较多的消费者经过的步骤就会少一点。下面对每一个步骤进行简要的分析：

(1)确认需要

消费者的购买行为过程从对某一问题或需要的认识开始。由于有了某种需求，而这种需求又未得到满足，人们才会通过购买行为使之满足，所以消费者在实行购买过程时总是要首先确认自己的需求。需求有时是产生动机的重要因素，也是购买行为的起点。需求一般可以由内在的或者外在的刺激引起，比如有的消费者由于上班交通不方便而确实需要汽车，这就

```
┌──────────┐    ┌──────────┐    ┌──────────┐    ┌──────────┐    ┌──────────┐
│ 确认需要 │ →  │ 信息收集 │ →  │ 评估选择 │ →  │ 购买决策 │ →  │ 购后行为 │
└──────────┘    └──────────┘    └──────────┘    └──────────┘    └──────────┘
```

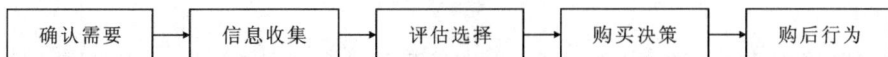

图 3－3 个人购买决策过程

是属于内在的刺激；如果这种需求是由于外在的因素或营销活动引起的，那就属于外在的刺激。可见，汽车市场营销人员应当进行缜密的市场调查，了解人们的需求并根据人们的需求提供合适的汽车产品。

（2）信息收集

消费者一旦确认了自己的需求，接下来他将进入信息收集这个步骤。根据消费者购买类型的不同，信息收集这个阶段的持续时间长短不一。消费者通过信息收集来确定需要的品牌或品种。市场营销人员在这一阶段的主要任务是：

①了解消费者获取信息的来源及其作用。消费者一般从以下四种途径获得信息：个人来源，如家人、朋友、邻居和同事等；商业来源，如广告、推销员、经销商和展览会等；公共来源，如大众传媒、消费者团体和机构等；经验来源，如产品的检查、比较和使用等。

②市场营销者必须重视整合信息传播渠道的重要性。除了利用商业来源传播信息外，还要设法利用和刺激公共来源、个人来源和经验来源，特别要展开口碑管理。

（3）评估选择

消费者在信息收集的过程中，自然会形成一种或几种备选方案。评估选择就是对已经形成的备选方案加以细分和对比，从而作出选择。有时，消费者的评估选择阶段和信息收集阶段是不断穿插进行的。

消费者的评估选择过程，有以下几点值得市场营销者注意：产品性能是购买者所考虑的首要问题；不同的消费者对产品的各种性能给予的重视程度不同，或评估标准不同；多数消费者的评选过程是将实际产品同自己理想中的产品相比较。

对于营销人员来讲，了解消费者在评估选择时的心理活动和选择方案的依据是十分重要的。一般情况下，消费者首先对两三家汽车公司进行比较，然后选择其中一家，再对这家公司旗下的产品系列以及型号进行选择。据此，市场营销者可采取如下对策，以提高自己产品被选中的概率：

①修正汽车产品的某些属性，使之接近消费者理想的产品。

②改变消费者心目中的品牌信念，通过广告等手段努力消除不符合实际的偏见。

③改变消费者心目中理想产品的标准。

（4）购买决策

作出购买决定和实现购买，是决策过程的中心环节。消费者对商品信息进行比较和评选后，已形成购买意图，然而从购买意图到决定购买之间，还要受两个因素的影响：第一个因素是他人的态度。例如，某人已经决定购买某品牌的汽车，但他的家人或亲友持反对意见，那么就会影响购买意图。反对态度越强烈，或持反对态度者与购买者关系越密切，修正购买意图的可能性就越大。第二个因素是意外的情况。购买意图是在预期家庭收入、预期价格的基础上形成的。如果发生了意外的情况，如失业、涨价等，则很可能改变购买意图。

消费者修改、推迟或取消某个购买决定，往往是受已察觉的风险的影响。因此，市场营销者应设法将消费者所承担的风险降到最低限度，促使消费者作出购买决定并付诸实现。

（5）购后行为

消费者购买之后的问题主要有两个：一是购后的满意度，二是购后的活动。

①消费者购后的满意度。消费者购买汽车产品后会投入使用，并且通过使用或与使用者交换意见，从而产生对这种产品的某种程度的满意或不满意。这种购后的感受对于企业的市场营销有着重要的意义。满意和基本满意对企业的销售有利，这些消费者就会将满意和基本满意的信息传递给周围的群体。同样，如果消费者不满意，就会向相关群体传播不利于企业的信息。因此，对于汽车企业，在做宣传、广告等售前服务中，一定要实事求是地介绍自己的产品，不要搞虚假宣传，否则容易引起消费者的失望，传递对自己不利的信息。

②消费者购后的活动。购买后的满意程度，决定了消费者是否重复购买这种产品，决定了消费者对这一产品的态度，并且会影响到其他消费者，形成连锁反应。有商业谚语说道："最好的广告是满意的顾客。"因此，市场营销者应积极主动地与购买者进行购后联系，采取一些必要措施，促使消费者确信其购买决策的正确性，同时还要加强售后服务。例如，汽车企业可向新车买主致函祝贺，向消费者询问改进意见用以改进产品，或者寻找新需求从而进行新产品或新功能的开发研究；列出各维修站的地点，印刷使用手册等；尽快解决顾客投诉的问题，尽量减少顾客购买后可能产生的不满意感。

其实，消费者对汽车的全部品牌不一定熟悉，有时可能仅仅熟悉其中的一部分（知晓组），而在这几个汽车品牌中可能只有某几个品牌的汽车符合其购买标准（可供考虑组）。当消费者收集了大量信息之后，可能仅有少数品牌作为重点选择对象（选择组）。最后，消费者根据自己的评价，从中选择某一品牌作为最终决策。因此，企业首先必须采取有效措施，使自己品牌的汽车进入潜在顾客的知晓组、可供考虑组和选择组。无法进入上述各组的产品，就会失去市场机会。汽车企业必须研究哪些品牌的汽车会留在顾客的选择组内，从而制订出竞争力更强、吸引力更大的计划，使自己的产品成为顾客的最终决策。

3.3.3　汽车产业市场购买行为分析

企业的市场营销对象不仅包括广大消费者，还包括各类组织机构，这些组织机构构成了原材料、零部件、机器设备、供给品和企业服务的庞大市场。为此，企业必须了解，组织市场除了个人和以家庭为单位的汽车消费者外，集团组织也是汽车企业的重要顾客，各种各样的组织或集团构成了汽车的组织市场。汽车产品的使用特点决定了汽车的集团组织市场是一个涵盖面很大的市场。这个市场是我国现阶段重要的汽车市场，甚至是某些车型的主力市场。

因此，这个市场的特点和购买行为必须得到充分的重视和研究。集团组织市场是由各种组织机构形成的对企业产品和劳务需求的总和。它可分为三种类型，即产业市场、经销商市场和政府市场。由于经销商的购买模式与产业经营者的模式类似，而同时又是汽车产品的经营者，在此就不对其进行专门论述。

产业市场又称工业品市场或生产资料市场，它是组织市场的一个组成部分。产业用户也称再生产者，即购买和使用商品或服务是为了进一步生产其他商品或劳务的生产企业和其他社会单位。汽车产品的产业用户主要是指购买和使用汽车产品为企业生产和社会服务的各种社会组织，如汽车改装厂、汽车运输公司、旅游公司、公交公司、建筑公司、个体运输户等。产业用户购买汽车的种类几乎涉及所有的汽车品种，其中以重型车、中型车和轿车为主要品种，重型车、中型车的基本用户就是产业用户。因此，研究产业用户的购买行为对汽车生产企业和中间商有着非常重要的意义。

1. 汽车产业市场购买行为的特点

在某些方面，产业市场与消费者市场具有相似性。然而，产业市场在市场结构与需求、购买单位性质、决策类型与决策过程及其他各方面与消费者市场有着明显差异。与消费者市场相比，产业市场有以下特征：

①客户数量少，产销量大，地理分布十分集中。产业市场的购买者一般不是个人，而是购买汽车产品的企业，所以相对于消费者来说，数量较少，但是需求量相对较大。每一次总是批量采购，尤其是汽车运输公司、出租车公司等企业。在我国，产业用户往往主要集中在经济发达地区，产业市场地域的相对集中性有助于降低销售成本。

②大多属于衍生需求，缺乏弹性。产业购买者对汽车产品的需求，归根结底是从消费者对消费品的需求引申而来的。例如，汽车运输企业购买汽车，往往是因为运输市场发展的需要。当购买者运输的需求增加时，会导致汽车购买量的增加；反之，汽车的购买量就会减少。因为这一市场的需求大多属于衍生需求，所以对汽车产品的需求不会因汽车产品价格的上涨而不购买，也不会因汽车产品价格的降低而大量购进汽车产品，尤其是在短期内这种需求的条件就更小。

③供购双方关系密切。产业购买者人数较少，但数量相对较大，对供应商来说更具有权威性和重要性。因此，在产业市场中供购双方关系比较密切，购买者总是希望供应商按照自己的要求提供产品。而供应方则更会想方设法地接近并搞好与购买方的关系。例如，为产业用户提供一定的优惠条件或产品维修等方面的服务，包括根据集团组织的特定需要定制产品，甚至改变常规的营销操作方法和程序，才能激发购买者的购买动机。同时还要注重与这些大客户建立持久的合作伙伴关系。

④购买人员专业化。汽车作为工业品，一般由那些经过训练的，在汽车专业技术知识和采购、交易谈判方面训练有素的专业人员负责采购工作。他们对想要购买的汽车的性能、质量、规格以及技术细节上的要求都较为了解。此外，他们在专业方法的运用、谈判技巧方面都比较老练。这要求产业市场营销者必须对他们的产品提供大量的技术资料和特殊服务。企业采购的工作较复杂，参与决策的人员比消费者市场更多，决策过程更为规范，通常由若干技术专家和最高管理层组成的采购委员会领导采购工作。

⑤汽车产业市场的波动性较大。产业购买者对于产业用品和劳务的需求比消费者的需求更容易发生变化。在现代市场经济条件下，消费者需求的少量增加会导致产业购买者需求的大大增加。这种必然性，西方经济学者称为加速理论。有时消费者需求只增减10%，就能使产业购买者需求出现200%的增减。汽车产业市场受国家政策、市场需求的影响很大，而这些因素往往随时间有较大的波动性。由于产业市场的需求变化很大，所以针对产业市场的汽车生产企业往往实行多元化经营，尽可能增加产品品种，扩大企业经营范围，以减少风险。

⑥租赁方式。产业购买者往往通过租赁方式取得产业用品。某些汽车产品单价高，通常用户需要较大资金才能购买，因此企业所需要的汽车产品有的部分不采取完全购买方式，而是通过租赁方式取得。例如，某些特种汽车、专用汽车的单价很高，用户又不是经常使用，租赁方式可以解决用户的资金困难。在买卖双方达成协议的情况下，买方先通过租赁取得汽车产品的使用权，在使用过程中逐渐召集资金，然后决定是否留购该车辆。或是在租赁期间

定期、足额缴纳一定的租金，到租赁期满时，该车辆即还给承租方。总的说来，租赁有助于解决某些车辆(主要是库存产品)"用户买不起，卖主卖不掉"这种供求矛盾，从而促进企业设备更新速度的加快和生产规模的扩大。

2. 产业组织消费者购买行为类型

产业组织购买行为复杂程度要高很多，产业市场购买的类型可分为直接重购、修正重购和新购。

（1）直接重购

直接重购是指采购部门根据过去的一贯性需要，按原有订货目录和供应关系所进行的重复购买。在这种类型的购买行为中，产业组织的采购人员作出购买决策的依据是过去的经验，是基于对以往供应商的满意程度。由于这种购买行为所涉及的供应商的购买对象、购买方式等均为往常惯例，不需要作出太多的新的采购决策，它属于一种简单的购买行为。

直接重购的优点是便于供应商保持产品和服务的质量，并在这一过程中努力简化购买手续、节省购买者时间、稳定供应关系。现在许多企业日趋采用"一揽子合同"，即和某一个供应商建立长期的供货关系，当购买者需要购买时，供应商按原定的价格条件及时供货。这种"一揽子合同"对供求双方都带来很多便利。对采购者而言，减少了多次购买签约的麻烦和由此增加的费用，也减小了库存压力。

（2）修正重购

修正重购是指用户为取得更好的采购效果而修正采购方案，改变产品规格、型号、价格等条件，包括增加或调控决策人数或改变新的供应商。这种购买类型的采购行为比直接重购复杂，它要涉及更多的购买决策人员和决策项目，修正重购有助于刺激原供应商改进产品和服务质量，还给新供应商提供了竞争机会，有助于用户降低采购成本。对于这种购买类型，原有的供应者要清醒地认识到面临的挑战，积极改进产品规格和服务质量，降低成本，以保持现有的客户，而新的供应商要抓住机遇，积极开拓，争取更多的业务。

（3）新购

新购是指购买者对其所需的产品和服务进行的第一次购买行为。这是所有购买情形中最为复杂的一种，因为它通常要涉及多方面的采购决策。新购时购买者面对的采购金额和风险越大，采购决策的参与者就会越多，制订采购决策所需的信息就越多，决策所花费的时间也就越长。但对于所有的市场营销者来说都是一个很好的机遇，可以充分利用组织购买者新购的机会，努力开辟组织市场。供应商将尽力接近对购买决策有影响作用的重要人物，向他们提供各种相关的信息，促使其减少顾虑和疑问，以赢得采购者的信任。对于大型的新购业务机会，许多供应商都要派出自己的推销团队，大公司还往往设立专门机构来负责对新购用户的推销。目前一些党政机关都采用招标采购的方式，使得经销商要不断地改进产品设计和服务，为此，一些汽车厂家专门开发针对公务使用的车型来进行竞争。

另外，对于汽车企业的市场营销来说，辨识新购过程的不同阶段是非常重要的，它可以帮助营销者实现与购买者的沟通。一般情况下，任何新购都要经历认识、兴趣、评估、采购、使用等几个阶段。在不同阶段，信息源对于购买者的决策影响各不相同，在认识阶段，大众媒体的影响效果较好；在兴趣阶段，推销人员的影响较大；在评估阶段，反映技术状况的信息更为重要；而在采购和使用阶段，服务的作用就很大了。

3.汽车产业用户的购买过程

产业用户购买汽车产品,是为了维持其生产经营活动的正常进行,其购买过程包括:产生需求,确定需求对象的特点和数目,寻求并选择供应商,签订供应合同,检查、评估履约情况。

(1)产生需求

产业用户购买汽车产品的种类取决于生产经营单位正常运营的需求。需求的产生是为解决某一个问题而提出新的采购需求,如企业规模扩大、员工增多而需要增加汽车,也可能是因为技术的进步和新产品的出现而引发新的需求。

(2)确定需求对象的特点和数量

产生需求后,采购者要拟出一份需求说明书,说明所需汽车的特点,并根据生产经营规模的需要决定需求数量。简单或重复的采购由采购人员直接决定,而复杂的采购则必须由企业内部的使用者和工程技术人员共同决定。企业的采购组织确定需要以后,要指定专家小组,对所需品种进行价值分析,作出详细的技术说明。他们将对汽车产品的可用性、耐用性、价格和其他应有的属性按其重要性加以先后排序,如汽车运输公司要开辟一条新的运输线路,在购车前就必须先确定购买哪一种类型的汽车,该车需具有什么特点才能满足生产经营需要以及要使这条线路正常运转需要多少辆车。

(3)寻求并选择供应商

由于产业用户购买数量大,需求相对稳定,不可能随时购买,加之市场上同类产品生产厂家众多,因此,一般情况下都要寻求供应商,以保证产业用户的需求。在寻求供应商时,采购者往往通过查询汽车产品目录,进行互联网搜索或打电话给其他公司以获取汽车产品的信息。因此,供应商的任务就是要在重要的工商企业名录或互联网、汽车产品目录中占有一席之地,并在市场上塑造一个良好的商业信誉。营销人员要注意各公司寻找供应商的过程,并想办法将本公司纳入采购者选择之列。对于供应商的选择,购买者往往会考察供应商在各方面的属性,其首选的主要条件包括交货速度、产品质量、产品价格、企业信誉、产品品种、技术能力、生产设备、维修服务质量、付款结算方式、财务状况和地理位置等。在对上述诸因素进行全面考察和评估的基础上选择其中最优者为合作对象。产业用户在最后确定供应商之前,往往要和供应商面谈以争取更优惠的条件。对于汽车产品来说,购买者在评估时更加注重供应商销售方面的表现。

(4)签订供应合同

产业用户在确定供应商之后,通常情况下要签订供应合同。这是因为产业用户对购买汽车产品的质量规格、供应时间、供应量等都有明确的要求,加之需求量大,涉及价值高,产业用户需要用合同的形式将双方的关系确定下来,以保证企业的生产经营需要和防止对企业利益造成损害的事件发生。

(5)检查、评估履约情况

产业用户在购买汽车产品后,都会及时向使用者了解其对产品的评价,考查供应商的履约情况,对产品及供应商的服务水平进行评价,并根据了解和考查的结果,决定今后是否继续采购该供应商的产品。为此,供应商在产品销售出去以后,要加强追踪调查和售后服务,以赢得采购者的信任,以保持长久的供求关系。

对于购买汽车产品用于社会服务或作为生产工具的产业用户来说,其购买行为一般都需要经过上述五个阶段，而对于购买汽车产品进行再生产的产业用户（如汽车生产企业、改装企业等），并非每次购买过程都需要经过这五个阶段，可能采取直接购买或修正再购买。所谓直接购买，是指对购买前已经买过或使用过的汽车产品需要不断补充时的购买。修正再购买是指购买的汽车产品正在使用，但对质量、规格、价格和其他条件有了新要求的购买行为。

3.3.4 政府消费者购买行为

政府采购是政府机构所需要的各种物资的采购。这些物资包括办公物资，如计算机、复印机、打印机等办公设备，纸张、笔墨等办公材料，也包括基建物资、生活物资等各种原材料、设备、能源、工具等，还包括国防军事装备的购买。汽车是政府部门采购的主要对象之一。

1. 政府部门采购的特点

政府部门采购也和企业采购一样，属于集团采购，但是它的持续性、均衡性、规律性和严格性都没有企业采购那么强。因为政府采购最基本的特点是一种公款购买活动，所以，与个人采购、家庭采购、企业采购相比，政府采购具有以下显著特点：

①采购资金来源于财政拨款。这些资金的最终来源为纳税人的税收和公共服务收费，所以，政府采购资金管理严格，一般不能突破，故采购的商品既要质量好又要价格低。

②采购活动不是以营利为目的。政府采购的目的是为政府部门提供消费品或向社会提供公共利益，或者进行国际援助。

③采购行为具有政策性。政府部门在采购时必须遵循国家有关政策的要求，不能体现个人偏好和追求。这些政策包括最大限度地节约财政资金，优先购买本国或本地区产品，保护中小企业发展，保护环境以及注重支持经济落后区域的发展等。

④采购行为具有规范性。政府采购根据不同的采购规模、采购对象及采购时间，会按政府采购的有关法规，选择不同的采购方式和采购程序，使每项采购活动规范运作，接受全社会和纳税人的监督。财政部门对从采购计划的编制到采购项目验收的采购全过程进行监督管理，通过制定政府采购法规和政策来规范采购活动，并检查这些法规、政策的执行情况。

2. 政府采购的模式

政府采购是一个国家最大的单一消费者，其购买力非常巨大，有关资料统计，通常一国的政府采购规模要占到整个国家国内生产总值（GDP）的10%以上。正因为如此，政府采购对社会经济有着非常大的影响。采购规模的扩大或缩小，采购结构的变化对社会经济发展状况、产业结构以及公众生活环境都有着十分明显的影响。同时，企业也应该抓住机遇，研究政府购买的需求，努力成为政府采购的供应商。政府采购不同于个人采购、家庭采购和企业采购，我国的政府采购以集中采购为主，列入集中采购目录和达到一定采购金额以上的项目必须进行集中采购。政府采购分为公开招标采购和协议合同采购。

（1）公开招标采购

公开招标采购即政府采购组织的采购部门通过一定的传播媒体发布广告或发出信函，说明拟采购的商品、规格、数量和有关要求，邀请供应商投标。招标单位在规定的日期开标，选择报价较低和其他方面合乎要求的供应商作为中标单位。采用这种方式，政府采购组织会处于主动地位，供应商之间会产生激烈的竞争。政府部门也经常对潜在供应商给予详细指导，提供给供应商一些如何把产品交给政府的指南等。

供应商在投标时应注意以下问题：

①产品的品种、规格是否符合招标单位的要求。非标准化产品的规格不统一，往往成为投标的障碍。

②能否满足招标单位的特殊要求。许多政府采购组织在招标中经常提出一些特殊要求，如提供较长时间的维修服务、承担维修费用等。

③中标欲望的强弱。如果企业的市场机会很少，迫切需要赢得这笔生意，就要采取降价策略投标；如果企业还有更好的市场机会，只是来尝试一下，则可以适当提高投标价格。但无论如何，报价均要求在合理的范围内，恶意的低价竞争不一定能够中标，因为招标单位一般都对价格进行过调查，有一个标底价。过分远离这个价格，招标单位就可能淘汰投标单位。

（2）协议合同采购

协议合同采购，即政府采购组织的采购部门同时和若干供应商就某一采购项目的价格和有关交易条件展开谈判，最后与符合要求的供应商签订合同，达成交易。汽车产品的大宗订单、特殊需求订单一般均采取此种购买方式。

在协议合同采购中，采购机构同一家或几家公司接触，并就项目的交易条件与其中几家公司进行直接谈判。这种采购类型主要发生在与复杂项目有关的交易中，经常涉及巨大的研究与开发费用及风险。合同方法多种多样，如成本加成定价法、固定价格法、固定价格和奖励法。当供应商的利润显得过高时，可针对情况对合同公开复审或重新谈判。

对于政府采购，供应商必须关注的一点是采购项目是否有预算保障，它直接关系到供应商的切身利益。目前，由于部门预算没有向社会公开，供应商掌握不到各个部门的预算情况，但可以事先向财政部门或者各部门的财务管理机构询问。

第4章 汽车厂商市场定位及竞争战略

4.1 汽车厂商的市场定位

4.1.1 汽车市场细分

汽车 STP 策略包括市场细分（segmentation）、目标市场选择（targeting）和市场定位（positioning）三部分。由于汽车消费者的需求差异较大，且各汽车厂商的汽车品牌和型号众多，单独的一家汽车厂商无法为整个市场上的所有用户服务。因此，汽车厂商应根据市场细分规划选择对本汽车厂商最有利的市场为目标，制订相应的产品计划和营销计划，把有限的人力资源和物力资源用到能产生最大效益的地方。

STP 营销的主要任务就是选择那些与汽车厂商任务、目标、资源条件等较为接近，但又与竞争者相比有较大优势，以及能产生最大利益的细分市场作为汽车厂商的目标市场并作出合理的市场和产品定位。

1. 汽车市场细分的作用和依据

汽车市场细分是汽车厂商在市场调研的基础上，按照消费者的需求、购买动机以及购买行为的差异性等，把某一汽车产品的市场整体划分为若干购买者群体的市场分类过程。进行汽车市场细分有利于汽车厂商选择目标市场和制订营销策略，发现市场营销机会，有效拓展新市场，扩大市场占有率，同时还有利于汽车厂商合理利用资源和发挥优势，从而有效地与竞争对手相抗衡。

汽车市场的细分并非要求汽车厂家在每个细分市场上都要进行占领，过于细分的市场和汽车产品有时会导致汽车厂商在产品开发、广告投放方面的成本增加，也可能为消费者带来一定的选择困难，如一些汽车厂商的不同款车由于过于细分，在车辆外形、价格差别等方面都比较接近，导致汽车消费者难以快速识别细分车型。

根据消费者的需求差异对一种汽车产品的整体市场进行细分，要考虑引起多样化需求的因素，以作为市场细分的依据。

（1）按地域环境细分市场

消费者处在不同地域环境下，对于同一类汽车产品往往有不同的需求与偏好，如我国西部地区地域辽阔，高等级公路较少，SUV 的市场需求相对较大；而一线城市汽车主要用于市内的日常出行和近郊的旅游，家用轿车的需求量较大。地域环境是细分市场应考虑的重要因素，但处于同一地区消费者的需求仍会有很大差异。

（2）按人口因素细分市场

人口因素是指年龄、性别、家庭人数、收入、职业、文化程度、宗教、民族、国籍、社会阶层等。对汽车营销者来说，收入是进行汽车产品细分的重要因素。目前在中国汽车市场上，对于大多数普通消费者来说，虽然汽车逐渐的由一种奢侈品转变为日用品，但还没有像欧美发达国家那样成为一种生活必备品。因此在国内细分市场上，除了法规、政策、公共设施的限制外，最重要的购买影响因素仍然是收入。一辆汽车就算有良好的配置和性能，如果消费者的收入与这种汽车的价格相差较远，就难以打开该细分市场。

（3）按心理因素细分市场

对于人口因素相同的消费者，由于其性格和爱好不同，对同一商品的爱好和态度也可能不同。消费者所在的不同的社会阶层、生活方式、不同的性格和爱好都是心理因素细分市场需要考虑的重要方面。

一般来讲，处于同一社会阶层的成员一般具有较为类似的价值观。但不同人的生活方式各不相同，有的人看中时尚和享乐，收入的绝大部分用于消费，汽车是他们的生活必需品，并且有些人还对汽车的性能和品质有特殊的要求；有的人忙于工作，很少享受生活，汽车一般用于商务、代步和出游等；有的人热衷于健身或环保，有足够的收入也不购买汽车，以非机动车或步行代替。

消费者不同的性格和爱好会使其消费需求存在较大的差异，如调查显示，活动敞篷车车主和一般轿车车主之间往往存在着较大的个性差异。有些人喜欢汽车的私密性，有些人则正好相反。

德国宝马汽车在美国市场上的营销取得成功的关键就在于对美国市场消费者心理变量的有效细分和对子市场的准确预测。20 世纪 70 年代中期，德国宝马汽车在美国市场上将目标对准高级轿车细分市场，但经过市场调查后发现该细分市场的消费者不喜欢该类型车。于是将目标转向收入较高、充满活力的年轻人的细分市场，结果市场销售情况出人意料的好。20 世纪 90 年代初，原来的目标消费者已经成熟，加上日本轿车物美价廉的冲击，宝马汽车在市场调查的基础上，将目标细分市场对准了一些为了家庭安全，希望提高驾驶技术的消费者，以及希望以高超驾驶技术体现个人成熟魅力的消费者，结果尽管当时美国汽车市场疲软，但宝马的销售量依然持续增加。

（4）按行为因素细分市场

行为因素能直接反映消费者的需求差异，它包括购买时机、利益偏好、使用状况、使用频率、对品牌的爱好程度、对产品的态度和购买阶段等。行为因素是建立细分市场的最佳起点，通常可分为以下几类：

①购买时机。根据消费者购买汽车的时间进行区分，我国春节、五一、国庆等重大节日和春季、秋季的旅游黄金时段往往是购车的高峰时间，消费者通常喜欢在这段时间购车以方便旅游和走亲访友，所以经销商一般都有针对性地制订一些营销策略以吸引消费者购车。

②利益偏好。根据消费者从产品中追求利益的不同进行分类是有效的细分方法。消费者有的注重实用性，有的追求时尚，有的则将汽车作为身份地位的象征，因此世界著名的整车生产厂家往往都有适合消费者不同利益追求的产品。

③使用状况和使用频率。许多产品可按使用状况将消费者分为：从未用过、曾经用过、

准备使用、初次使用、经常使用五种类型,针对不同使用状况的消费者数量,可分别制订不同的市场细分策略;根据消费者使用商品的频率,可以将消费者细分成少量使用者、中度使用者和大量使用者。大量使用者的人数通常只占总市场人数的一小部分,但是他们在总消费中所占的比重却很大。如果汽车厂商能够与大量使用某一品牌汽车的用户保持良好关系,就有可能进一步拓展市场。

④品牌爱好程度。不同的消费者对某品牌的爱好情况不同,汽车制造商们并不期待他们的每一个品牌都能永远抓住顾客的心。大多数汽车厂商都是通过购买、合并以及扩展的方式来推广多个品牌,当顾客随着年龄的增长和收入的变化而需要更换新车时,往往会在同一厂家的不同品牌之间选择,这就是汽车商的品牌交叉战略。

⑤对产品的态度。根据市场上顾客对产品的热心程度来细分市场,可将不同消费者对同一产品的态度分为五种:热爱、肯定、冷漠、拒绝和敌意。

以上是汽车市场细分时经常使用的细分因素。汽车公司在进行市场细分时通常是把一系列变量结合起来进行细分,而目标市场则为各种细分市场的汇集。

长城汽车公司在汽车行业取得成功的原因就在于进行市场细分时把一系列因素结合起来。作为行业领导者,长城汽车首先洞察到市场形势发生变化后的消费需求多样化倾向。以目前上市的哈弗为例,从哈弗1到哈弗9的不同车型,以及目前的红标和蓝标战略,都是为了满足消费者的需求多样化。经过近几年的飞速发展,长城汽车已经从原来的皮卡专业生产商扩展到SUV专业生产商,形成了一系列SUV产品,这在行业内是独一无二的。这些产品各有特色,分别为有着不同用车需要的人士打造。而作为SUV领头羊的长城汽车正在不断丰富着自己的产品系列,并开始了以细分市场竞争为特征的新一轮竞争。

3.汽车市场细分的要求

为了有效细分汽车市场,进行市场细分时应当遵循以下要求:

①可衡量性。可衡量性是指细分市场现有的和潜在的需求规模或购买力是能够测量得到的,即细分市场范围比较明晰,能够大致判断该市场的大小。例如在整车销售中,比较通用的市场细分方法是按照发动机排量划分和按照整车价格划分。后者可以将市场划分为高、中、低三个层次,每一层次的市场都有鲜明的特征,如高档车(高价格)消费群注重车辆的性能、外观、豪华程度,对价格并不敏感,而低档车(低价格)消费群则对价格较为敏感,并且要求油耗低,维修、保养价格便宜等。

②可赢利性。可赢利性是指汽车厂商在细分市场上要能够获取期望的赢利,或细分市场必须具有一定的规模,使汽车厂商能够实现利润目标。在进行市场分析时,汽车厂商必须考虑细分市场顾客的数量、购买能力和产品的使用频率,因此市场细分不能从销售潜力有限的市场起步。另外还要考虑细分市场上现有竞争对手和未来潜在竞争对手的情况,如果该市场已有大量竞争对手或竞争对手的力量过于强大,而汽车厂商又没有明显的优势,同样不适宜进入该细分市场。

③可进入性。可进入性是指汽车厂商必须有能力进入自己定位的细分市场,并能够占有一定的市场份额。汽车厂商的营销活动能够正常开展。具体来讲:一是汽车厂商具有进入这些细分市场的资源条件和竞争能力;二是汽车厂商有条件把产品信息传递给该市场的大部分消费者;三是产品能够经过一定的销售渠道抵达该细分市场。

④差异性和独特性。差异性是指各细分市场客观上必须具有明显的差异。如果细分市场

之间的界限模糊，这样的细分市场难以起到应有的作用。

汽车厂商进行市场细分时，应突出自己的特色和个性，使之与已有的或竞争对手的细分市场能区域别开，以便发现更多的市场机会。在涉及市场细分变量的选择时，有较多的变量可供选择，但其中一些变量是人们习惯使用的，在进行市场细分时，操作者思维上容易受到它们的约束，往往细分不出特色，这在一定程度上会影响汽车厂商发现和把握市场机会。因此，有效的市场细分必须突出本汽车厂商和产品的特色，只有这样才可以在以后的营销活动中取得成功。

⑤发展潜力。市场细分后应当在一定时期内具有相对的稳定性，因而汽车厂商所选中的细分目标市场不仅要为汽车厂商带来当前的利益，还要有发展潜力，有利于汽车厂商立足于该市场后可以以此为基础拓宽市场。

4.1.2　目标市场的选择

汽车厂商在完成市场细分后要进行评价，从而决定所要进入的细分市场，并根据客观条件选择目标市场，以便于未来能够不断拓展市场。

1. 目标市场评估的含义

目标市场选择通过分析各细分市场的活跃程度，从而选择进入一个或多个细分市场。汽车厂商选择的目标市场应能在其中创造最大价值并能在一定的时间内具有稳定性。绝大多数汽车厂商在进入一个新市场时只服务于一个细分市场，在取得成功之后才逐步拓展或进入其他细分市场，一些大的汽车厂商最终会选择完全覆盖市场的营销策略。

2. 目标市场的评估标准

目标市场的评估标准有：

①目标市场应有一定的规模和吸引力。汽车厂商进入某一市场的目的是能够赢利，应审慎考虑进入规模狭小或处于萎缩状态的市场。有较多的竞争对手但竞争对手尚未满足市场的全部或大部分的要求的目标市场，汽车厂商选择进入则有可能获得成功。

②目标市场应符合汽车厂商目标和能力。虽然某些细分市场具有较大的吸引力，但不符合汽车厂商的发展目标，甚至还可能分散汽车厂商的资源和发展力量，对于这样的市场，汽车厂商应考虑暂时放弃涉足。另一方面，还应考虑汽车厂商的资源条件是否适合在某一目标市场进行投入。只有选择那些汽车厂商有条件进入、能充分发挥其资源优势的市场作为细分目标市场，做到"有所为有所不为"，汽车厂商才有可能在该市场取得成功。

日本本田公司在美国进行销售时，通过选择自己的目标市场，认准了刚刚和将要富裕起来的年轻消费者，从而在该细分市场获得了巨大的成功。国内一些汽车厂商也根据市场需求和自身状况，选择轿车或 SUV 领域作为目标市场，如长城汽车，目前专注于 SUV 的生产，从而获得了较大的市场份额。

3. 目标市场的营销策略

在选择目标市场之后，汽车厂商还要确定目标市场营销策略，即汽车厂商针对选定的目标市场，确定其开展市场营销的基本策略。汽车厂商确定目标市场的方式不同，选择的目标市场范围不同，其营销策略也就不一样。

①无差异营销策略。无差异营销策略是指汽车厂商不考虑细分市场的特性，对整个市场只提供一种产品。无差异性营销策略能够节约成本，适用于一些本身不存在明显目标市场目

标的产品，但是对于像汽车这样具有明显差别的商品是不适用的，即使采用此策略也只能在产品短期生效，在产品早期也有可能取得一定的成功。

②差异性营销策略。差异性营销策略是指汽车厂商以不同的细分市场为目标，为每个目标市场设计差异化的产品，并确定相关的营销方案。该策略通过不同的市场营销组合来服务于不同细分市场，可以更好地满足不同顾客群的需要，通常会有利于增加汽车厂商的销量，如果汽车厂商的产品种类同时在几个细分市场都具有优势，就会大大增强消费者对汽车厂商的信任感，此外，此种方式还可以分散汽车厂商的经营风险，但会在一定程度上增加成本。

③集中性营销策略。集中性营销策略是指汽车厂商集中力量进入一个或少数几个目标市场，实行专门化生产和销售。汽车厂商实施这一策略，主要在一个或几个目标市场占有较大的份额。集中性营销策略特别适用于那些资源有限的中小汽车厂商或初次进入新市场的大汽车厂商。

三种目标市场策略各有利弊，选择目标市场时，必须考虑汽车厂商面临的各种因素和条件。国内一些汽车厂商近几年不断地调整产品战略，专注于轿车或 SUV 领域，就是根据面临的外部和内部环境因素作出的市场战略。

4. 汽车目标市场影响因素

汽车目标市场影响因素有：

①同质性。市场的同质性指消费者具有相似的偏好和需求，对于此类消费者适宜采用无差异性的营销策略。

②产品特性。对于消费者的要求差别很大的产品，宜采用差异性营销或密集单一市场营销策略。大多数轿车都属于消费者要求差别大的产品，适合使用差异性营销策略。

③汽车厂商的资源和实力。实力雄厚的大汽车厂商，可采用差异化或无差异营销策略。而对于中小型汽车厂商，由于缺乏把整个市场作为目标市场的能力，多采用集中性营销策略。

④产品生命周期阶段。在产品处于投入期和成长期时，可采用无差异性策略，以探测市场和潜在顾客的需求。当产品进入成熟期或衰退期时，可采用差异性营销策略，以开拓新的市场，或采取密集单一市场策略，以维持和延长产品生命周期。

⑤竞争对手的市场策略。汽车厂商可根据竞争对手所采取的目标市场营销策略，来决定自己的市场营销策略。如果竞争对手采用的是差异营销策略，可通过更为有效的市场细分，寻找新的机会与突破口，采用差异性营销策略或集中性营销策略。反之，竞争对手采用的是无差异策略，可采用差异性营销策略来取代竞争优势。

美国福特汽车公司的野马牌轿车(简称野马车)面世时，福特公司按照购买者年龄来细分汽车市场，野马车是专门为那些想买便宜跑车的年轻人而设计的，但事实上，不仅某些年轻人购买野马车，而且许多中老年人也购买野马车，因为这些中、老年购买者认为野马车可使他们显得年轻、富有活力。这时，福特汽车公司的管理当局认识到，其野马车的目标市场不应只是年轻的人，而应该是所有心理上年轻的人，福特公司及时修改了目标市场营销战略后获得成功。

4.1.3　目标市场的定位

目标市场选定后，由于汽车目标市场的需求仍是多方位的，不同方位的需求强弱程度不同，而且被同类汽车产品所满足的程度也不一样，因此需采取进一步的汽车市场定位策略，才有可能制订出针对性更强的有效汽车市场营销组合。

1.汽车市场定位的概念

市场定位是指汽车厂商根据目标市场上同类汽车的竞争状况，按照顾客对该类汽车相关特性的重视程度和要求，为产品塑造与众不同的特点，并将其相关信息传递给顾客，以求得顾客认同。市场定位的实质是使自己与其他汽车厂商进行严格的区分，从而使顾客明显的感觉和认识到这种差别，并在顾客心目中形成特殊的印象。

国内外实力雄厚的汽车公司往往非常重视市场定位，都要精心地为其汽车厂商及每一种汽车产品赋予鲜明的个性，并将其准确地传达给目标消费者。如大众汽车公司的"为民造车"的特点，其产品以真正"大众化"著称；奔驰汽车公司"制作精湛"的特点，其产品具有"优质豪华"和"高档名贵"等特点；沃尔沃汽车公司强调"设计生命"，其产品以"绝对安全"等汽车厂商形象和产品形象著称。

市场定位除了反映汽车产品的内在特征，还要反映出由促销战略、定价决策和分销渠道的不同而共同造就出的产品形象。

在众多的汽车品牌中，每个汽车品牌的定位观点不同，汽车厂商产品市场定位首要了解的问题是顾客真正的需求，其次还要明确自己的产品在目标市场上的定位，以及目标市场上竞争产品所处的位置等。

2.汽车市场定位的作用及要求

汽车市场定位有助于汽车厂商明确市场营销组合的目标，因为目标市场的确定就已经决定了一个汽车厂商潜在的和已有的顾客和相应的竞争对手，市场定位则进一步限定了这个汽车厂商的顾客和竞争对手。因此，在市场定位的前提下，市场营销的各种手段与战略便有了更明确的努力方向，从而提高了营销成功的可能性。

汽车厂商为了使自己生产或经营的产品获得稳定的销路，防止被其他厂家的竞争产品所替代，一种策略就只有从各方面为其产品增加特色，进行市场定位，树立特有的市场形象，才能得到顾客特殊的偏爱，因此市场定位有利于建立汽车厂商及其产品的市场特色。

汽车厂商进行产品等的市场定位，是为了向汽车市场提供具有差异性的产品，这样就可以使其产品具有竞争优势。对汽车厂商而言，在形象、产品和服务等方面都要求和其他厂商或产品具有一定的差异性。

（1）形象差异

在汽车销售中，产品和品牌的形象差异是一个非常重要的定位要求。虽然目前诸多的汽车产品实体及服务看上去都一样，如大部分采用4S店的营销模式，但从汽车公司或品牌形象方面给消费者的印象却不一样，同一档次、不同品牌的汽车各自有其特定的目标市场，如奔驰和宝马轿车的目标群体就有一定的区别，奔驰的购买者是事业有所成就、社会地位较高、收入丰厚的成功人士，而宝马则属于那些年轻有为的新一代成功人士。这些消费者的特点也正是奔驰和宝马的品牌形象。

树立汽车的品牌形象，途径很多，但一般都利用相关的标志、文字和视听媒体、气氛和特殊事件来完成。

汽车标志可以提供很强的汽车厂商或品牌识别以及形象差异。标志可将品牌名称视觉化和形象化，汽车厂商设计的标志和标识语应能被人轻而易举地辨认出来。例如，宝马汽车蓝白相间的标志，让人联想到蓝天白云和飞机飞行时螺旋桨的转动，既象征了宝马汽车飞机般行驶的速度，又蕴含了宝马汽车制造厂的前身是飞机制造厂。

汽车厂商选择的标志必须通过对汽车厂商或品牌的个性做广告才能向外传播。广告可以建立起一种故事情节、气氛或性能标准，使汽车厂商和品牌显得与众不同。东风爱丽舍曾推出一个形象广告，幸福的一家三口带着小狗到郊外休闲、钓鱼，温馨甜蜜充满了整个画面，勾起了许多人拥有爱丽舍的欲望，这毫无疑问地显示了该轿车宽敞的内部空间和舒适的乘坐性。

汽车厂商生产或传递其产品和服务氛围是另一个能有力塑造形象的因素。采取特许经营体制的汽车厂商要求所有特许经销商都采用同样的外观和内部装潢，而这些往往是汽车厂商CI形象的体现。通过在不同地方采用完全一致的方式，可以为宣传汽车厂商及树立其品牌形象起到良好的效果。

（2）产品差异化

并不是每一种产品都有明显的差异，但是几乎所有的产品都可以找到一些可以实现差异化的特点。汽车是一种可以高度差异化的产品，其差异化可以表现在特色、性能、一致性、耐用性、可靠性、可维修性、风格和设计上。

①产品特色。特色是指产品基本功能的某些增补性能。汽车的基本功能是代步和运输，汽车产品的特色就是在此基本功能上的增加。例如，自动变速器、安全气囊、ABS＋EBD系统、天窗等。

汽车产品的特色还体现出制造商的创造力，一个新特色的产生可能会为产品带来意想不到的生命力。如，汽车安全气囊发明后，引起了业界的广泛关注，并且很快被世界各大汽车公司所采用，目前它已成为汽车中不可缺少的一项配置。由此可见，一个汽车厂商如果率先推出某些有价值的特色产品，就可以在竞争中占据主导地位。

②性能质量。性能高的产品总体来说可以产生较高的利润，但当性能超过一定边界后，由于价格因素的影响，具有购买意愿的人反而会减少。

③一致性。这是指产品的设计和使用与预定标准的吻合程度。例如，某型轿车设计为每百公里耗油7 L，如果制造的每一辆该型轿车都符合这一标准，该轿车就具有高度一致性，反之一致性就较差，也就是人们常说的质量不稳定。质量一致性是制造商信誉和实力的体现，表明该型汽车质量稳定，可以增强消费者对该产品的信任，从而增加产品的销量。

④耐用性。耐用性用于衡量一个产品在自然条件下的预期操作寿命。一般来说，消费者愿意为耐用性较长的产品做更多的支出。耐用性是反映汽车产品优劣的一个重要指标，也是生产商作为差异化因素进行宣传的一个重要方面。

⑤可靠性。可靠性是指在一定时间内产品保持正常使用性能的性能。消费者一般愿意为高可靠性的汽车产品支出更多。由于汽车属于耐用商品，其价格高、使用寿命长，具有高可靠性和耐用性，往往是汽车消费者购车时看重的指标。

⑥可维修性。可维修性是指汽车产品出现故障后进行维修的容易程度。一辆由标准化零件组装起来的汽车容易调换零件，其可维修性就高，同时一些保有量较大的汽车产品，不同车型之间部件的通用性高，也具有较高的可维修性。

⑦汽车零整比。汽车零整比是配件与整车销售价格的比值，即市场上车辆全部零配件的价格之和与整车销售价格的比值。汽车零部件的价格一般高于整车中的零部件售价，在汽车

市场较为成熟的发达国家，300%左右的零整比是较为常见的水平。但国内目前一些汽车的零整比差距较大，有的高达 700% ~ 800%，有的只有 200% ~ 300%，因此在后续的维修过程中，零整比是一个重要的参考因素。

（3）服务差异化

除了汽车实体产品差异化以外，汽车厂商对所提供的各项服务也可以实行差异化。在汽车销售市场中，服务的重要性日渐提高，并成为决定销售的一个重要因素。尤其是当汽车实体产品没有明显的差异，在竞争中取得成功的关键常常依赖于服务内容的多少和服务质量的优劣。汽车销售服务的差异化主要体现在订货的快捷性、客户培训、客户咨询、维修和其他各种服务上。

①订货的快捷性。虽然网络的普及和电子商务的盛行为顾客提供了一种随时随地可以订货的购物方式，但对于汽车这种大件商品，许多消费者还是主要在实体店进行了解和购买。因此，对于消费者来讲，如何以最为便捷的方式购买汽车产品，是购车时关心的重要问题。同时对于一些热销车型，如何减少消费者的提车时间，也是汽车厂家和销售商必须考虑的问题。

②客户培训和客户咨询。在汽车销售中，客户培训是教会顾客如何了解并使用他们的新汽车，这项工作一般由销售人员来进行初步的讲解，而厂家提供的使用说明书也可以起到客户培训的作用。客户咨询是指卖方向买方无偿或有偿地提供有关资料、信息系统和提出建议等服务，如一般汽车销售人员都应该为客户提供各种提醒服务，提醒消费者按时享受生产商或经销商的承诺服务（如行驶一定里程后的免费保养、保质期内的质量索赔等），以及车载信息系统的升级换代等。

③服务人员。汽车厂商通过聘用和培训比竞争对手更好的服务人员，可取得更强的竞争优势。高素质的销售服务人员可以为汽车厂商赢得很高的声誉，使汽车厂商的服务精神得到体现，实现汽车厂商原定提供的服务，从而更胜于竞争对手，如果销售人员的素质较低，那么他在面对消费者时，不能准确及时地向消费者传达相关汽车产品的各种信息，使消费者不能完全了解该品牌或该型汽车，从而失去潜在的客户。

④维修服务。由于汽车是一种耐用消费品，消费者购买汽车后总希望能尽可能长时间地使用。因此，汽车消费者非常关心他们购车以后的维修保养服务和维修质量的好坏，而维修服务也成为消费者购车时考虑的重要因素之一。

⑤多种服务。汽车厂商和销售公司还可以利用其他方法通过提供各种服务来增加价值。一般来讲，中、高档汽车消费者对价格的敏感度较低，而良好的服务可能比价格更具有吸引力，对于高档汽车消费者来说，舒适、快捷、无微不至的服务，就和汽车的品牌一样，是拥有者身份地位的体现。

4.汽车市场定位的类型和方法

在汽车厂商所定位的目标市场中，通常会存在一些其他汽车厂商的品牌和车型，这些品牌和车型已经在消费者心目中树立了一定形象，占有一定地位，他们都有自己的市场位置。汽车厂商要想在目标市场上成功地树立起自己品牌的形象，就必须针对这些汽车厂商的产品，为自己的产品制订适当的定位战略，常用的市场定位战略有以下几种：

①避强定位。这是一种避开强有力竞争对手进行市场定位的模式。汽车厂商采用曲线方式，避免与对手直接对抗，从市场空隙中找出尚未占领或未被消费者所重视的空缺位置，开拓新的市场领域。这种定位的优点是能迅速在市场上站稳脚跟，并在消费者心中尽快树立起

一定形象，由于这种定位方式市场风险较小，成功率较高，常常为多数汽车厂商所采用。但随着汽车市场的不断发展，市场"空隙"也越来越小，汽车厂商很难发现大的机会。

②竞争定位。竞争定位是指将本汽车厂商产品与现有竞争者产品在相似的市场位置上进行竞争，与竞争对手争夺同一目标市场。这种定位首先要考虑企业自身的相关产品、生产技术与质量水平是否具有优势，市场潜力与市场容量是否足够消化多家汽车厂商的产品，企业自身是否比竞争对手具有更强的生产和销售实力。

③特色定位。特色定位是指汽车厂商通过分析市场中现有产品的定位状况，根据市场需求情况与本身条件，寻找新的具有显著特色的市场来为汽车自身的产品进行定位。这种战略对汽车厂商条件要求较高，而一旦成功将给汽车厂商带来丰厚的收益。

④定位变换。定位变换通常是对那些销路不畅的汽车产品变换定位。当一个汽车品牌或车型初次定位后，随着新的竞争对手选择相似的产品进入市场，汽车厂商的原有市场占有率会下降，或者由于顾客需求偏好发生变化，一些消费者转而关注其他汽车厂商的汽车。在这种情况下，汽车厂商就需要对其汽车产品的定位进行变换。变换定位或重新定位是汽车厂商，寻求新的竞争力和增长点的手段。作为一种战术策略，定位变换并不一定是因为汽车厂商陷入了困境，相反，可能是由于发现了新的产品市场，为了获取更大的利润而进行的。如宝骏汽车初始产品的定位在轿车领域，随着汽车市场的变化，定位领域避开了轿车领域，向着越野车领域发展，汽车销量不断上升，取得了巨大的成功，并被称为"神车"。

上述几种定位方式之间没有明显的区别，汽车厂商在对自身品牌或产品进行定位时可采用多种定位方式进行定位或组合定位，如宝骏汽车的定位战略，就采用了避强定位、特色定位和定位变换几种方式，从而取得了成功。

在进行汽车市场定位时，首先要分析目标市场上的竞争者做了什么、做得如何，包括对竞争者的成本和经营情况等，作出确切估计。其次要分析顾客需求，目标市场上一定数量的顾客需要什么？他们的要求是否得到了满足。市场定位能否成功的关键在于确定目标顾客认为能够满足其需要的最重要的特征。最后要分析汽车厂商的能力，了解汽车厂商自身能做的范围，必须从成本和经营方面进行考察。

4.2　汽车市场竞争战略

4.2.1　竞争环境分析

1.竞争者分析

（1）竞争者的判定

汽车厂商在开展市场营销活动的进程中，要做到知己知彼才能取得竞争优势，除了了解其顾客之外，还必须更为透彻地了解竞争对手，以便制订更有利于自己的竞争战略。

对竞争的识别及其的范围划定貌似简单，但实际上汽车厂商的现实竞争者和潜在竞争者的范围很广，尤其是潜在竞争者的范围。根据现代市场经济的实际情况，一个汽车厂商往往可能是被潜在竞争者击退的，而并非被当前的主要竞争者击退。日本汽车能够成功进入美国市场就在于识别了自己的竞争者，特别是潜在的竞争者。

识别汽车厂商的竞争者可以从产业和市场两个方面来进行。从产业方面来看，在汽车等产业中，如果一种产品的价格上涨，就会引起另一种替代产品的需求增加，如一种车型价格的增加，会导致消费者转而购买相似车型的其他品牌的汽车产品。因此，汽车厂商要想在整个产业中处于有利地位，就必须全面了解本产业的竞争模式，以确定自己的竞争范围。

在市场方面，竞争者是那些满足相同市场需要或服务于同一目标市场的汽车厂商。采用市场观点分析竞争者，可以拓宽汽车厂商的眼界，更广泛地看清自己的现实竞争者和潜在竞争者，从而有利于汽车厂商制订长期的发展规划。

（2）分析确定竞争者的目标与战略

确定竞争者之后，还要分析每个竞争者在市场上追求的目标和实施的战略，以及竞争者行为的动力。

每个竞争者在获利能力、市场占有率、现金流量、技术领先和服务领先等方面都有不同的侧重点和不同的目标组合，汽车厂商要了解每个竞争者的重点目标，才能正确估计他们对不同的竞争行为将如何反应。例如，一个以"低成本领先"为主要目标的竞争者，对其他汽车厂商在降低成本方面的技术突破的反应，要比对增加广告预算的反应强烈得多。汽车厂商还必须注意监视和分析竞争者的行为，如果发现竞争者开拓了一个新的细分市场，那么，这可能是一个市场营销机会；反之，如果发觉竞争者正试图打入属于自己的细分市场，那么，就应抢先下手，予以回击。

竞争者目标的差异会影响到其经营模式。美国汽车厂商一般都以追求短期利润最大化模式来经营，因为其当期业绩是由股东评价的。如果短期利润下降，股东就有可能失去信心，抛售股票，以致汽车厂商资金成本上升。日本汽车厂商一般按市场占有率最大化模式经营。它们需要在一个资源贫乏的国家为 1 亿多人提供就业，因而对利润的要求较低，它们的大部分资金来源于寻求平稳的利息而不是高额风险收益的银行。日本汽车厂商的资金成本要远远低于美国汽车厂商，所以，能够把价格定得较低，并在市场渗透方面显示出很大的耐性。

各汽车厂商采取的战略越相似，它们之间的竞争就越激烈。在多数行业中，根据所采取主要战略的不同，可将竞争者划分为不同的战略群体，而根据战略群体的划分，可以归纳出两点：一是进入各个战略群体的难易程度不同，一般小型汽车厂商适合进入投资和声誉都较低的群体，因为这类群体比较容易打入，而实力雄厚的大型汽车厂商则可考虑进入竞争性强的群体；二是当汽车厂商决定进入某一战略群体时，首先要明确谁是主要的竞争对手，然后决定自己的竞争战略，如果某公司要进入上述汽车公司的战略群体，就必须有战略上的优势，否则很难吸引相同的目标顾客。

汽车厂商需要估计竞争者的优势及劣势，了解竞争者执行各种既定战略的情报，分析汽车厂商是否达到了预期目标。为此，汽车厂商需收集过去几年中关于竞争者的情报和数据。如销售额、市场占有率、边际利润、投资收益、现金流量以及发展战略等。

（3）判断竞争者的市场反应

竞争者的目标、战略、优势和劣势决定了它对降价、促销、推出新产品等市场竞争战略的反应。此外，每个竞争者都有一定的经营哲学和指导思想，因此，为了估计竞争者的反应以及可能采取的行动，汽车厂商的市场营销管理者要深入了解竞争者的思想和观念。当汽车厂商采取某些措施和行动之后，竞争者会出现不同的反应类型：①从容不迫型竞争者。一些竞争者反应不强烈，行动迟缓，其原因可能是认为顾客忠实于自己的产品，或重视不够，没有发现对手的新措施，还可能是因缺乏资金而无法作出相应反应；②选择型竞争者。一些竞争者可能会在某些方面反应强烈，如对降价竞销总是强烈反击，但对其他方面(如增加广告预算、加强促销等)却不予理会，因为他们认为这对自己威胁不大；③凶猛型竞争者。一些竞争者对任何方面的进攻都迅速强烈地作出反应，如德国大众汽车公司就是一个强劲的竞争者，一般汽车厂商很难与其进行正面有力的竞争。因此，同行汽车厂商都尽量避免与它直接交锋；④随机型竞争者。有些汽车厂商的反应模式难以捉摸，它们在特定场合可能采取也可能不采取行动，并且无法预料它们将会采取什么行动。

(4)选择汽车厂商应采取的对策

汽车厂商明确了谁是主要竞争者并分析竞争者的优势、劣势和反应模式之后，就要决定自己的对策，进攻谁、回避谁，可根据以下几种情况作出决定：①竞争者的强弱。多数汽车厂商认为应以较弱的竞争者为进攻目标，因为这样做可以节省时间和资源，事半功倍，但是获利较少。反之，有些汽车厂商认为应以较强的竞争者为进攻目标，因为这样做可以提高自己的竞争能力并且获利较大，而且即使强者也总会有劣势；②竞争者与本汽车厂商的相似程度。多数汽车厂商主张与相似的竞争者展开竞争，但同时又认为应避免摧毁相似的竞争者，因为其结果很有可能对自己不利；③竞争者表现的好坏。有时竞争者的存在对汽车厂商是有益的和具有战略意义的，正如人们常说的"要想成功，需要朋友；要想获得巨大的成功，则需要敌人"。竞争者可能有助于增加市场总需求，可分担市场开发和产品开发的成本，并有助于使新技术合法化；竞争者为吸引力较小的细分市场提供产品，可导致产品差异性的增加；最后，竞争者还可加强汽车厂商同政府管理者或同职工的谈判力量。但是，汽车厂商并不是把所有的竞争者都看成是有益的，表现良好的竞争者按行业规则行动，按合理的成本定价，有利于行业的稳定和健康发展；而具有破坏性的竞争者不遵守行业规则，他们常常不顾一切地冒险或用不正当手段从而扰乱行业的均衡。

2.汽车厂商的竞争情报系统和竞争定位

汽车厂商为了及时准确地掌握竞争者情报，还需要建立竞争情报系统，包括建立系统，明确市场营销管理者所需要的主要情报及其最佳来源；收集数据，利用推销人员、经销商和代理商、市场咨询机构和有关的协会以及有关的报刊等作为情报来源；对所收集到的资料分析评估，作出必要的解释，整理分类；通过电话、报告、通信、备忘录邮件等形式传播反应，将情报资料及时送给汽车厂商有关的管理部门。

汽车厂商在进行市场分析之后，还必须明确自己在同行业竞争中所处的位置，进而结合自己的目标、资源、环境以及在目标市场上的地位等来制订市场竞争战略。现代市场营销理论根据汽车厂商在市场上的竞争地位，把汽车厂商分为四种类型：市场主导者、市场挑战者、市场追随者和市场补缺者。

4.2.2 汽车市场竞争地位

汽车厂商根据自己在汽车行业中的真实地位，制订有效的竞争战略。一般衡量市场地位的指标是市场份额或市场占有率，根据市场占有率的不同，市场地位可分为市场主导者、市场挑战者、市场追随者和市场补缺者。

1.市场主导者战略

对于汽车企业来说，在汽车行业中处于领先的企业一般具有较大的市场占有率，一般是行业中的导向型企业。作为汽车市场主导者，其营销战略重点更多的是维持其市场份额和保持其市场地位，在此基础上，进一步扩大市场份额。

市场主导者是指在客源市场上占有最大市场份额的汽车厂商。一般来说，大多数行业都有一家汽车厂商被认为是市场主导者，它在价格变动、服务方式革新、分销渠道的宽度、促销力量和宣传力度等方面均领导其他汽车企业，为同行业者所公认，如美国汽车市场的通用汽车公司等。

市场主导者所具备的优势包括：消费者对品牌的忠诚度高、营销渠道的建立及其高效运行、营销经验的迅速积累等。市场主导者如果没有获得确定的垄断地位，必然会面临竞争者的无情挑战，因此，必须保持高度的警惕并采取适当的战略，否则，就很可能丧失领先地位。

如 2007—2010 年，汽车厂商集中布局 A 级车市场，在竞争市场逐渐饱和之时，利润空间不断缩小，迫使各大厂商纷纷寻求突破，利润率较高的 B 级车市场成为了新的战场。2011 年，注定是中国 B 级车市场不平凡的一年，从日系的增配升级，到美系的强势表现，再到标致 508、起亚 K5、新索纳塔等法系、韩系车型的集中突破，B 级车市场大战逐步升温。作为中国汽车市场的领导者，大众汽车自然不会落后。大众（中国）副总裁曾在接受采访时表示，大众期望将 B 级车市场的占有率提升至 25%，此后，上海大众旗下战略车型——全新一代帕萨特以"突破经典，创御格局"之气势高调上市，全新迈腾也首次亮相，业界在惊叹大众汽车的响应速度之时，也强烈感受到了大众 B 级车的战略雄心。

市场主导者为了维护自己的优势，保住自己的领先地位，通常可采取三种战略：

①扩大总市场需求。当一种产品的市场需求总量扩大时，受益最大的是处于领先地位的汽车厂商。一般来说，市场主导者可通过发现新用户、开辟新用途和增加使用量三个途径来扩大市场需求量。

②保护市场份额。处于市场领先地位的汽车厂商必须时刻防备竞争者的挑战，保卫自己的市场阵地。由于挑战者往往都很有实力，市场主导者稍不注意就可能被取而代之，如当前 SUV 市场的销量排名，长城哈弗 H6 的销量连续一段时间处于领先位置，但面对对手咄咄逼人的态势，长城汽车公司也对哈弗 H6 车型不断进行改进，并在价格方面进行了降价调整，稳固了其在销量排行榜上的排名。

市场主导者如果不发动进攻，就必须严守阵地，不能有任何疏漏。它应尽可能使中间商多经营自己的产品，以防止其他品牌侵入。虽然堵塞漏洞要付出很高的代价，但放弃一个细分市场造成的"机会损失"可能更大。如之前美国通用汽车公司不愿耗资去生产小型汽车，结果被日本公司侵入美国汽车市场，使通用汽车公司的损失巨大。防御战略的目标是减少受攻击的可能性，使攻击转移到危害较小的地方，并削弱其攻势。虽然任何攻击都可能造成利润上的损失，但防御者的防御措施和反应速度的不同，后果就大不一样。

汽车行业是专业化分工很细的行业，也是市场竞争最为激烈的行业。美国汽车行业激烈竞争的结果是在 20 世纪 70 年代中期决出四强，分别是通用汽车公司、福特公司、克莱斯勒公司和美国汽车公司。去除进口因素，当时通用汽车公司市场占有率为 59%，福特公司为 26%，克莱斯勒公司为 13%，美国公司仅为 2%，形成一大三小的战略方阵。各方力量相差悬殊，目标也不一致，采取的竞争战略也不同。

由于通用汽车公司采取了市场领导战略，才使其市场占有率达到 59%。那么，如何保持这一优势吧？是继续扩大市场份额，还是维持现有的市场份额？最理想的方法是继续扩大市场份额。但是，扩大市场份额 2%，就有可能使美国公司彻底垮台或使其他公司面临绝境。这样，美国司法部和国会两院就会以种种理由出面调解，最终让步的只能是通用汽车公司。因此，通用汽车公司不能再扩大市场占有率。这是通用汽车公司的战略目标，这意味着通用汽车公司不能进攻，只能采取防御战略。

③扩大市场占有率。市场主导者设法提高市场占有率，也是增加收益、保持领先地位的一个重要途径。市场占有率是与投资收益率有关的、最重要的变量之一。市场占有率高于 40% 的汽车厂商，其平均投资收益率相当于市场占有率且低于 10% 的汽车厂商的 3 倍。汽车厂商提高市场占有率时应考虑以下三个因素：引起反垄断活动的可能性；为提高市场占有率所付出的成本；争夺市场占有率时所采用的市场营销组合战略。

有些市场营销手段对提高市场占有率很有效，却不一定能增加收益。只有在以下两种情况下市场占有率才同收益率成正比：一是单位成本随市场占有率的提高而降低，如 20 世纪 20 年代初福特公司的 T 型车；二是在提供优质产品时，销售价格的提高大大超过为提高质量所投入的成本。

总之，市场主导者必须善于扩大市场需求总量，保卫自己的市场阵地，防御挑战者的进攻，并在保证收益增加的前提下提高市场占有率，这样才能持久地占据市场领先地位。

2. 市场挑战者战略

汽车市场挑战者是市场占有率位居市场主导者之后而在其他竞争对手之上的企业，是市场中最具进攻性的企业。它们不甘目前的地位，通过对市场领先者或其他竞争对手的挑战与攻击，来提高自己的市场份额和市场竞争地位，这些企业实力不一定比市场领导者低，有可能取代原来的市场领导者，它们采取的战略有价格竞争、产品竞争、服务竞争、渠道竞争等。

汽车市场挑战者可以选择两类战略策略，即进攻策略或固守策略。市场挑战者如要发起挑战，首先必须确立自己的战略目标和挑战对象，其次要选择适当的进攻策略，每个处于市场次要地位的汽车厂商都要根据自己的实力和环境提供的机会与风险，决定自己的竞争战略是"进攻"还是"固守"。市场挑战者也可在下列条件下采取固守策略：

①当所在行业的市场需求呈总体缩小或是衰退时。

②估计竞争对手会对所遭受的进攻作出激烈反应，而本企业缺乏后继财力难以支持长期消耗战时。

③企业已有更好的投资发展领域并已开始投资，但前景不明时。

④主要竞争对手调整了战略或采用新的战略目标，一时不能摸清对手的战略意图和战略指向时。

要市场挑战者采取进攻策略的步骤：

①确定战略目标和竞争对手。战略目标同进攻对象密切相关，对不同的对象有不同的目标和战略。一般来说，挑战者可在下列三种情况中进行选择：a. 攻击市场主导者。这种进攻的风险很大，但吸引力也是很大的。挑战者需仔细调查研究领先汽车厂商的弱点：有哪些未满足的需要？有哪些使顾客不满意的地方？找到主导者的弱点，就可作为自己进攻的目标；b. 攻击与自己实力相当者。挑战者对一些与自己势均力敌的汽车厂商，可选择其中经营不善而发生亏损者作为进攻对象，设法夺取它们的市场阵地；c. 攻击地方性小汽车厂商。对一些地方性小汽车厂商中经营不善、财务困难者，可夺取它们的顾客，甚至是这些小汽车厂商本身。

总之，战略目标决定于进攻对象，如果以主导者为进攻对象，其目标可能是夺取某些市场份额；如果以小汽车厂商为对象，其目标可能是将它们逐出市场。但无论在何种情况下，如果要发动攻势，进行挑战，就必须遵守一条军事上的原则：每一项军事行动都必须指向一个明确的、肯定的和可能达到的目标。

②采取进攻战略。在确定了战略目标和进攻对象之后，挑战者还需要考虑采取怎样的进攻战略，有以下几种战略可供选择：

正面进攻：正面进攻就是集中全力向对手的主要市场阵地发动进攻，即进攻对手的强项而不是弱点。在这种情况下，进攻者必须在产品、广告、价格等主要方面远远超过对手，才有可能成功，否则不宜采取这种进攻战略。正面进攻的胜负取决于双方力量的对比。正面进攻的另一种措施是投入大量研究与开发经费，使产品成本降低，从而以降低价格的手段向对手发动进攻，这是持续进行正面进攻战略最可靠的措施之一。

侧翼进攻：侧翼进攻就是集中优势力量攻击对手的弱点，有时可采取"声东击西"的战略，佯攻正面，实际攻击侧翼或背面。这可分为两种情况：一种是地理性的侧翼进攻，即在全国或全世界寻找对手力量薄弱的地区，在这些地区发动进攻；另一种是细分性侧翼进攻，即寻找领先汽车厂商尚未为之服务的地方采取包围进攻战略。包围进攻战略是一种全方位、大规模的进攻战略，挑战者需拥有优于对手的资源，并确信借助围堵计划足以打垮对手时，可采用这种战略。

迂回进攻：这是一种最间接的进攻战略，完全避开对手的现有阵地而迂回进攻。其具体办法有三种：一是发展无关的产品，实行产品多元化；二是以现有产品进入新地区的市场，实行市场多元化；三是发展新技术、新产品来取代现有产品。

游击进攻：这种方式主要适用于规模较小、力量较弱的汽车厂商。游击进攻的目的在于以小型的、间断性的进攻干扰对手的士气，以占据长久性的立足点，因为小汽车厂商无力发动正面进攻或有效的侧翼进攻，只有向较大对手市场的某些角落发动游击式的促销或价格攻势，才能逐渐削弱对手的实力。但是，也不能认为游击战只适合于财力不足的小汽车厂商，持续不断的游击进攻，也是需要大量投资的。

上述市场挑战者的进攻战略是多样的，一个挑战者不可能同时运用所有战略，但也很难单靠某一种战略取得成功，通常是采用组合战略进行竞争。

3. 市场跟随者战略

(1)产品模仿与市场跟随

在很多情况下，做一个跟随者比做挑战者更有利，首先可以让市场主导者和挑战者承担新产品开发、信息收集和市场开发所需的大量经费，自己坐享其成，减少支出和风险；其次可以避免向市场主导者挑战带来的重大损失，因此，许多位于主导汽车厂商之后的公司往往选择此种战略。

国外曾有人指出产品模仿有时像产品创新一样有利。因为一种新产品的开发者要花费大量投资才能取得成功，并获得市场领先地位，而其他汽车厂商（市场跟随者）从事仿造或改良这种产品，虽然不能取代市场主导者，但因不需大量投资，也可获得很高的利润，其赢利率甚至可能超过全行业的平均水平。

(2)市场跟随者的主要战略

市场跟随者与挑战者不同，它不是向市场主导者发动进攻并图谋取而代之，而是跟随在主导者之后自觉地维持共处局面。这种自觉共处状态在资本密集且产品同质的行业中产品的差异性很小，但价格敏感度很高，随时都有可能发生价格竞争而导致两败俱伤。因此，这些行业中的汽车厂商通常彼此自觉地不互相争夺客户，不以短期的市场占有率为目标，而是效法主导者为市场提供类似的产品，因而市场占有率比较稳定。

但是，这不等于说市场跟随者就可以忽视未来发展战略。每个市场跟随者必须懂得如何保持现有顾客，并争取一定数量的新顾客。必须设法给自己的目标市场带来某些特有的利益，并尽力降低成本、保持较高的产品质量和服务质量。

市场跟随者也不能单纯被动地追随主导者，它还必须找到一条不致引起竞争性报复的发展道路。市场跟随着和主导者之间的跟随战略包括紧密跟随、距离跟随和选择跟随三种方式。

紧密跟随是在各个细分市场和市场营销组合方面，尽可能仿效主导者。这种跟随者有时好像是挑战者，但只要它不从根本上侵犯到主导者的地位，就不会发生直接冲突，有些甚至被看成是靠拾取主导者的残余来谋生的寄生者。

距离跟随是跟随者在目标市场、产品创新、价格水平和分销渠道等主要方面都追随主导者，但与主导者保持一定差异。这种跟随者可通过兼并小汽车厂商而使自己发展壮大起来。

选择跟随是跟随者在某些方面紧跟主导者，而在另一些方面又自行其是。也就是说，它不是盲目跟随，而是择优跟随，在跟随的同时还要发挥自己的独创性，但不进行直接的竞争。在这类跟随者之中，有些可能发展成为未来的挑战者。

汽车市场领先者与市场挑战者的角逐，往往是两败俱伤，从而使其他竞争者坐收"渔翁之利"，所以通常要三思而行，不要贸然向市场领先者直接发起攻击，更多的还是选择市场追随者的竞争战略。由于这类企业一般不需自己投资研制新产品，获利能力一般并不差。这类企业多属实力不强的中小型企业。

4. 市场补缺者战略

汽车产业中存在着大量的中小企业，这些中小企业盯住大企业忽略的市场空缺，通过专业化生产和营销，集中自己的资源优势来满足这部分市场的需要。扮演市场补缺者的企业的竞争性策略主要是寻找竞争对手所忽略的市场空隙，致力于在空隙中生存和发展。它们只要仔细经营，通过为用户提供满意的产品和服务，通常可以获取较大的投资收益率，利润率常常超过大型企业。市场补缺者的战略有市场专门化、顾客专门化、产品专门化等。

在现代市场经济条件下，每个行业几乎都有些小汽车厂商，它们关注市场上被大汽车厂商忽略的某些细小部分，在这些小市场上通过专业化经营来获取最大限度的收益，也就是在大汽车厂商的夹缝中求得生存和发展。这种有利的市场位置在西方称之为补缺基点。所谓市场补缺者，就是指精心服务于市场的某些细小部分，而不与主要的汽车厂商竞争，只是通过专业化经营来占据有利的市场位置的汽车厂商。这种市场位置（补缺基点）不仅对于小汽车厂商有意义，而且对某些大汽车厂商中的较小部门也有意义，它们也常常设法寻找一个或几个这种既安全又有利的补缺基点。

（1）补缺基点的特征

一个好的"补缺基点"应有足够的市场潜力和购买力，利润有增长的潜力，对主要竞争者不具有吸引力，汽车厂商具备占有此补缺基点所必需的能力，汽车厂商既有的信誉足以对抗竞争者。

(2)市场补缺者战略

一个汽车厂商取得补缺基点的主要战略是专业化,即小汽车企业以专门的产品、专门的方式服务于专门的顾客,具体策略为包括以最佳的时效和效果为目标对象服务、通过满足特殊对象的需要从而实现差异化、通过服务这一对象从而降低经营成本。

①最终用户专业化,专门致力于为某类最终用户服务,如有些小汽车厂商专门针对某一类产品(如滤芯)等进行市场营销。

②垂直层面专业化,专门致力于分销渠道中的某些层面,如制铝厂专门生产铝锭、铝制品或铝质汽车零部件。

③顾客规模专业化,专门为某一种规模(大、中、小)的客户服务,如有些小汽车厂商专门为那些被大汽车厂商忽略的小客户服务。

④特定顾客专业化,只对一个或几个主要客户服务,如美国有些汽车厂商专门为通用汽车公司供货。

⑤地理区域专业化,专为国内外某一地区或地点服务。

⑥产品或产品线专业化,只生产一大类产品。

⑦客户订单专业化,专门按客户订单生产预订的产品,如一些高级跑车生产公司。

⑧质量和价格专业化,专门生产经营某一种质量和价格的产品,如专门生产高质高价产品或低质低价产品。

⑨服务项目专业化,专门提供某一种或几种其他汽车厂商没有的服务项目,如美国有一家银行专门承办电话贷款业务,并为客户购车送款上门。

⑩分销渠道专业化,专门服务于某一类分销渠道。

作为市场补缺者要完成三个任务:创造补缺市场、扩大补缺市场、保护补缺市场。选择市场补缺基点时,多重补缺基点比单一补缺基点更能减少风险,增加保险系数,因此,汽车厂商通常应选择两个或两个以上的补缺基点,以确保汽车厂商的生存和发展。总之,只要汽车厂商善于经营,小汽车厂商也有许多机会可以在获利的条件下周到地为顾客服务。

4.2.3 汽车市场竞争战略

汽车厂商在竞争激烈的行业中,面对竞争对手通常采取的基本战略包括成本最低化战略、差别化战略和专一化战略。

1.成本最低化战略

成本最低化战略又称为总成本领先战略,是汽车厂商在行业中采用低成本的方法获得领先地位,并按照此目标确定后续的发展战略和政策。

在成本最低化战略的影响下,汽车厂商要全力控制成本和费用,减少在产品开发、广告投放、销售以及售后服务等方面的费用,使汽车厂商的资源得到最大化的利用。

成本最低化战略应用成功的典型案例是福特汽车公司的流水线,1908 年福特汽车公司制造出了具有划时代意义的 T 型车,并采用生产线的方式进行大批量生产,使产品成本大幅度降低,经过近 10 年的努力,将轿车的价格从 900 多美元降低到 200 多美元,使得福特 T 型车成为老百姓买得起的轿车,福特汽车公司也因此而获得了巨大的成功。

成本价最低化战略的优势在于能获得成本最低的地位,从而可以提高产品竞争力,增加企业利润。但低成本优势往往是短暂的，依靠降低成本增加竞争力难以长久，甚至有可能降低服务质量和服务特色，且该战略很容易被对手模仿，最重要的是成本优势也很容易被技术优势取代。在现代市场环境下，消费者在考虑购车成本的同时，更为看重汽车的技术优势。

2．差别化战略

差别化战略又称为标新立异战略，该战略的要旨在于将汽车产品或服务形成差别化，具有与竞争对手不同的特点，从而形成鲜明的对比。

汽车厂商的产品或服务的差别化包括很多方面，如售前和售后服务、产品形象、销售方式、企业内部管理等，具体的差别化策略可根据实际情况来选择单一差别化或多方面差别化。

如德国生产的甲壳虫汽车，采用单一造型，其外形多年来没有发生大的改变，迄今为止生产了2000多万辆，且迄今为止仍在生产和销售，创造了汽车行业的神话。

差别化战略的优势在于产品或服务的差别化可以使汽车厂商在市场竞争中占据主动地位，容易吸引消费者。但存在的问题是产品或服务的差别化不同于竞争者，需要投入大量的资源，且价格较高，容易被竞争者模仿。

3．专一化战略

专一化战略又称为目标集聚战略，是把汽车资源集中到确定的一个目标市场，使汽车产品或服务具有较大的差异性。

专一化战略能使汽车资源得到最为充分的利用，使汽车厂商在特殊的目标市场获得低成本或差别化的优势，从而建立牢固的市场地位，使汽车厂商在与消费者的价格对比中占据有利地位，并可以防止短期内被竞争对手模仿。但专一化战略存在风险较大、成本较高的问题，若不能占据相应的目标市场，则汽车厂商要承担很大的风险，且产品的服务成本较高，专一化战略带来的优势也容易被差别化战略所超越。

4．我国汽车市场战略定位的探讨

21世纪中国经济的快速发展是不容置疑的，人们的生活水平大幅提高。另一方面，中国大量的人口和很低的汽车普及率孕育着我国汽车市场的巨大潜力。但我国汽车产业在21世纪将如何发展，加入WTO后中国汽车产业在失去各种关税和非关税保护条件下应该如何发展壮大，是亟待思考和研究的问题。目前，我国汽车市场战略定位不合理问题是制约我国汽车产业发展的主要障碍。为此，从我国汽车产业实际出发，重新对我国汽车产业进行市场战略定位显得更为紧迫。

我国汽车市场战略定位是站在市场中消费者角度的一种适应市场变化的动态过程。合适的定位容易形成竞争优势，扩大汽车厂商的规模，提高市场占有率。

我国加入WTO后，对我国汽车市场重新进行战略定位更为必要了。中国拥有世界1/4的人口，汽车市场这种巨大的需求使中国成为21世纪汽车竞争的主要场所。汽车产业作为我国的支柱产业，长期以来，在政府政策和关税保护下才得以生存和发展。这种特殊待遇也导致了汽车厂商竞争意识淡薄和依赖性强的不良后果，最终使汽车产业发展缓慢。为加速发展我国汽车产业，须对汽车市场重新进行战略定位，一方面解决生产与需求结构的不合理问题，另一方面解决汽车厂商国际竞争力低的问题。

①我国汽车市场不合理定位的现状。随着我国汽车生产由计划经济向市场经济转变，长期被压抑的汽车需求终于得到释放，汽车市场规模不断扩大，供不应求的状况有所缓解，特

别是进入 20 世纪 90 年代以来,汽车市场供需状况发生了根本的变化,由卖方市场一下子变为买方市场。此外,我国汽车市场长期形成的产品高档化趋势和销售价格的居高不下,成为了制约汽车消费市场规模进一步扩大的主要因素,我国汽车市场定位不合理的现状逐渐体现出来。

目前,我国平均每百人汽车拥有量远低于国际平均每百人汽车拥有量,我国汽车普及率是十分低的,现阶段如此低的汽车普及率意味着存在巨大的汽车市场需求。因此,应该充分发挥国内汽车厂商的生产能力。然而,事实却是国内不少汽车厂商处于开工率不足、产品库存积压不断增加等问题。导致这种局面的原因之一就在于当前汽车市场定位不合理,进而制约我国汽车产业的快速发展。

②汽车市场不合理定位的原因分析。造成汽车市场定位不合理的原因是多方面的,既有消费者消费能力低的原因,也有生产汽车成本较高的原因,还有消费环境和政策等方面的因素。

宏观因素包括高关税保护使汽车价格抬高,行政干预、地方保护等造成市场竞争不充分,集团购买的消费结构导致汽车的高档化趋势和产业结构不合理。

衡量一个产业结构的合理与否,可以从产业集中度来分析。在美国,汽车厂商以三家公司为主,并控制了全国产量的 90%;在日本,汽车生产集中到 11 家主要生产厂家,其中丰田、本田、日产控制了全国 65% 的产量;而韩国的现代、大宇两家大公司汽车产量占了全国的 90%。我国一汽、二汽、上汽等汽车厂家的生产集中度远不及国外类似汽车厂商的集中度。从以上数据可以看出,我国汽车产业集中度很低,产业组织结构存在明显的不合理性。产业结构不合理导致整个产业的经济效益低下,产品成本很高。

微观因素则包括生产设备落后、生产规模不经济、我国汽车销售服务体系落后、产品技术落后、缺乏创新能力。

①低档车的市场战略定位。初期我国把发展重点放在中高档轿车生产上,并普遍认为国内目前买得起私家车的家庭往往是先富起来的家庭,这部分人的消费水平是比较高的,对车的选择也趋向于中档和中高档轿车,所以不会像发达国家汽车进入家庭初期把价格作为决定因素,而是更加注重汽车的质量、造型、性能、舒适性等,因而选择中高档轿车。虽然这种想法不无道理,但是在中国能买得起中高档车的人毕竟是少数,而广大的工薪阶层和农民在购买汽车时,收入和价格起着决定作用,他们当然更乐意买经济实用、物美价廉的汽车产品。

从世界各国汽车市场发展进程可以看到,结构简单、价格便宜的车型往往是进入家庭的先锋车型,如美国的 T 型车、德国的甲壳虫等。而当前国内中低档车产销形势较好的事实也说明经济型车比高档车更适合中国人的消费水平。

在微型轿车、农用车、轻型车的开发上,我国汽车产业要吸收中高档车的教训。目前,我国政府已经意识到这一点,通过制订政策来鼓励我国汽车厂商创立民族品牌,走集团化的道路。

②降低成本实施规模经济战略。从世界汽车产业发展历程来看,随着科技的发展和新的研究成果在汽车上的应用,汽车总体的发展趋势是价格不断下降,质量和性能不断提高。而我国汽车产业发展也将经历扩大生产规模和降低汽车价格这一过程。

国外的大汽车厂商,尤其是美国、日本等发达国家的汽车产业,他们一直把降低产品成本作为重点,从采用流水线生产到精益生产等系列措施来降低成本。近年来,德国大众公司的经济效益不断提高,主要得益于平台、车型和多品牌三项战略的实施,这样,可以降低零部件供应商、生产厂商、用户所在地与销售机构之间的运输等成本。由此可见,国外公司的发展之所以如此之快，主要是通过不断降低成本和价格来扩大市场规模的，反过来，市场规模的扩大、需求的增长也能刺激汽车厂商扩大生产规模，生产出低成本产品。这样可形成良性循环，进一步促进汽车产业健康发展。

显然，我们只有借鉴国外汽车厂商先进的技术和管理，并不断创新，才能在未来汽车产业发展中占据一席之地。当然，我国汽车厂商生产规模不经济、竞争不充分等问题，还需政府出面采取加快投、融资和进行财税体制的改革加快产业调整等一系列措施来发展我国汽车产业，促进汽车厂商联合、重组。

③制造出符合时代需要的产品战略。未来汽车厂商要想发展，只有制造符合时代发展需要的产品人从而在激烈的市场竞争中占据一席之地。日本、韩国在世界石油危机之后推出的节能型小汽车，就是适应了时代的发展，所以才在市场上立足的。而目前，我国汽车产业在国际市场上并无优势可言，国内汽车厂商缺乏产品设计和创新能力，这也是困扰我国汽车发展的主要问题。

当今随着科技的发展，汽车产品正在向安全、舒适、节能、环保、高自动化和智能化发展。材料的轻型化、能源环保化、高自动化、高智能化、舒适化、安全化更是未来汽车厂商关注的重点。

中国是世界上最大的潜在汽车市场。我国汽车厂商只有利用天时地利，创造出符合我国人民需求的汽车产品，走民族品牌化的道路，才能在世界跨国公司的竞争中立于不败之地。

第 5 章 汽车产品策略

5.1 汽车产品组合策略

5.1.1 汽车产品组合的相关概念

现代市场营销关于产品的概念包含五个层次，分别有核心产品层、形式产品层、期望产品层、延伸产品层和潜在产品层。

核心产品层是汽车的实质产品层；形式产品层又称汽车基础产品层，是指汽车核心产品层得以实现的基本形式，其四个标志为质量水平、外观特色、汽车造型和汽车品牌；期望产品层是指汽车消费者在购买该汽车产品时期望得到的一系列属性和条件等；延伸产品层指汽车附加产品层，是消费者购买汽车产品和汽车期望产品所能得到的汽车附加服务和利益，如储运、装饰、维修、保养等；潜在产品层是指包括现有汽车产品的所有延伸和演进部分在内，最终可能发展成为未来汽车市场中的潜在状态的汽车产品，并预示着汽车产品的可能发展前景。

汽车厂商要寻求发展，首先要在实质产品上不断开发创新，生产出适合消费者需要的新产品，并提高产品质量，以满足用户需要。由于顾客购买商品时首先是从形式产品获得第一印象，因此形式产品是激发消费者购买欲望的窗口。而延伸产品则是消费者购买汽车产品后进一步提供的服务，重点在于解决消费者的后顾之忧，汽车厂商再利用形式产品激发消费者购买欲望后，再提供良好的延伸产品服务，消费者就有很大可能购买该汽车产品，而一款保有量较大的汽车产品对其他消费者也能起到一种示范和广告作用。期望产品有助于汽车厂商了解形式产品或延伸产品是否能很好地满足用户的期望，潜在产品则为汽车厂商不断地改进和开发新产品提供参考。

汽车产品组合是指所营销的全部产品的结构，它包括所有的产品线和产品项目，如不同的车型、品牌、同一车型的不同配置或版本等都属于汽车产品组合，汽车产品线往往是一个品牌的系列产品，一般通过相同渠道进行销售，而汽车产品项目一般是同品牌系列中不同款型、不同价格、不同配置的汽车产品。

5.1.2 汽车产品组合策略

汽车产品组合策略包括对汽车产品组合的广度、深度以及相容度等进行不同的组合，确定一个最佳的汽车产品组合来达到汽车厂商的预定目标。在进行组合决策时需要考虑汽车厂商所占据的市场情况、自身资源条件和竞争条件等。如目前长城汽车有皮卡、SUV 和轿车三大品类，通过产品组合可以满足不同购车者的需要，从而占领不同的消费市场。

1. 汽车产品组合扩大策略

（1）汽车产品组合的深度

汽车产品组合的深度指一条产品线中所包括的产品的数目，如一个车型中的产品品种的多少等。不同市场地位下的汽车厂商在加强汽车产品组合的深度时，可以向低档或高档扩展，也可以双向扩展，以占领同类汽车产品更多的市场，满足消费者的不同需要和偏好。如宝马的汽车产品种类繁多，分别以不同系列来设定它们的等级，从较小、时髦的 3 系列，到提供安全舒适空间的 5 系列，再发展到高端的 7 系列等，所有车系都具备了宝马汽车惯有的优雅风格、高品质的做工、精准的操控性以及高水平的安全标准，从而进一步稳固了宝马汽车的形象。

（2）汽车产品组合的广度

汽车厂商根据自身情况，要充分利用各种资源来扩大汽车产品组合的广度，上海大众汽车在扩大汽车产品组合广度上的做法是开发了包括普桑、桑塔纳 2000、帕萨特等在内的众多车型，这样可使汽车厂商占据更大的市场领域，并降低汽车厂商的投资风险。

（3）汽车产品组合的相容度

同一家汽车厂商的产品应具有较强的产品组合相容度，相关产品应尽可能地相互配套，如汽车内饰、汽车涂料和汽车部分零配件等，扩大相容度有利于汽车厂商降低开发成本和生产成本。

扩大汽车产品组合可以提高汽车厂商在本行业或某一地区的声誉，但也会分散经销商及销售人员的精力，有可能增加成本，甚至由于新产品的质量性能等问题而影响汽车厂商原有产品的信誉，因此扩大汽车产品组合必须根据汽车厂商的实际条件来确定相关的策略。

2. 汽车产品组合缩减策略

缩减汽车产品组合策略同样包括缩减汽车产品组合的广度、深度和相容度三种方式，采取缩减策略可使汽车厂商集中力量对少数汽车产品进行品质的改进和降低成本，同时对留存的汽车产品通过进一步改进设计和提高质量来增强竞争力，使滞销情况减少或降至最低。

但采取该策略在一定程度上会缩小汽车厂商的市场领域，增加经营风险，如淘汰某种汽车产品，会引起已购买该型汽车产品消费者的不满，从而降低汽车厂商的信誉，甚至需要很多人力和物力来处理后续的保修等问题，因此，缩减汽车产品组合应慎重选择。

3. 汽车产品延伸策略

汽车产品延伸策略包括向上延伸、向下延伸和双向延伸，向上延伸是针对高档汽车的产品策略，是在一种汽车产品线内增加价格较高的汽车产品，以满足消费者对该车型高档配置的要求。如上海大众最早为桑塔纳 2000 加装了 ABS、2VQS 发动机和电子防盗等多项国内首次采用的先进装置，既增加了汽车产品的销量，又逐步提高了汽车产品的销售价格，从而增加了汽车厂商的利润。

向下延伸是针对低档汽车的产品策略，是在高价汽车产品线中增加廉价汽车产品，旨在利用高档名牌汽车产品的声誉吸引购买力较低的消费者购买较为廉价的汽车产品。

双向延伸策略是向上和向下同时延伸的策略，目的是扩大汽车子市场的覆盖面。双向延伸策略需要汽车厂商有较强的实力，同时拥有强大的市场运作能力和雄厚的资金支持。

4. 汽车产品异样化和细分化策略

汽车产品异样化和细分化均属扩大汽车产品组合策略，汽车产品异样化是指在同一市场上，汽车厂商为强调自己的产品与竞争产品有不同的特点，并避免价格竞争，尽可能地显示出与其他产品的区别，力求在市场竞争中占据有利地位，如两种不同汽车厂商生产的汽车产品在动力、安全等性能上没有什么差别，但可采用不同的造型和个性设计来进行区别。

汽车产品细分化是指在市场细分基础上产生的汽车产品策略。它首先假定市场上存在着未满足的需求，因此汽车厂商总能对同质市场作进一步细分后发现未满足的需求，并为此生产一些独特的汽车产品打入该细分市场。

汽车产品异样化实质上是要求汽车消费者的需求服从生产者的愿望，而汽车产品细分化则是从汽车消费者的想法出发，而且承认汽车消费者的需求是不同的，它充分体现了汽车市场营销的观念。

5.2 汽车新产品开发策略

5.2.1 汽车新产品开发

汽车新产品是指在一定的地域内第一次生产和销售，在原理、用途、性能、结构、材料和技术指标等某一方面或几个方面相比老产品有显著改进、提高或独创的产品。这一概念在现代市场营销学中，是从"产品整体"来理解的。产品整体概念中有任何一个层次的更新和变革，都能使产品有新的结构、功能、品种或服务，从而给消费者带来新的利益，与原产品产生差异，这便可视为新产品。具体来说，新产品可以分为以下几种：

①全新产品指技术新发明应用于生产所制造出来的过去从未有过的整体新产品，比如汽车取代马车就属于全新产品。

②革新产品指运用现代化科技对市场已经出售或普及的产品进行较大的技术革新而出现的部分更新产品。例如，电动汽车的发明，使汽车动力由内燃机转变为电力驱动，就属予革新新产品。

③改进产品只对现有产品的性能、规格型号等进行改进，以提高质量或实现多样化来满足不同消费者需求的新产品。例如，06 款君威 2.5 豪华版在原 G2.5 车型基础上，增加了双层电动天窗、真皮座椅以及倒车雷达等配置，成为 20 万元价格以内极具性价比优势的 V6 发动机产品；而 2.0 舒适版则对原 2.0 豪华版进行调整，采用米色布饰座椅、四向手动调节驾驶员座椅。这些就属于汽车改进新产品。

④引进新产品指第一次进入本地市场的进口或外地产品，可给消费者带来新的利益。例如，昌河铃木引进利亚纳，使铃木生产的经济型车除了北斗星之外，又增加了新车型。

1. 汽车新产品与创新

创新是汽车新产品开发的灵魂。研究表明，新产品的上市成功率约为 10%。影响新产品上市成功的两个最重要的因素分别是行业类型和创新程度。主要的创新模式有：①连续创新，指创新产品同原有产品只有细微差异，对消费模式的影响也十分有限。消费者购买新产品后，可以按原来的方式使用并满足同样的需求，没有质的改变；②非连续创新，指引进和使用新技术的创新，要求消费者必须重新学习和认识创新产品，彻底改变原有的消费模式。它是创新的另一个极端，如汽车刚发明时的创新，可以说汽车是最典型的非连续创新之一；③动态连续创新指介于连续创新和非连续创新之间的状态，它要求对原有的消费模式加以改变，但不是彻底打破，如集装箱式汽车、MPV。

汽车厂商开发新产品时，若依靠自己的力量独立开发，可以紧密结合汽车厂商的特点，使汽车厂商在某一方面具有领先地位，但需要较多的开发费用；采用引进开发可利用已经成熟的技术和借鉴别人已经成功的经验来开发新产品，从而缩短开发时间，节约开发费用，而且可以促进技术水平和生产效率的提高，但要注意引进技术与汽车厂商自身条件之间的适应性；采用开发与引进相结合的方法，二者相互结合，互为补充；采用联合开发方式，除了汽车厂商与科研机构、大专院校的联合外，更多的是汽车厂商之间的"强强联合"，这种方式有利于充分利用社会力量，弥补汽车厂商开发能力的不高，如一些汽车厂商将部分软件的开发交由一些通信设备厂家来完成，即为此例。

汽车新产品开发和投放市场能否获得成功，为市场所接受，给汽车厂商带来各方面（经济、社会）效益，关键在于新产品开发是否准确。发达国家的汽车厂家产品开发经验十分丰富。进行新产品开发，要全面分析影响汽车产品成败的因素，为此，新产品开发必须按科学程序进行，在每个环节上充分尊重科学，切勿主观臆断，除了各个过程包含的技术因素外，从市场营销角度看，各环节还包括调查与预测、制订产品发展规划与计划、新产品构思、概念设计和工业化设计等方面。

汽车厂商新产品开发的前期工作要做好调查与预测，这项工作做的是否细致和充分，对新产品开发的准确性有直接的影响。调查内容通常包括市场现状调查、用户需求调查、市场容量及构成调查等；调查途径有用户例会、特约经销商例会、改装厂例会以及对外调查部门调查等；宏观环境调查包括有关汽车产品的技术法规以及社会运输状况的调查；竞争者调查主要包括各公司商品及其市场评价、商品价格及其动向；汽车产品技术发展调查主要是对本汽车厂商的技术实力及经营状况进行客观的评价。

制订产品发展规划与计划是汽车厂商新产品开发的重要依据，一般是在调查与预测的基础上，结合本汽车厂商技术实力等内部条件，科学地加以制订。同时，产品发展规划也是汽车厂商经营战略规划的重要内容之一，国外汽车公司一般都要作出今后5～10年的产品发展规划，该规划包括两种情况：一是特定的时间，在汽车厂商当前的产品线中增加一种新的品种（开发新产品），二是对现有的部分产品在一定的时候进行产品换代。汽车厂商根据产品发展规划再确定某一项新产品的具体开发计划，新产品开发计划一般包括产品特点、竞争情况、目标市场、价格、预计销售量、研制时间及费用、制造成本以及投资收益率等内容。如汽车公司拟开发一种在国外投产的新轿车，在制订计划时就应考虑到开发目的、使用对象、产品概要、销售目标、质量目标、外购件安排、法规认证、生产准备、设备和投资、效益等多个方面，汽车厂商的产品发展规划和新产品开发计划经汽车厂商相关部门确定后，由董事会作出最后决策，对拟开发的新产品，汽车厂商商品规划主管部门应同设计开发部门一起，提出新产品的构思。

新产品构思包括确立该产品的目标和设计原则；计算销售目标价格生产成本和销售量；确定生产方式和投产日期；确定车型的系列化、排量范围、车身型式（两厢、三厢；三门、四门；旅行车等）、驱动方式、装备分级等；设计车型的技术参数、系统结构、组成结构及参数；确定整车质量目标、保修里程、寿命周期、维修费用等。

概念设计工作是将构思变成实物，从造型设计、整车设计、结构设计到试制出样车，必要时汽车厂商可将样车拿到一组目标顾客中测试。汽车厂商营销人员应提前研究和设计好问题，这样的测试可以帮助汽车厂商更好地修改概念设计，开发出一种适销对路的新产品，同时有利于汽车厂商大致预计未来的销售量。

工业化设计工作就是要把构思变成能大量生产的图纸和技术文件。设计过程中要把设计原则、成本控制和满足用户要求协调地应用于设计思想中。汽车产品的设计是不可能面面俱佳的，如高性能和豪华与经济实惠是相矛盾的，高自动化与高成本也是直接联系在一起的，过于流线型与尺寸控制和低成本也是相矛盾的，协调好这些矛盾才能设计出为市场接受的产品。

汽车新产品开发的方式一般来讲有四种方式：

①独立开发。汽车厂商依靠自身的力量研究开发新的汽车产品，可以紧密结合自身的特点，使开发后的汽车产品在某一市场占据领先地位，但独立开发需要的费用较多。

②引进开发。引进开发是利用国外和其他汽车厂商已经成熟的制造和设计技术，并借鉴相关的成功经验开发新产品。采用这种方式可以缩短开发时间，节约开发费用，促进企业技术水平和生产效率的提高，但前提是要根据企业自身的条件进行，避免盲目跟随。

③引进开发相结合。引进开发相结合可以使技术引进和独立开发有机结合，互为补充，从而产生更好的效果，目前大部分汽车厂商采用引进开发相结合的方法，既可以加快本企业产品上市时间，又能减少开发费用，同时在开发过程中可提高自身的设计和制造水平。

④联合开发。汽车生产厂商可通过与科研机构、大专院校以及企业之间进行联合开发，达到"强强联合"的目的，有利于充分利用社会力量，在一定程度上减轻企业开发能力不足的问题。如一些汽车厂商在对应的高校联合设计成立设计研究院，或者通过共同开发的方法进行关键技术的研究，都属于联合开发的方式。

20 世纪 60 年代，丰田小型车打开了美国汽车市场，但高档车皇冠却败走麦城，丰田因此背上了"廉价、低档车"的坏名声。经过 4 年的精心筹划，丰田 1989 年在美国推出了雷克萨斯，为了不让丰田品牌连累雷克萨斯，雷克萨斯在美国建立了独立的销售渠道和独立的专卖店，一切都与丰田品牌迥然不同，甚至长期不在日本本土销售，直到 2005 年才开始从出口转内销，到 1999 年，雷克萨斯在美国销售量超过奔驰、宝马，此后 6 年，连续摘走了美国豪华车销量桂冠，2005 年雷克萨斯在全球销售 39 万辆，其中 30 万辆在北美销售。据调查，雷克萨斯的新车质量、可靠性、顾客满意度等均列美国豪华车市场第一位，被美国人称为"雷克萨斯奇迹"。

5.2.2 新产品改进和商品化

对汽车产品不断的进行改进，使汽车产品能适应市场的发展变化和某些地区的特殊要求，以此来扩大销售。如大众汽车正在计划改进美国市场产品阵容，提升"美国化"水平，未来数年内将推出更多本土制造的 SUV 产品和柴油动力车型，并且可能安排辉腾车型重返美国市场。

在上述新产品开发成功或老产品改进并完成商品化过程后，汽车厂商才能大量生产和销售。所谓商品化过程是指汽车厂商为了产品的大批上市而进行的市场试验,汽车新产品的商品化一般包括试用、试销、测算有关项目和确立未来市场营销组合策略等方面。

试用是汽车厂商从目标市场中选定一些有代表性的客户,这些客户的客户类型、使用条件、产品用途等方面比较符合新产品目标市场客户的特征,请他们在规定的时间内实地使用新产品,并对使用状况及发现的现象作出记录,然后了解客户对产品的意见和对技术咨询及服务方面的需要。试用客户一般不宜过于分散,试用车辆一般应具有一定数量(如几十辆),但也不能太多,对使用中出现的故障一般应请试用客户对外保密,不宜扩散,以免给将来的客户留下不良印象,因为试用过程本身也是汽车厂商发现问题的过程。

经试用初步成功的新产品便可进行试销,这是比试用范围更大且直接面向市场的一种有控制的营销活动,一般应由汽车厂商亲自进行,以便直接了解市场。试销活动一般可以吸引大量的购买者参观选购,汽车厂商既可以从中了解他们对新产品的反应和购买意向,同时又可借以提高新产品的知名度。汽车厂商的试销活动要对试销的市场范围、试销时间、试销费用、试销后的营销策略等作出妥善安排,在试销活动中还要做好有关数据的记录和资料的整理完善工作。

尽管汽车厂商在市场调研和概念设计时对有关项目已进行了调查和测算,如目标市场规模、销售量、投资收益率、市场占有率等,在新产品开发计划中也对这些项目订立了计划。但在商品化之前,上述项目都只是一种估计,而在商品化过程中对这些项目再次进行测算,能大体反映出未来的实际情况。汽车厂商也可由此对新产品开发予以验证并找出差距、分析原因,及时采取相关补救措施。

汽车厂商通过商品化过程后,基本可以对新产品的市场结构、购买行为及特点、未来市场发展趋势及汽车厂商收益等做到心中有数,从而制订出正确的导入期营销策略和其他各生命周期阶段的营销策略。

5.2.3 新产品开发组织管理

新产品开发的组织管理关键在于设置好各部门的职能及工作流程,在汽车厂商经营战略指导下,围绕科学的产品开发规划,在计划的制订阶段就做好组织工作。

现代汽车产品涉及多种学科和领域,技术含量很高,尤其是轿车产品,为了满足美观、安全、舒适、节能和环保等各项指标的要求,要涉及许多高技术领域、高技术产品以及社会科学的某些方面。这就要求汽车厂商要有各学科和技术门类的科学家、工程师和设计师。同时,人才的学科结构也需要不断调整,使之趋于合理。对我国汽车厂商而言,产品开发人员要大幅增加计算机科学和电子学等方面的人才的比例。此外,汽车厂商还应在基础研究、产品设计、产品试验各领域有自己的骨干力量,这些人应有扎实的基础理论、丰富的想象力、创造力和实践能力,汽车厂商应依靠这些技术骨干把汽车厂商的产品开发能力推向更高水平。

如奇瑞汽车在进行产品开发时便确定了微型轿车、中档轿车和高端轿车的发展路线。在微型轿车领域,由于不属于进口车和合资车的重点,这就为国产品牌轿车的发展留出了空间,但由于国内多家汽车厂商都虎视眈眈的注意到这一市场领域,因此奇瑞汽车也面临着很大的压力。可预见的是未来产品的同质化和价格的不断降低,导致企业的经营压力不断增大。因此奇瑞汽车采取了循序渐进、逐层深入的发展战略,首先在微型轿车领域占领市场,再向着中高端市场进军。而奇瑞汽车开发的奇瑞 QQ 也不负众望，一进入市场就抢得了先机，创出了品牌，奇瑞 QQ 的外观造型和价格都非常吸引大众的眼球，到目前为止，该车型仍然具有较大的市场份额，成为国内微型轿车第一品牌。

5.2.4　现有产品的改进

任何一种车型，由于生命周期规律的作用，都不可避免地会进入衰退期，此时，必须推出换代新产品；另一方面，产品在使用过程中暴露出的各种新问题会影响用户的满意度，所以，汽车厂商必须经常对生产的汽车实施改进措施，不断完善和提高汽车厂商产品的质量和性能水平。实践表明，汽车厂商对产品的不断技术改革，从量变到质变的发展路线是可取的。

汽车厂商对已有产品的改进方法有很多，通常是根据用户在使用过程中所暴露的问题，营销部门将故障信息反馈给汽车厂商的产品部门或设计部门，修改产品设计或者改进产品制造工艺，从而不断地提高老产品的综合技术水平，而有的改进项目是由产品部门跟踪科学发展的步伐，将新技术成果应用到汽车厂商的产品上，还有的改进项目则是营销部门根据竞争对手的先进水平提出改进意见，由产品部门负责实施。

5.3　汽车产品的生命周期及营销策略

大部分汽车产品从投入市场到退出市场都要经历销售形势由弱—强—盛—衰的演变过程，不会永远畅销。因此，汽车厂商要为处于不同发展阶段的产品制订适合的营销策略，遵循汽车产品发展规律，确定产品的阶段营销策略，并做好产品改进和新产品的研发工作，不断向市场推出新产品来取代即将衰退的产品，使汽车厂商能长久立足于市场。

5.3.1　产品生命周期

汽车产品生命周期指完成试制并投放市场开始，到被市场淘汰及至退出市场所经历的过程。汽车产品生命周期与汽车使用生命的概念不同，汽车使用生命是指一台汽车从开始使用一直到主要机件达到技术极限状态而不能再修理为止的总体使用时间，或能继续使用但成本明显增加、使用不经济的时间为止，受汽车产品的自然属性和使用频率等因素影响，按照国家新的规定，小、微型非营运载客汽车使用生命从原来的 15 年改为无年限，但行驶里程"上限"为 60 万公里。产品生命周期就是产品从进入市场到退出市场所经历的市场生命循环过程，进入和退出市场标志着周期的开始和结束，其时间长短受汽车消费者的需求变化、汽车产品更新换代速度等多种市场因素的影响。

随着汽车新技术的不断发展和新车型开发周期的不断缩短，汽车产品生命周期也在逐渐缩短，20 世纪初美国福特公司推出的 T 型车历时 20 年，创造了汽车史上单种车型产量和生产销售时间上的奇迹，而福特公司于 1957 年 9 月推出埃泽尔车，1959 年 11 月就被迫停产，其生命周期只有短短两年时间，中国上海大众汽车公司生产的普通桑塔纳车型于 20 世纪 80 年代中上市，于 21 世纪初退出市场，历时近 20 年，在中国汽车工业发展初期演义了一场汽车神话，而现在，一款新的车型其生命周期最长不过三至五年，而短的只有半年到一年。

根据产品销售量、销售增长率和利润等变化曲线的拐点，可以定性地把产品生命周期划分为四个典型形态阶段：导入期、成长期、成熟期和衰退期。

（1）导入期。导入期阶段是市场上推出新产品，产品销售呈缓慢增长状态的阶段，此时产品刚刚上市，知名度还不高，销售增长率增加缓慢，为了打开市场，汽车厂商对该产品的促销宣传等费用很大。在此阶段，产品生产批量小，制造成本高，广告费用大，产品销售价格偏高，销售量极为有限，企业通常不能获利。

（2）成长期。是指该产品在市场上迅速为顾客所接受、销售额迅速上升的阶段。在此阶段，产品的知名度日益扩大，销售增长率迅速增加，利润显著增长，竞争者的类似产品也可能开始出现。当产品进入导入期，销售取得成功之后，便进入了成长期。这是需求增长阶段，内于竞争者纷纷涌入，同时生产成本得到降低，需求量和销售额迅速上升，生产成本大幅度下降，利润迅速增长，这时生产效率和市场占有率均显著提高。产品从导入期转入成长期，销售额曲线和利润曲线都迅速上升。

（3）成熟期。产品开始大量生产和销售，销售量和利润额达到高峰后开始下降，销售增长率趋缓，市场竞争加剧，产品成本和价格趋于下降，但在成熟期后期，营销费用开始逐渐增加。成熟期是指大多数购买者已经接受该车型，市场销售额缓慢增长或下降的阶段。经过成长期之后，随着购买产品的人数增多，市场需求趋于饱和，产品便进入了成熟期阶段。此时，销售增长速度缓慢直至转而下降。由于竞争的加剧，导致广告费用再度提高，利润下降。

（4）衰退期。市场竞争激烈，开始出现替代的新产品，原产品销售量明显下降，销售增长率逐渐变为负值，利润减少，最后因无利可图而退出市场。衰退期是指销售额急剧下降、利润渐趋于零甚至负值的阶段。随着科技的发展、新产品和替代品的出现以及消费习惯的改变等原因，产品的销售量和利润持续下降，产品从此进入了衰退期。产品的需求量和销售量迅速下降，同时市场上出现替代品和新产品，使顾客的消费习惯发生改变。此时，成本较高的企业就会由于无利可图而陆续停止生产，该类产品的生命周期也就陆续结束，产品普及率迅速降低，以至最后完全撤出市场。

汽车产品生命周期的各个阶段在市场营销中所处的地位不同，其特点也不同；各种档次、各种类型的汽车产品，其生命周期及其经历各阶段的时间长短也不同，有些汽车产品生命周期可能只有两到三年，有些汽车产品生命周期可以长达几十年；每种汽车产品所经历的生命周期各阶段的时间也不同，有些汽车产品经过短暂的市场导入期，很快就达到成长、成熟阶段，而有些汽车产品的导入期经历了许多年，才逐步为广大汽车消费者所接受。

各种汽车产品都有生命周期，其形状近似于正态分布曲线，这只是反映变化趋势的基本模式。实际上，这种理想化的状态并不是所有汽车产品都能出现的，其具体形态有很多种，例如，有的汽车产品开始时需求量上升，但后来趋于平衡；有的汽车产品，市场对其造型、性能很敏感，呈现出上下波动的周期性变化，同时并不是所有的汽车产品都一定要经历这四个阶段，有的汽车产品一进入市场，在导入期就被淘汰了，成为夭折的"短命"产品；也有些属于成长期的汽车产品，由于营销策略不对路而未老先衰；还有的汽车产品一进入市场就直接达到成长阶段等，各种情况都有。

5.3.2　产品生命周期各阶段的特点和营销策略

从汽车厂商的角度来看，通过对产品生命周期各阶段特性进行研究，并在各阶段运用一定的营销策略，可使汽车厂商获得更多的利润。

1.导入期的市场特点与营销策略

在导入期阶段，产品刚刚上线、产量低、技术不完善，销售量不大甚至会出现亏损。由于导入期的特点，市场营销策略的目的在于尽量将该阶段缩短，使其尽快进入成长期。

因此，汽车厂商要针对导入期的特点，制订和选择不同的营销策略。可供汽车厂商选择的营销策略，主要有以下类型：

(1)快速和缓慢掠取策略。掠取策略包括快速掠取策略和缓慢掠取策略。快速掠取策略指以高价格和高促销水平推出新产品的策略。实行高价是为了在单位销售额中获得最大的利润，高促销是为了引起目标市场的注意，加快市场渗透。成功实施这一策略可尽快收回新产品开发的投资，国内外汽车公司在推出富有特色的中高级轿车时常采用这一策略。采用这一策略的适用条件是产品具有一定的特点，对消费者有吸引力，但知名度还不高，同时具有较大的市场潜力，并且目标客户有较强的支付能力。如吉利博越汽车，在推向市场时采取了高促销方式，同时价格相比于同类汽车也具有一定的优势，这种促销方式使得吉利博越汽车一上市就受到了关注，以致公司不得不停止接受订单，以免生产能力不足导致订单积压。

缓慢掠取策略指以高价格低促销水平推出新产品的策略。高价格和低促销水平结合可以使汽车厂商获得更多利润。缓慢掠取策略的适用条件是市场规模有限，产品已具有一定的知名度，目标用户愿意支付高价，同时潜在的竞争对手竞争力不强。

(2)渗透策略。渗透策略包括快速渗透策略和缓慢渗透策略。快速渗透策略指以低价格和高促销水平推出新产品的策略。目的在于先发制人，以最快的速度打入市场，该策略可以给汽车厂商带来最快的市场渗透率和最高的市场占有率，例如伊兰特上市时，以较高的性价比在 10 万到 15 万元档次的车型中取得了较大的优势。缓慢渗透策略指以低价格和低促销水平推出新产品的策略。低价是为促使市场迅速地接受新产品，低促销费用则可以实现更多的净利润。

2.成长期的市场特点与营销策略

成长期是指汽车产品经过试销后，汽车消费者对汽车新产品有所了解，汽车产品销路打开，销售量迅速增长的阶段。在此阶段，汽车产品已定型并大批量生产，销售增长率很高，分销途径已经疏通，市场份额增大，成本降低，价格下降，利润增长，同时，竞争者逐渐开始加入。

成长期销售增长率的迅速提高决定了该阶段营销策略的核心是"快"，应在尽量短的时间内提高市场占有率，在竞争者尚未进入之前，占有最大的市场份额，同时创造品牌影响力，采用先入为主的方式赢得购车者的认可，因此，突出一个"快"字是成长期营销策略的核心，为此，可以采取以下市场推广策略：

(1)提高产品质量。成长期的市场策略主要是保证质量，避免某些汽车产品一旦进入成长期便降低质量，失信于汽车消费者而出现自毁声誉的现象，并在此基础上不断提高质量水平。

(2)改进产品。汽车厂商要通过对产品进行改进，不断提高产品质量和增加新的功能，丰富汽车式样，强化汽车特色，努力树立起名牌产品，提高汽车产品的竞争力，满足汽车消费者更高更广泛的需求，从而既扩大销量又限制竞争者加入。

(3)拓宽市场。汽车厂商要通过市场细分，找到新的尚未满足的细分市场并迅速占领这一市场。通过创立名牌，建立汽车产品信誉来拓宽市场，还要利用新开辟的分销渠道和增加销售网点，通过方便汽车消费者的购买和售后来拓宽市场。

3. 成熟期的市场特点与营销策略

成熟期是指汽车产品的市场销售量已达饱和状态的阶段。在这个阶段，销售量总额达到最大，但增长速度减慢，甚至开始呈下降趋势，产品成本下降，利润较丰厚，但因竞争激烈，利润可能开始下降。

成熟期是汽车厂商获利的阶段，也是产品项目的黄金时期，但也是走向衰退的开始，因此，延长产品的成熟期，突出一个"长"字是营销策略的核心，同时要抑制竞争，不断开发新产品。

成熟期的营销策略——改革创新，巩固市场成熟产品是企业理想的产品，是企业利润的主要来源。因此，延长产品的成熟期是该阶段的主要任务。延长产品成熟期的策略可以从三个方面考虑：发展产品的新用途，使产品转入新的成长期；开辟新的市场，提高产品的销售量和利润率；改良产品的特性、质量和形态，以满足日新月异的消费需求。比如，2005年10月，上海大众公司推出的新款帕萨特1.8T；10月11日，南京菲亚特公司推出的周末风1.5FSX"十运吉祥版"；10月18日，东风标致3072.01.驾御版上市，使307车型从1.6~2.0L多。拥有多达9种不同的配置；赛拉图1.8L运动版的推出等，都是为了满足消费者的个性化需求而改良产品的特性。

（1）市场改革策略。努力开拓和寻找新的目标市场，向市场需求的深度和广度发展。这种策略不需要改变产品本身，只是寻找新的细分市场并创造新的消费方式，通常有三种形式：寻找新的目标市场，使汽车产品进入尚未使用过本汽车产品的市场；刺激汽车消费者增加使用频率；重新树立汽车产品形象，寻找新的买主。

（2）产品改革策略。通过改良产品的特性、质量和形态，来满足日新月异的消费需求，包括两方面：一是提高产品质量，如提高汽车的动力性、经济性、操纵稳定性、舒适性、制动性和可靠性等，创名牌、保名牌，此种策略适合于汽车厂商的产品质量有改善余地，而且多数买主期望提高质量的情况；二是增加产品的功能，如提高轿车的观瞻性、舒适性、安全性和动力性等，使小型车高级化等措施都有利于增加产品品种，扩大用户选择余地，使用户得到更多的效用。

（3）市场营销组合改革策略。通过改革某些市场组合因素来刺激增加销售量，常见的做法是对汽车产品的价格、广告、分销方式等进行重新组合，对营销策略进行具有吸引力及扩张性的拓展，如上海大众汽车公司销售总公司为推进桑塔纳的销售，在1999年改变传统的分销渠道，设立地区分销中心，引进了特许经营的营销方式来改进营销组合，从而大幅度增加了销售份额。

4. 衰退期的市场特点与营销策略

衰退期是指汽车产品已经陈旧老化被市场淘汰的阶段，在这个阶段销售量下降很快，新产品已经出来，老产品逐渐退出市场。

在衰退期营销阶段，营销策略应突出一个"转"字，即有计划有步骤地转产新产品，这对汽车厂商来讲要付出昂贵的代价，因此，对大多数汽车厂商来说应当机立断，及时实现产品的更新换代，如上海大众汽车公司对普通桑塔纳的停产。处于衰退期的产品常采取维持策略、缩减策略和撤退策略，有的汽车厂商也常常运用一些方法延长其衰退期。

如果汽车厂商决定停止经营衰退期的产品，还应当慎重决策，是彻底停产放弃还是把该品牌出售给其他汽车厂商，是快速舍弃还是渐进式淘汰，而且应注意处理好善后事宜，应继续安排好后期配件供应和维修技术支持，以保证老产品的使用需要，否则，将会影响到汽车厂商形象。

5.4　汽车品牌策略

5.4.1　汽车品牌的概念

汽车品牌指用于标志并识别某一车型或某些车型的符号系统。到了信息社会，品牌对于汽车厂商来讲更是成为了汽车厂商创造核心竞争力的战略措施，从更深层次的角度来讲，品牌是对汽车厂商整体的诠释，代表了汽车厂商和产品形象。

品牌包括品牌名称和品牌标志。品牌名称是品牌中可以用语言称谓表达的部分，如宝马、奥迪、丰田、本田等；品牌标志是品牌中易于识别，但无法用语言称谓表达的部分，通常表现为独特的符号、图案、字体造型或色彩等。品牌的功能有识别功能、信息功能、担保功能和价值功能。

品牌是一个非常复杂的要素系统，这些要素包括以下几方面：

（1）属性。品牌最基本的含义就是代表着特定的产品属性，如奔驰汽车品牌就是产品信誉好、价值高、高贵耐用等产品属性的象征。

（2）利益。品牌体现着特定的利益，顾客通过购买特定品牌产品，其品牌属性转化给消费者的特定利益，包括基本利益和附加利益。基本利益为产品的基本使用价值，附加利益是使用价值以外的利益，如著名品牌的汽车就可以让消费者获得心理上的满足。

（3）价值。品牌凝聚着生产经营者的价值观，这种价值观往往得到了一定的消费者群体认同的，如奔驰品牌代表着汽车厂商持之以恒的核心价值观。

（4）文化。品牌蕴藏着特定的文化底蕴，如汽车厂商文化、民族文化甚至国家文化。1958 年，一汽大众生产了第一辆红旗高级轿车，结束了中国不能造轿车的历史，从此红旗品牌的文化中就折射出浓郁的民族情感，它具有高贵、大方、威严的形象，并代表中华民族的自强不息的精神。

（5）个性。品牌就是要让消费者能够将此种商品与彼种商品区别开来，每个品牌都有自己的个性。如法拉利火热激情，劳斯莱斯奢华高贵，这些都是著名汽车品牌树立已久的个性并为人熟知。

（6）消费者群体。每个品牌实际上还代表着一定的消费者群体，常常起到"人以群分、物以类聚"的作用。价值、文化和个性才是品牌最持久的意义，品牌有了这些内涵，即使出现功能更好的产品，原来的品牌价值依然存在，只要汽车厂商及时改进产品，对其市场营销就不会带来过大的损失。

品牌可以划分为主品牌、副品牌和背书品牌等。主品牌，是企业产品的总品牌。它所代表的价值正是影响消费者购买决策的主要核心要素。如"丰田皇冠""丰田花冠"中的"丰田"就是主品牌。副品牌是用以区分在品牌系统中产品线某个部分的辅助品牌，如上述品牌名称中的"皇冠""花冠"就是副品牌,背书品牌也叫企业品牌,指品牌产品的生产企业。美国福特汽车公司运用背书式品牌,让它的每一个产品含有自己不同的识别(如路虎、林肯等),从而占据了部分高端车市场。采用背书品牌管理模式,降低了把所有并购公司放在同一个蓝图下的危险,母公司(福特)在旁边做背书式的工作,用背书的方式达到品牌资源联系的工作,公司用不同的标识来区别子公司和母公司的差异。品牌背书者是人而不是企业,这个人可以是企业家,也可以是产品的形象代言人。

品牌还是汽车厂商的无形资产,是汽车厂商知识产权的重要组成部分。它的价值体现在超过商品或服务本身以外的价值,即体现在为消费者提供的附加利益上,这种附加利益越多,品牌对消费者的吸引力就越大,品牌价值就越高。不仅如此,品牌只要使用得当,管理有方,品牌价值就不会在使用中贬值,相反还可能增值,这又是它与有形资产不同的地方。品牌背书者就属于无形资源的一种,如吉利汽车公司的董事长李书福,他以商业巨头的身份宣扬商业的理念和人生价值观,使得其在商业社会甚至公众心目中形成了良好的企业家的形象,消费者会想到吉利是个值得信赖的企业品牌。

5.4.2　汽车品牌的内涵

构筑一个良好的品牌资产需要五大要素,即:品牌知名度、品牌认知度、品牌忠诚度、品牌联想和其他资产,这是从消费者的角度去认知评价;若从汽车厂商的角度考虑,要构筑一个良好的汽车品牌必须具有四个要素:安全优良的产品品质、个性化的外观及内饰风格、深厚的历史人文背景和独特的精神主张,前两者属于产品和物质层面,后两者则属于汽车厂商文化层面或精神层面。

1. 安全优良的产品品质

汽车是为数不多的需高速移动的商品,由此而带来的安全和品质保障是每一个消费者的最基本要求。在这方面,以奔驰和沃尔沃为代表的欧洲轿车堪称典范,同时也恰恰是中国轿车汽车厂商最难克服的障碍。产品的品质和安全可认为等同于品牌的生命,因为在每一个缺陷和故障隐患的背后,都是关系到每个消费者的生命和安全。虽然产品召回制度给了厂商弥补的机会,但每一次的召回不仅是财产的损失,更是品牌资产的损失。

2. 个性化的外观及内饰风格

汽车本身就是一件艺术品,无论是法拉利还是派利奥,无论是劳斯莱斯还是 MINI,各型汽车以其优美流畅的线条和造型,风格迥异的大灯和中网,以及简洁明快的标志和内饰塑造出了汽车的艺术特点。

一辆汽车,既可以远远地一眼就辨别出是什么品牌的车,也可以仅凭一两个细节,如尾灯、车门,甚至是发动机运转的声音,就能断定它的厂家,这些全在于它们个性十足的外型内饰和综合特性。从某种角度来看,一个品牌的个性,或张扬,或稳重,或动感,或机智,但更大程度上依赖于在品牌统领下的产品本身风格的不断创新。

3. 深厚的历史人文背景

消费者对某个品牌或产品的认同总是以认同它的文化为背景的。如人们对"广州本田"和"上海大众"存在普遍的信任和好感,并不是完全来自于对车本身的深刻了解,而是源自对日本、德国汽车厂商严谨务实的风格、品质,以及先进的科技和汽车厂商实力的认同。

按照美国著名品牌管理权威的理论,品牌和人一样也会有各种不同的认同和"牌格",汽车的"牌格"就是汽车品格特征,它是通过创始人奠定其品牌核心价值之后形成的。由于轿车价值昂贵,外形彰显,个性十足,其"牌格"被视为区别于其他品牌来吸引消费者的安身立命之本。然而,品牌需要时间的沉淀,轿车"牌格"的形成更需要一个相对持久的历史人文沉淀过程,通过对产品设计和品牌的不断演绎创新,使得品牌不但具有年龄特征,而且还有着职业、性格、地位和爱好。例如,劳斯莱斯是身份显赫的贵族,奔驰是上流社会的成功人士,福特则是中规中矩的中产白领,这也就是轿车消费的圈层感。

当汽车品牌通过传播推广根深蒂固地留在消费者的记忆中时,这种认同也成为轿车品牌特有的"牌格",甚至会沉淀为深厚的品牌资产,越是历史悠久的品牌,其深厚的底蕴就越发魅力无穷,这也是众多轿车品牌百余年来生生不息的原因之一。

4. 独特的精神主张

随着更多汽车品牌的涌现,以及产品外形和技术的日益同质化,单一的大文化背景已经不能成为区分产品品牌的标志,如同属日本文化背景下丰田、本田和日产汽车,如果要形成差异,除了产品本身风格的差异以外,更多的还要靠各自鲜明的产品特性和独特主张。

总之,汽车品牌名称可谓是五花八门,但都有一个共同特点,那就是要有利于产品在目标市场上树立美好的形象。品牌设计必须集科学性和艺术性于一体,创意要新颖,给人以美感,还要符合民俗民情,尤其在产品出口时,必须要研究出口产品的品牌,否则就难以成功。如我国东风汽车公司出口品牌为"风神",不可将"东风"直译过去,因多数国家以"西风"为吉,在英国的东风是从欧洲北部吹来的寒风,相当于我国的西风,乃至北风。又如通用汽车公司在向使用西班牙语的墨西哥出口汽车时,曾取名为"雪佛莱诺瓦",该车销路极差,原因就在于"诺瓦"与"走不动"同音,试想有谁会去买这种走不动的汽车呢?

5.4.3 汽车品牌的作用和意义

1. 品牌对汽车消费者的作用

有了汽车产品品牌,汽车消费者易于辨认所需的汽车产品与劳务,同时,同一品牌的汽车产品原则上具有相同的品质,便于汽车消费者选择购买。由于科技的发展,许多汽车产品的品质差异不大,汽车消费者对不同汽车产品的偏爱主要是建立在品牌上的,不同的品牌,能满足汽车消费者的不同需求。

互不相同的品牌各自代表着不同形式、不同质量、不同服务的产品,可为消费者或用户购买、使用提供借鉴。通过品牌,人们可以认知产品,并依据品牌选择购买。例如人们购买汽车时:奔驰、沃尔沃、桑塔纳、米提诺、英格尔,每种品牌代表了不同的产品特性、不同的文化背景、不同的设计理念、不同的心理目标,消费者和用户便可根据自身的需要进行选择。

品牌还能表明汽车产品所达到的质量水平以及其他各项标准。如劳斯莱斯公司强调不会因车辆故障而发生事故,它所标榜的"无故障性",即使是因自己使用不当而使汽车发生故障的车,也能得到公司的免费修复。同时,汽车消费者利用品牌能方便地找到汽车制造商,从而进行汽车产品的维修及零配件的更换,这有利于促进汽车产品质量的提高。优良的品牌是汽车厂商在激烈的市场竞争中取胜的重要手段,汽车厂商产品一旦在汽车消费者心目中树立了良好的声誉,汽车厂商就会设法提高汽车产品质量,保住品牌。

2. 品牌对生产者的作用

良好的品牌有利于汽车厂商扩大市场占有率,引起汽车消费者的重复购买,并确保该汽车产品不被其他同类产品所替代。优良品牌的汽车产品更易于获得较好的市场信誉。

品牌有助于广告促销活动，促使人们建立对汽车厂商的印象，汽车厂商宣传品牌远比介绍汽车厂商名称或生产制造技术方便。事实上，对于许多汽车产品，消费者仅知其品牌，而不知其生产厂家。因此，优良的品牌可以培养一批偏爱该产品的汽车消费者。

3. 品牌的意义

汽车品牌既是消费者选择的标准（依据），也是汽车价值的体现。当消费者受时间和空间的限制时，只有根据品牌所提供的信息来选择自己所需要的汽车。特别是当消费者已经心仪于某种汽车品牌的时候，汽车品牌无疑就成了名副其实的导购。

而比选择依据更为重要的是品牌，它还是沟通供需的桥梁。在经济全球化的今天，汽车的买卖，特别是在生产者与中间商之间的买卖，则具有超越地域和疆界的特点。如重视"直销渠道"和"网络广告"，以汽车品牌为起点讨价还价，以电子货币为终点达成交易，在这种情况下，汽车品牌不仅是消费者选择的线索，而且是生产者与消费者进行沟通的桥梁。为了适应这种销售模式的变化，有人提出了创造名牌、品牌销售的营销思想。1998年，我国一汽集团就抛弃了多品牌捆绑销售的模式，实行"品牌专卖"销售模式，使得捷达、奥迪、解放、红旗四大品牌车销量出现持续增长。

品牌不但代表着汽车的车型，而且代表着汽车的价值和附加价值，是汽车功能、质量、信誉和形象的综合反映，也是汽车生产厂家对消费者提供的价值保证。品牌知名度和认知度、品牌美誉度和忠诚度，以及其他与品牌有关的价值因素，都是构成品牌价值的重要因素。因此，品牌不只是消费者选择的线索，还是消费者价值判断的重要依据。

由于品牌具有价值，因此可以使产品卖出更好的价钱，为汽车厂商创造更大的市场。品牌相比于一款新车，具有更为持久的生命力，一辆汽车的交易是一次性的，一个优秀品牌则会赢得顾客一生的信赖，好的品牌可以创造牢固的客户关系，形成稳定的市场，这就是品牌的价值所在。

比价值体现更为重要的还是品牌。从市场营销的角度看，品牌因形象设计而获得价值，因商标注册而得到保值，因广告宣传而不断增值，因汽车消费等而持续增值，随着品牌知名度和美誉度的不断提高，文化的品牌甚至可以超过物质的汽车而成为汽车厂商价值连城的无形资产。在世界汽车行业，宝马、奔驰、丰田、通用等无疑是最有价值的品牌，每个品牌的价值都高达上百亿美元。

5.4.4 品牌营销的策划

品牌营销是使商标转化为名称，名称转化为品牌，品牌进而转化为强劲品牌的过程。通过强劲品牌的建立，可扩大汽车厂商规模，增大市场占有率，提高投入产出效益，提升产品附加值，建立和巩固汽车厂商核心竞争力，实现"你卖不出去，我能卖出去，你卖的少，我卖的多，你卖的便宜，我卖的贵"的目标。

因此，品牌营销策划是对品牌从建立到传播，再到扩展的全过程设计，它包括创造品牌的核心价值、找到品牌的核心生命点、确定品牌的定位、建立品牌识别系统和实施品牌策略等方面。品牌核心价值是凝结在产品和服务当中的、能够体现消费者核心利益的价值主张。这些核心理念代表了品牌给予消费者的核心利益，能引发消费者的情感共鸣。

1. 建立品牌识别系统

品牌识别系统是名称、名词、符号和设计的组合，名称和图形是品牌的核心要素。品牌和商标用来标志并识别车型的符号还有车标。品牌和商标可以容纳种类不同的汽车车型，而车标只是为某一种车型专门设计的，更多的是为产品的定位和产品形象而设计，车标一般有着特定的寓意。

品牌是产品的标识，商标从原本意义上讲也是产品的标记，但在使用中，商标通过注册获取商标权，具有法律上的意义。按照我国的商标法，商标经过注册后的注册商标属于工业产权的一种，受法律保护，具有独占性和排他性。商标不但具有品牌所具有的所有职能，而且具有品牌所不具有的特殊职能，即保护汽车品牌、积累无形资产的职能。

商标还可分为主标与副标。一般来说，汽车厂商名称是为主标，汽车品牌是为副标，从市场营销的角度看，汽车厂商品牌与汽车品牌应当具有统一性。只有这样才能做到"宣传汽车厂商就是宣传汽车，宣传汽车也是宣传汽车厂商"，因此，统一化已经成为一种著名的品牌营销策略。

我国很多汽车品牌也是征集来的，例如江铃与福特公司联合开发的全顺汽车，名为 Transit，在此之前曾有过捷运和穿梭两个中文名字，但是都认为这两个名字差强人意，穿梭给人感觉如飞去来器，捷运又给人感觉属空穴来风。于是汽车公司决定向社会公开征集此车的中文标志，并在《经济日报》上刊登了半版征 Transit 车中国名称的广告，要求寓意深刻、符合特点、易识易记且能与 Transit 相谐音，最好贴近中国汽车文化。广告登出后，共收到有效应征作品 3000 多件。经征名活动评委会反复评议、精心挑选，认为全顺品牌最贴近中国文化，符合中国公众追求平顺、吉祥的心理，而且与 Transit 的读音相近，因此就以全顺命名。

这是一种典型的移花接木的命名策略，即借用其他公司的汽车品牌，为自己生产的汽车命名。

2. 品牌延伸策略

汽车厂商决定自己的品牌后所面临的抉择在于对本汽车厂商的各种产品是分别使用不同的品牌还是使用统一的品牌，或如何利用已成功的品牌声誉来推出改良产品或新产品等。这些都是品牌延伸策略必须考虑的问题。基本的品牌应用策略一般有以下三种：

（1）统一品牌策略

汽车厂商所有的产品使用同一品牌，它的好处是推出新产品时可省去命名的麻烦，并可节约大量的广告宣传费用；如果该品牌已有良好的声誉，可以很容易地用它推出新产品。还可以给消费者留下深刻的印象，壮大企业的声势，节约企业的广告宣传费用，但是如果同一品牌下的某一种产品发生了问题，导致其在消费者心目中的地位下降，则可能会累及其他类型的产品。此外，在各类产品之间差异性较大的时候，容易使消费者感到无所适从。但是任何一种产品的失败都会使整个品牌的价值受到损失，或损害汽车厂商的形象。因此，使用单一品牌的汽车厂商，必须对所有产品的质量都要严格控制。

（2）个别品牌策略

个别品牌策略即汽车厂商的各种产品分别使用不同的品牌。如通用汽车公司的不同类型产品用不同商标：Chevrolet，Buick Pontaic，Cadillac 等。个别品牌策略可以增强企业的竞争性，提高市场占有率；同时增强抗风险能力，当某个品牌得不到消费者的青睐时，尚有其他品牌在做支撑。如果一个生产高档产品的企业在推出低档产品时，如果低档产品另外有自己的品牌，则企业不会因低档产品的推出而影响到高档产品品牌的声誉，反之则可能损失惨重。这种策略的最大好处是可以把个别产品的失败同汽车厂商的声誉分开，不至于因为个别产品的失败而有损整个汽车厂商的形象。但这要为每个品牌分别做广告宣传，费用开支较大。

（3）汽车厂商名称与个别品牌并用的策略

在每个品牌名称之前，统统冠以汽车厂商的名称，以汽车厂商的名称表明产品的出处，以品牌的名称表明产品的特点。这种策略的好处是既可利用汽车厂商名誉推出新产品，节省广告宣传费用，又可使品牌保持自己相对的独立性。世界上大型汽车厂商大部分都使用这一策略，如丰田、通用汽车公司等。

3. 品牌定位策略

消费者的偏好千变万化，不同地区、不同行业对品牌也有不同的看法。因此，建立品牌的关键是在消费者心中确定形象，即品牌定位。品牌定位有多种方式，有以消费者类型为主导的定位体系，有以市场形态为主导的定位体系，有以技术在产品中的含量或质量表现为主导的定位体系，也有以不同价格来反映的定位体系。但品牌定位的基础是建立在它所希望的、对目标客户具有吸引力的竞争优势上。

品牌定位的目的就是将产品转化为品牌，以便于潜在顾客正确认识。成功的品牌都有一个特征，就是以一种始终如一的形式将品牌的功能与消费者的心理需要联系起来，通过这种方式将品牌定位信息准确传达给消费者。因此，厂商最初可能有多种品牌定位，但最终的是要建立对目标人群最有吸引力的竞争优势，并通过一定的手段将这种竞争的优势传达给消费者进而转化为消费者的心理认识。

（1）按目标市场定位的策略

目标市场是汽车厂商通过市场细分而确定的特定消费者群。由于不同消费者群的社会地位、经济条件、心理倾向、个性特征等方面各不相同，因此，他们对品牌的认知选择和价值判断也千差万别。显然，无论是品牌的命名还是品牌的使用，都必须根据目标市场的特点进行定位。

汽车品牌的定位策略，按目标市场定位，汽车厂商通过市场细分而确定的特定消费者群。由于不同消费者群在社会地位、经济条件、心理倾向、个性特征等方面各不相同，因此，他们对品牌的认知选择和价值判断也千差万别。显然，无论是品牌的命名还是品牌的使用，都必须根据目标市场的特点进行定位。

（2）按汽车厂商理念定位的策略

汽车厂商理念也可以称为"MI 理念识别系统"，它既是汽车厂商形象识别系统的重要组成部分，也是汽车厂商行为的出发点和动力源。不同的汽车厂商理念会导致不同的经营行为。因此，影响品牌命名及使用的最先和最后的因素就是汽车厂商的理念。按汽车厂商理念进行定位，既可以保持汽车品牌的稳定性，也可以保障汽车厂商的长远利益。

5.4.5　实施品牌策略

汽车品牌策略包括品牌设计、定位和管理策略，品牌设计包含品牌体系规划、汽车厂商形象规划、产品形象规划等；品牌定位策略包括从形象、观念、价格和功效等方面定位；品牌管理策略常用的有生产品牌与销售品牌、同一品牌与个别品牌、多重品牌等。对于汽车产品来说，积极的品牌管理能锁定极具潜力的客户群，突破购买瓶颈，具有扩大消费者的利益的作用，因此要做好对消费者的广告宣传。

在进行品牌定位时，一般按照以下步骤进行：

①确定潜在的竞争优势，主要指成本优势和产品差别优势，可在同等条件下比竞争者具有更低的价格或者同等价格下提供更具特色的服务。

②选择具有较大优势和成本较低的竞争优势，并进行扩展。

③将企业的定位通过广告进行宣传，使社会和公众了解该企业的定位和产品。

2005 年是通用汽车在中国新品推出创纪录的一年，也是通用汽车在中国多品牌矩阵凸显全貌的一年。以其全球销量最大的品牌——雪佛兰在中国的发展为序幕，通用汽车宣布当年将以凯迪拉克、萨博、欧宝、别克、雪佛兰和五菱等六大品牌共同发力的多品牌战略为主导，敏锐把握国内高、中、低各主要细分市场的不同特点，推出更为完整的产品系列，以更好满足日趋细化与个性化的中国消费者的需求。

作为一种市场规律，2004 年的中国车市经历了短期波动，但通用汽车仍然看好中国汽车市场的长远发展，并将多品牌发展战略作为今年的发展重点，以期未来在中国市场有更出色的表现。通用汽车目前在国内市场的这六大品牌个性鲜明，分别针对需求区别明晰的不同消费对象群，从基础品牌到高档豪华品牌形成了金字塔形品牌构架。

处于金字塔顶部的是凯迪拉克所代表的高档豪华车品牌。凯迪拉克传承其全球品牌的创新理念，以"敢为天下先"的品牌精神突破国内传统的豪华车市场，明确定位于具有胆识、远见、开拓领先的高收入消费群。个性化的萨博品牌则一如其全球定位，为高档进口车消费者中强调个性且崇尚内敛生活方式的消费者提供了另一种选择。而通用汽车旗下另一进口品牌——欧宝，则以德国传统的精湛技术深受具有独特价值观的中产阶级消费者的青睐，与萨博一起成为这一塔尖不可或缺的补充。

在金字塔的中上部，则是为主流社会精英推出的高档别克品牌，也是通用汽车最早引入国内，并最能体现"全球品牌精神如何融入本地市场"精髓的品牌。别克品牌融合中西文化、沉稳大气、积极进取的公用商务车主流形象深深扎根于国内消费者心中。它是目前通用汽车旗下在中国品牌中产品系列最丰富的一个，几乎涵盖了乘用车的所有细分市场。

立足于金字塔基础部分的当属雪佛兰。最新纳入上海通用汽车旗下的雪佛兰品牌定位于"值得信赖"的大众化国际品牌，以具有高度性价比的产品，满足了希望不断提高生活品质的主流大众消费者的私人及家庭用车需求，并以此与定位稍高的别克品牌进行区别。而金字塔的底端则为上汽通用五菱旗下的五菱品牌所覆盖，五菱这一中国本土品牌依托通用汽车雄厚的全球实力，通过整合国际资源，以高品质的大众车为广大的中小型城市消费者提供了优质优价的产品。

通用汽车公司针对中国快速发展的汽车市场适时推出的多品牌构架战略，是通用汽车对不断发展变化的消费需求的前瞻和把握能力的充分体现。在以"推新品"为特色的 2005 年，通用汽车以更敏锐的洞察力对于国内消费者的需求变化作出了快速反应，优先一步利用其领先的全球资源，在各个细分市场推出了优质丰富的产品选择，更好地满足了中国用户的需求。

通用汽车公司成立于 1908 年，是当前全球最大的汽车公司。目前，通用汽车已在中国建立了五家合资生产汽车厂商、一家合资汽车设计中心、一家合资汽车金融服务中心及两家全资汽车厂商，员工总数近 13000 名。目前，通用汽车在中国进口、生产和销售凯迪拉克、萨博、欧宝、别克、雪佛兰及五菱等产品。2004 年，通用汽车在中国共销售汽车 492014 辆，同比增长 27.2%，再创通用汽车在中国的年销量历史新高。

第 6 章　汽车价格策略

汽车价格策略是营销组合中最重要、最独具特色的因素之一。一方面，它直接关系到产品能否为消费者所接受以及市场占有率的高低、需求量的变化和利润的多少；另一方面，价格策略与产品策略、分销策略和促销策略相比，是汽车厂商可控因素当中最难于确定的因素。汽车厂商的营销管理人员必须掌握营销中定价的理论依据，深刻界定制约定价的各种因素，合理制订汽车厂商的定价目标，在日益激烈的市场竞争中运用基本的定价策略和方法来获得更大的收益。

6.1　汽车价格综述

汽车价格的变化直接影响到汽车市场消费者对某一车型的接受程度和购买行为，也影响着汽车生产厂商赢利目标的实现，因此，汽车定价策略是汽车市场竞争的重要手段。汽车的定价策略既要有利于促进销售、获取利润、补偿成本，同时又要考虑汽车消费者对价格的接受程度。

价格是影响消费者购买行为的主要因素之一，企业定价要遵循市场规律，讲究定价策略，而定价策略又是以企业的营销目标为转移的，不同的目标决定了不同的策略，乃至不同的定价方法和技巧。对同类汽车生产企业来讲，虽然在生产技术、生产规模上相对处于同一个平台，在产品性能、技术含量、产品质量等方面都差不多的情况下，产品价格有时会成为左右消费者购买的主要因素。汽车价格的高低，主要是由汽车包含的价值量的大小决定的。

随着现代汽车工业的迅猛发展，汽车行业之间竞争也越来越激烈并呈现多元化，汽车价格既是调节市场供需的杠杆，也是汽车产品进入市场的门槛。

6.1.1　汽车价格的构成

汽车价格的制订在很大程度上决定着一款新车的推出是否成功，也间接影响着汽车厂商的利益，因此价格必须是合理的。汽车价格制订时主要考虑其基本构成，包括生产成本、流通费用、国家税金、汽车厂商利润等。

①生产成本是汽车价格形成的基础，也是制订汽车价格的重要依据；汽车生产成本是指在汽车生产领域生产一定数量汽车产品时所消耗的物资资料和劳动报酬的货币形态，是在汽车价值构成中的物化劳动价值和劳动者新创造的用以补偿劳动力价值的转化形态，它是汽车价值的重要组成部分，也是制订汽车价格的重要依据。生产成本不是个别企业的实际成本，

而是社会行业的平均成本，所以企业生产产品的成本越低，价格也就越低，产品的竞争力就越强。

②汽车流通费用是指在汽车从汽车生产厂商向最终消费者移动过程的各个环节之中发生的费用，与汽车移动的时间和距离相关，因此它是正确制订同种汽车差价的基础。

③国家税金是汽车价格的构成因素。国家通过法令规定汽车的税率并进行征收，税率的高低直接影响汽车的价格。国家对汽车厂商证收的有增值税、所得税和营业税等，在汽车产品的流通过程中还有消费税和购置税。

④汽车厂商利润是汽车生产者和汽车经销者为社会创造和所占有价值的表现形态，是汽车价格的构成因素，是汽车厂商扩大再生产的重要资金来源。

东风悦达起亚汽车第一工厂的设计年产能是 12 万辆，折合为每天约生产 350 辆，这是最合理的产能，如果工厂每天的产量很少，那么单位成本就会很高。当每天的产量接近 350 辆时，平均成本就下降，原因在于固定成本如果由更多的产品来分摊，每一产品承担的固定成本就会减少，当每天的产量超过 350 辆时，平均成本反而有所上升，这是因为超过合理的日产量，有可能造成效率下降，工人们需要排队等待操作机器，机器的故障增多，同时工人们在工作中难免相互妨碍。基于以上原因，当东风悦达起亚汽车提出要年产 40 万辆汽车时，由于设备和空间制约着汽车厂商的发展，想要有更合理的成本效益，就必须开始第二工厂的建设。

6.1.2　影响汽车价格的因素

价格是一个变量，它受到诸多因素的影响和制约，汽车产品价格的高低主要是由汽车产品中包含价值量的大小决定的。从汽车市场营销角度分析，汽车价格组成类型包括汽车出厂价格、汽车批发价格和汽车销售价格，一般来说我们可以把这些因素区分为汽车厂商的外部因素和内部因素。

1. 外部因素

外部因素主要有市场供求情况、竞争情况、消费心理、价格弹性、营销组合、政策环境和社会环境等。

（1）汽车产品价格与供求关系

市场价格对汽车产品的供求起着重要的调节作用。通常在自由竞争的市场条件下，产品本身的价值量保持不变，如果供需平衡，汽车产品的价格就会基本稳定；当某种汽车产品的价格上涨时，就会刺激汽车生产厂商扩大生产与供应，同时也能吸引新的资本投入到该汽车产品的生产，从而增加产品的供应量，反之当汽车价格下跌时，会引起汽车产品供应量的减少。另一方面，汽车产品的供求关系也直接影响到汽车产品的定价，在供过于求时，汽车厂商往往只能采用保本或微利定价法，甚至要采用变动成本定价法，在求大于供时，汽车厂商能以最大利润或合理利润进行定价。由此可见，供求状况是汽车产品定价时必须考虑的重要因素，汽车厂商应及时了解汽车产品在市场上的供求状况，适时地采取提高价格或降低价格的措施，以刺激汽车产品的生产或汽车市场的需求，从而扩大产品的销售。

（2）汽车厂商之间竞争的程度对定价策略的影响

汽车定价是一种挑战性行为，任何一次汽车价格的制订与调整都会引起竞争者的关注，并导致竞争者采取相应的对策。根据市场上竞争与垄断的程度，西方经济学家把竞争按其程度分为完全竞争、完全垄断、垄断竞争和寡头垄断四种状态，不同的竞争状态下所制订的产品价格各不相同。

完全竞争是指同种产品有多个营销者，他们都以同样的方式向市场提供同类的标准化产品，他们的产品供应量都只占市场总量的极小份额，任何一个汽车厂商都无法单独控制该种产品的市场价格。产品价格是在多次交易中自然形成，各个经销商都是价格的接受者而不是决定者，汽车厂商的任何提价或降价行为都会导致对本汽车厂商产品需求的变化或利润的增减。在完全竞争的条件下，买者和卖者都大量存在，产品都是同质的，买方和卖方都不能对产品价格施加影响，只能在市场既定价格下从事生产和交易。

垄断竞争是指同种产品有多个营销者，虽然他们都以同样的方式向市场提供同类的产品，但是只有极少数的汽车厂商对产品的价格起决定性作用。在这种情况下，一个行业中有许多汽车厂商生产或销售同种产品，而且每个汽车厂商的产量或销售量只占市场供应总量中的一小部分，虽然同行汽车厂商很多，但每个汽车厂商无论生产或销售的产品在性能、品牌、质量、花样和式样上，或者是在汽车厂商所处地理位置或服务方式上都有很大的差异性，由于竞争激烈，因此随时可能有新的汽车厂商参与竞争，或随时也可能有汽车厂商退出竞争。

在此情况下，只有少数的买者或卖者拥有较优越的条件，可以对产品价格起较大的影响作用，这时，汽车厂商已不是一个消极的价格接受者，而是一个对价格有影响力的决定者。

在寡头垄断状况下，生产某种产品的绝大多数汽车厂商由少数几家大汽车厂商控制，每个大汽车厂商在相应的市场中占有相当大的份额，对市场的影响举足轻重。这种情况下产品的市场价格不是通过市场供求决定，而是由几家大汽车厂商通过协议或默契形成的，在这种联盟价格形成后，一般在相当长的时间内不会变动。

完全垄断是一种产品完全由一家或极少数几家汽车厂商控制，而且此种产品在市场上没有现成的替代品，在这种市场环境中，垄断汽车厂商没有竞争对手，而且有较高的自由定价权利，可以独立地或与极少数汽车厂商协商制订价格，可以在国家法律允许的范围内随意定价，产品定价极高，只要市场能够承受即可。在完全垄断状态下，非垄断性汽车厂商定价应更加谨慎，以防垄断者的价格报复。

可见，在不同的市场竞争模式下，汽车厂商的定价自主权不同，价格制订决策也不同，汽车厂商应具有通过用汽车产品定价去应付甚至避免竞争的意识。当以此为定价目标进行定价时，汽车厂商应当根据市场实际情况(包括对市场有决定性影响的竞争者情况)，可以让汽车产品的实际定价低于竞争对手，当汽车厂商条件优越且实力雄厚时也可以让实际定价高于竞争对手，这种定价目标比较适合于那些实力雄厚，而且易于实现目标的汽车厂商。

(3)消费者的心理因素对价格的影响

心理因素主要表现在人们对汽车产品的预期价格上，即在心目中认为这种汽车应该值多少钱。因此，汽车厂商在制订或调节汽车产品的价格时，必须认真分析消费者的心理。任何一件商品都是为消费者服务的，消费者在购买汽车时往往受到不同心理倾向支配，如自我感觉优越心理、追求时尚心理、炫耀心理等，不同的消费心理对汽车产品的价格有不同的要求。汽车厂商只有在研究掌握了不同的消费心理之后，才能制订出最佳的汽车产品价格。

(4)需求弹性对价格的影响

影响需求弹性的因素包括产品本身的性质、产品的可替代性、产品在消费者支出中所占的比例、产品需求的时间性以及文化价值的取向或偏好。

汽车产品价格与需求之间存在着密切关系，不同车型、不同用途以及不同档次汽车的需求价格弹性各不相同，高档、豪华轿车如宝马、奔驰，其需求价格弹性小，消费者不会因为宝马的价格上涨百分之几就转而购买其他品牌的汽车，购买豪华轿车的用户看中的主要是品牌，以及自身的身份与地位的需要，而对价格的变化并不敏感，因此，需求价格弹性不大；但对于中低档的家庭用车，价格因素是消费者考虑的主要因素，价格的变化会影响消费者对车辆选型的重新考虑，较多的替代车型也会影响消费者的选择，因此，中低档轿车的价格需求弹性相对较大。

一般来说，当某一款车型的需求弹性较大时，采取低价策略可以吸引更多顾客，取得较大利润，但必须注意竞争者的反应；当某一款车型的需求弹性较小时，汽车厂商可适当提高价格来增加利润，但应考虑与同行业者的关系以及国家价格政策和法律规定。

（5）其他营销组合对价格的影响

对于新建的中小型汽车厂商，价格可定得高一些，知名汽车厂商的产品处于导入期和成长期时也可定高价格，而处于成熟期和衰退期的生产汽车厂商的汽车产品定价则应相对低一些；对于一些质量好、性能优、品牌知名度高的汽车产品的价格可以定的高一些，反之，则必须定得低一些；当汽车厂商用于广告或其他方面的费用支出较多时，价格应相应提高，反之，汽车产品的价格就可以定低一些。由此可见，汽车产品的定价不能脱离其他营销因素而单独决定。

（6）社会环境因素对价格的影响

社会环境因素的影响主要包括国家政策和社会经济因素两个方面。大多数国家对产品价格都有不同程度的规定，国家通过制订价格政策和规定，如制订商品基础价格、浮动幅度和方法，或制订产品差价率、利润率与最高限价范围，对产品价格进行管理，并协调国家、部门、汽车厂商和个人之间的利益分配关系，以引导生产和指导消费。因此，汽车产品定价要符合国家政策、法规和改革措施等，还要受到税收、信贷利率等的限制，这样既有保护性，也有监控性和限制性。

在社会经济方面，当汽车厂商的投资和建设处于高潮的经济繁荣期，汽车产品的社会需求量就会随之提高，相应的汽车产品价格也会呈现上涨的趋势；当社会经济处于衰退和调整时期，汽车产品的社会需求量随之减少，价格也就容易降低。因此，社会环境因素已成为汽车生产产品定价时所必须考虑的重要因素之一。

2．内部因素

内部因素主要包括生产成本、产品特性、产品寿命等。

（1）成本是商品价值的基本部分

汽车产品的生产成本是指汽车厂商为研究开发、生产和销售汽车产品所支付的全部实际费用以及汽车厂商为其产品承担风险所付出的代价的总和。实际上，一种车型、一种配置的价格，往往在其设计阶段就已经确定下来了。而通过改变车型和配置来改变价格已经成为一种基本的价格策略。汽车成本是汽车定价的基础，如果其他条件不变，汽车产品的成本越高则定价越高，成本越低则定价越低。如果说市场需求决定了汽车产品价格的最高上限，那么成本就决定了汽车产品价格的最低下限。在竞争激烈的汽车市场上，汽车厂商要想用降价的方法来提高汽车产品的竞争力，就必须首先降低汽车产品的生产成本。如果市场价格不变，成本越低则产品价格竞争力就越强，利润就会提高，成本越高则利润就越低。可以看出，降低产品生产成本是汽车厂商提高其利润的一项重要的措施。

（2）产品质量是产品价值的重要组成部分

分级定价、优质优价，即"一分价钱一分货"，是一个重要而基本的定价原则，但是，市场是多变的，消费者对汽车质量与价格的认识和看法也是有差异的。就质量与价格的组合方式，可以有四种形式：优质——优价，优质——低价，低质——低价，低质——优价，不同的产品适用不同的组合方式，不同组合方式可以带来不同的市场效果，优质——优价适合于高档豪华轿车，消费者追求精良的产品，并认可不菲的价格；优质——低价适合于中低档轿车，讲求物超所值，这一层次的消费者往往希望以较低的价格得到相对较高品质的轿车，追求的是超值的性价比；低质——低价适用于低档车型，明明白白地告诉消费者产品价格低，产品的品质也不高，能用就行，针对那些买车主要用于代步或作为过渡期使用的车主，不求车好，只求价低；而低质——优价是用较低品质的车卖出高价，在市场经济条件下，这种方式一般不可取。

3.其他因素

其他因素包括政策法规因素、消费文化因素、汽车厂商或产品的形象因素等。

政府为了维护经济秩序或其他目的，可通过立法或者其他途径对汽车厂商的价格策略进行干预。政府的干预包括规定最高、最低限价，限制价格的浮动幅度或者规定价格变动的审批手续以及实行价格补贴等。随着市场运行机制的不断完善，国家对汽车厂商定价的干预将越来越多地运用经济手段来实现。因此，汽车厂商在定价过程中要综合考虑国家政策对产品供求关系和产品价格的直接或间接影响。汽车厂商要严格遵守国家的价格政策，在政策允许的范围内行使定价权力，坚持按质定价的原则，以维护消费者的利益，促使改善经营管理，提高产品质量。

消费者的心理因素、文化因素等社会因素也会在一定程度上影响产品的价格。在现实生活中，很多消费者存在"一分钱一分货"的观念。面对不太熟悉的商品，特别是价格昂贵的轿车，消费者常常从价格上判断商品的好坏，从经验上把价格同商品的使用价值挂钩。消费者心理和习惯上的反应是很复杂的，某些情况下会出现完全相反的反应。例如，在一般情况下，涨价会减少购买，但有时涨价会引起抢购，反而会增加购买，即常说的"买涨不买跌"。因此，在研究消费者心理对定价的影响时，要持谨慎态度，要仔细了解消费者心理及其变化规律。

有时汽车厂商出于汽车厂商理念和汽车厂商形象设计的要求，需要对产品价格作出限制。如汽车厂商为了树立热心公益事业的形象，会将某些有关公益事业的汽车产品价格定得较低；而为了形成高贵的汽车厂商形象，将某些汽车产品价格定得较高等。

6.1.3　汽车厂商产品定价目标

定价目标是汽车厂商市场营销目标体系中的具体目标之一，它必须服从汽车厂商营销总目标，也要与其他营销目标（比如促销目标）相协调。不同时期体现营销总目标的定价目标不同，因而有不同的价格策略，而且，一定时期内汽车厂商的定价目标还有主要目标和附属目标之分。定价目标大致有以下几种情况。

1.追求赢利最大化

追求赢利最大化即汽车厂商追求一定时期内可能获得的最高赢利额。赢利最大化取决于合理价格所推动的销售规模,因而追求赢利最大化的定价目标并不意味着汽车厂商要制订最高单价。

在此目标下,汽车厂商经理在决定商品售价时主要考虑按何种价格出售可以获得最大的利润,由于激烈的市场竞争,对社会和顾客中产生的影响等方面考虑较少。因此,当汽车厂商及产品在市场上享有较高的声誉,且在竞争中处于有利地位时,追求最大赢利的定价是可行的。然而市场供求和竞争状况的变化以及产品的不断更新,使得任何汽车厂商都不能永远保持绝对的垄断优势。在更多的情况下汽车厂商把追求赢利最大化作为一个长期定价目标,同时选择一个适应特定环境的短期目标来制订价格。

奔驰、劳斯莱斯等汽车的售价远远高于成本,但如果按照成本法推算,而后加上一般汽车的利润,售价也许会减半,从而大大降低其利润空间。但如此一来,其销路反而会下跌,因为这类车的价值不是体现在汽车本身的安全设施、真皮座椅、高档音响或外观设计上,而是代表拥有者的身份和地位,如果价格降低一半,自然失去了其象征财富与地位的价值,这样一来,有钱人不会去购买。另外,虽然降价一半,但价格依然远远高于经济型车的价格,低端消费者也不会购买。

2.提高市场占有率

市场占有率是汽车厂商经营状况和产品竞争力状况的综合反映。较高的市场占有率可以保证汽车厂商产品的销路,便于汽车厂商掌握消费需求变化,易于形成汽车厂商长期控制市场和价格的垄断能力,并为提高汽车厂商赢利率提供了可靠保障。事实证明,紧随着高市场占有率的往往是高赢利。提高汽车厂商市场占有率比短期高赢利带来的意义更为深远,正因为如此,提高市场占有率通常是汽车厂商普遍采用的定价目的。以低价打入市场、开拓销路、逐步占领市场是提高占有率的定价目标时普遍采取的方法。

3.实现预期的投资回收率

投资回收率反映汽车厂商的投资效益,汽车厂商都期望所投入的资金能在预期时间内分批收回。为此,定价时一般在总成本费用之外加上固定比例的预期赢利。在产品成本费用不变的条件下,价格高低即取决于汽车厂商确定的投资回收率的大小。因此,在这种定价目标下,投资回收率的确定与价格水平直接相关。确定投资回收率至少应掌握以下原则:投资为银行借贷资金,投资回收率要高于贷款利率;投资为汽车厂商自有资金,投资回收率要高于银行存款及其他证券利率;投资为政府拨调资金,投资回收率则要高于政府投资时规定的收益指标。此外,投资回收率的高低还取决于回收期的长短。

4.实现销售增长率

在其他条件不变的情况下,销售增长率的提高与市场份额的扩大是一致的,因此,追求一定的销售增长率也是汽车厂商的重要目标之一,特别是在新产品进入市场以后的一段时期内。但由于激烈竞争的市场经常变化,市场份额的高低更多地取决于本汽车厂商与竞争对手的销售额对比状况,而且,销售增长率的提高也必然带来利润的增加。因此,汽车厂商应结合市场竞争状况,有选择地实现有利可图的销售增长率。

汽车厂商还可以通过降低某种商品价格的做法来实现总销售额增长的目标,这是零售商经常采用的做法。

5.适应价格竞争

价格竞争是市场竞争的重要方面,因此,处在激烈市场竞争环境中的汽车厂商经常采用适应价格方面的竞争作为定价目标。实力雄厚的大汽车厂商利用价格竞争排挤竞争者，借以提高其市场占有率。经济实力弱小的汽车厂商则追随主导竞争者的价格或以此为基础作出选择。在低价冲击下，一些汽车厂商被迫退避三舍，另辟蹊径开拓市场。

当战胜竞争者成为汽车厂商的首要目标时，汽车厂商则可以以低于生产成本或低于国内市场的价格在目标市场上抛售产品，其目的在于打击竞争者、占领市场。一旦控制了市场后再提高价格，以收回过去"倾销"时的损失，获得稳定的利润。运用这一策略最成功的当属日本汽车厂商。日本汽车工业的杰出代表丰田公司在 20 世纪 50 年代初，为了树立品牌形象，打开销路，占领市场，在同行业中以最高的广告费用和最低的价格出售产品。在美国市场上，丰田汽车平均价格比美国车便宜 1300 美元，以低价竞争的姿态出现在各大竞争对手面前，先后击败福特汽车公司、克莱斯勒汽车公司。到 20 世纪 90 年代，丰田公司位居世界汽车工业公司第二位，仅次于通用汽车公司。

6. 保持营业，维护汽车厂商形象

通常汽车厂商在处于不利环境中时，以保持汽车厂商能够继续营业为定价目标。当汽车厂商受到原材料价格上涨、供应不足、新产品加速替代等方面的猛烈冲击时，产品难以按正常价格出售。为避免倒闭，汽车厂商往往推行大幅度折扣，以保本价格、甚至亏本价格出售产品以求收回资金、维持营业，并争取到研制新产品的时间，以重新问鼎市场。这种定价目标只能作为特定时期内的过渡性目标，一旦出现转机，将很快被其他目标所代替。

而良好的汽车厂商形象是汽车厂商无形的资源与财富，是汽车厂商成功运用市场营销组合获得的消费者信赖的基础，也是长期累积的结果。有些行业的市场供求变化频繁，但行业中的大汽车厂商为维护汽车厂商信誉，往往采取稳定价格的做法，不随波逐流，给顾客以财力雄厚、靠得住的感觉。

6.2　汽车定价方法

为了充分实现价格决策目标，汽车厂商应该根据其确立的目标采用相应的价格决策方法，为汽车厂商的产品制订一个基本价格，然后再依据价格决策策略进行适当调整。传统的价格决策方法往往注重产品成本因素。但实际上还应充分考虑市场需求以及市场竞争因素。汽车厂商价格决策方法主要包括汽车成本导向定价法、汽车需求导向定价法和汽车竞争导向定价法三种类型。汽车厂商具体选择哪种价格决策方法，要根据汽车厂商所在行业的特点及其各种因素的影响程度来确定。

6.2.1　汽车成本导向定价法

汽车成本导向定价法包括汽车成本加成定价法、目标利润定价法和汽车目标成本定价法三种。

1. 汽车成本加成定价法

汽车成本加成定价法是汽车厂商在其产品单位成本基础之上再加上一定比率的金额，确定为其产品的单价。成本法或定价法是一种最简单的汽车定价方法，主要适用于汽车生产经营处于合理状态下，汽车厂商供求大致平衡、成本较稳定的汽车产品，其计算公式如下：

$$产品的单价 = 产品单位成本 \times (1 + 加成率)$$

式中:加成率即预期利润占产品单位成本的百分比。随着时间、地点、环境和行业的不同,加成率也不相同。

成本加成定价法是一种较为普遍的定价方法,优点是计算方便、简单易行,若各家汽车厂商都采用这一方法,产品成本及加成率比较接近,则会避免按需求进行价格决策所引起的激烈竞争。同时,汽车厂商"以本求利",消费者认为公平合理,容易接受。其缺点是忽略了市场需求及其变化,是一种生产导向的汽车厂商观念。

2.汽车加工成本定价法

汽车加工成本定价法是将汽车厂商成本分为外购成本与新增成本后分别进行处理,并根据汽车厂商新增成本来加成定价的方法。对于外购成本,汽车厂商只垫付资金,只有汽车厂商内部生产过程中的新增成本才是汽车厂商自身的劳动耗费。因此,按汽车厂商内部新增成本的一定比例计算自身劳动耗费和利润,按汽车厂商新增价值部分缴纳增值税,使汽车价格中的赢利同汽车厂商自身的劳动耗费成正比,是汽车加工成本定价法的要求,其计算公式如下:

汽车价格 = 外购成本 + 汽车加工新增成本 × (1 + 汽车加工成本利润率)/(1 - 加工增值税率)

式中:汽车加工成本利润率 = 要求达到的总利润/加工新增成本 × 100%;加工增值税率 = 应纳增值税金总额/(销售总额 - 外购成本总额) × 100%。

这种定价法主要适用于加工型汽车厂商和专业化协作的汽车厂商,此方法既能补偿汽车厂商的全部成本,又能使协作汽车厂商之间的利润分配和税收负担合理化,避免按汽车成本加成法定价形成的行业之间和协作汽车厂商之间利益不均的弊病。

3.汽车目标成本定价法

汽车目标成本定价法是指汽车厂商经过一定努力,以预期能够达到的目标成本为定价依据,加上一定的目标利润和应纳税金额来制订汽车价格的方法。这里,目标成本与定价时的实际成本不同,它是汽车厂商在充分考虑未来营销环境变化的基础上,为实现汽车厂商的经营目标而拟定的一种"预期成本",一般都低于定价时的实际成本,其计算公式如下:

$$汽车价格 = 汽车目标成本 \times (1 + 汽车目标成本利润率)/(1 - 税率)$$

式中:汽车目标成本利润率 = 要求达到的总利润/(目标成本 × 目标产销量) × 100%。

汽车目标成本定价法是为谋求长远和总体利益服务的,较适用于经济实力雄厚、生产和经营有较大发展前途的汽车厂商,尤其适用于新产品定价。采用汽车目标成本定价法有助于汽车厂商开拓市场、降低成本、提高设备利用率,从而提高汽车厂商的经济效益和社会效益。

6.2.2 汽车需求导向定价法

汽车需求导向定价法是在营销观念指导下进行价格决策的方法。其基本理念在于生产的目的,既然是为了满足消费者的需求,那么产品的价格就不应该仅仅以汽车厂商的成本为依据,而应该以消费者对产品价值的理解及其需求为依据。汽车需求导向定价法包括理解价值定价法和反向定价法。

1.理解价值定价法

理解价值定价法是汽车厂商按照买主对汽车价值的理解来制订汽车价格,先从汽车的质量、提供的服务等方面为汽车在目标市场上定价,决定汽车所能达到的售价;再由汽车销量算出所需的汽车生产量、投资额及单位汽车成本，计算该汽车是否能达到预期的利润，以此来确定汽车价格是否合理，并进一步判断该汽车在市场上未来销量及前景。

当汽车厂商计划在市场上推出一个新产品时，应用理解价值定价法，汽车厂商首先从产品质量、服务、分销渠道和促销举措等方面为产品设计一定的市场形象，根据消费者对其接受程度制订一个能被目标市场接纳的产品价格；然后再预测在这一价格水平下产品销量，并据此估算产品的产量、投资额及单位成本。最后，综合所有情况和数据，测算这种产品的赢利水平，若赢利适宜就投资生产；若无赢利或赢利太小就放弃生产。

理解价值定价法一般在汽车厂商推出新产品或进入新的市场时采用，也适用于汽车厂商之间比较定价。理解价值定价法的优越性是显而易见的，正确应用这一方法的关键是要准确地判断消费者对于产品价值的理解和接受程度。

2. 反向定价法

反向定价法是指汽车厂商依据消费者能接受的最终销售价格，计算自己的经营成本和利润后，逆向推算出产品的批发价和零售价。这种定价方法不以实际成本为主要依据，而是以市场需求为定价出发点，力求使价格为消费者所接受。分销渠道中的批发商和零售商多采取这种定价方法。

汽车厂商一般在两种情况下采用反向定价策略，一是为了应对竞争，价格是竞争的有力工具，汽车厂商为了与市场上的同类产品竞争，在生产之前先调查产品的市场价格及消费者的反应，然后制订消费者易于接受又有利于竞争的价格，并由此决定产品的设计和生产；另一种是为了推出新产品，在推出新产品之前通过市场调查，了解消费者的购买力，拟定市场上可以接受的价格，以保证新产品上市时能有良好的销路。

6.2.3　汽车竞争导向定价法

1. 随行就市定价法

随行就市定价法是指汽车厂商根据本行业的一般价格水平作为定价标准来确定汽车厂商产品的价格。这种定价法适合汽车厂商在难于对顾客和竞争者的反应作出准确的估计，而自己又难以另行定价时使用。

在竞争激烈而且产品需求弹性较小或供需基本平衡的市场上，这是一种比较稳妥的定价方法。对寡头垄断市场而言，这种定价方法更为适用，因为在这种市场上，消费者对市场行情极为了解，寡头之间也彼此熟悉，这样，某一汽车厂商独自采取提价或降价的举措都不会从中获益。

在西方发达国家这一定价方法普遍流行。其原因在于某些产品的成本难以核算，随行就市意味着集中本行业各个汽车厂商的智慧，确保获得收益；根据行情定价，也可减少风险，容易与竞争对手和平相处，如果汽车厂商定价与行情背离，则对消费者及竞争对手由此产生的反应难以把握，增加了营销风险。

①当汽车产品与标准品相比，成本变化与质量变化程度大致相似时，实行按值论价，即汽车价格 = 标准品价格 ×（1 + 成本差率）。

②当汽车产品与标准品相比，成本上升不多而质量有较大提高时，根据"按质论价、优质优价"原则，标准品价格 ×（1 + 成本差率）<汽车价格 = 标准品价格 ×（1 + 质量差率）。

③当汽车产品与标准品相比，成本下降不多而质量有较大下降时，依据"按质论价、低质

廉价"原则,汽车价格 = 标准品价格 × (1 - 质量差率)。

6.3 汽车定价策略

定价策略是指根据营销目标和定价原理,针对生产商、经销商和市场需求的实际情况,在确定价格时所采取的各种具体对策。定价策略是市场营销战略和市场营销组合策略中的主要组成部分,是汽车厂商可控因素中最难于确定的因素。汽车厂商定价策略是否适当,往往决定产品能否为市场所接受,直接影响产品在市场上的竞争地位与所占份额,甚至关系到汽车厂商的存亡。

汽车价格竞争是一种十分重要的汽车营销手段。在激烈的汽车市场竞争中,汽车厂商为了实现自己的营销战略和目标,必须根据产品特点、市场需求及竞争情况,采取灵活多变的汽车定价策略,使汽车定价策略与汽车市场营销组合中的其他策略更好地结合,促使和扩大汽车销售,提高汽车厂商的整体效益。因此,正确采用汽车定价策略是汽车厂商取得汽车市场竞争优势地位的重要手段。

6.3.1 汽车新产品定价策略

在激烈的汽车市场竞争中,汽车厂商开发的汽车新产品能否及时打开销路、占领市场和获得满意的利润,除了汽车新产品本身的性能、质量及必要的汽车市场营销手段和策略之外,还取决于汽车厂商是否能选择正确的定价策略。汽车新产品定价基本策略包括撇脂定价策略、渗透定价策略和满意定价策略。

撇脂定价策略是一种汽车高价保利策略,是指在汽车新产品投放市场的初期,将汽车价格定得较高,以便在较短的时期内获得高额利润,以便尽快地收回投资。

在20世纪80年代,大众汽车刚进入中国市场时采用的就是撇脂策略,因为当初的政策还不稳定,外国投资者想在最短的时间内收回投资,上海大众的第一款桑塔纳轿车定价高达20万元,远高于其制造成本,但后来随着市场竞争的加剧,这款车历经25年的缓慢撇脂,到现在其售价不到10万元。

这种汽车定价策略的优点是汽车新产品刚投放到市场,需求弹性小,尚存在竞争者,因此,只要汽车新产品性能超群、质量过硬,就可以采取高价来满足一些汽车消费者求新、求异的消费心理,由于汽车价格较高,因而可以使汽车厂商在较短时期内取得较大利润。同时较高的定价便于在竞争者大量进入市场时主动降价,增强竞争能力,同时,也符合顾客对价格由高到低变化的心理。

这种汽车定价策略的缺点在于汽车新产品尚未建立起声誉时,高价不利于打开市场,一旦销售不利,汽车新产品就有夭折的风险,如果高价投放市场销路旺盛,很容易引来竞争者,从而使汽车新产品的销路受到影响。

这种汽车定价策略一般适用于以下几种情况:

①汽车厂商研制、开发的汽车新产品具有技术新、难度大、开发周期长的特点,采用高价也不怕竞争者进入市场。

②该汽车新产品有较大市场需求,由于汽车是一次性购买,使用多年,因而高价市场也

能接受。

③高价可以使汽车新产品一投入市场就树立起性能好、质量优的高档品牌形象。

渗透定价策略是一种汽车低价促销策略，是指在汽车新产品投放市场时，将汽车价格定得较低，使汽车消费者容易接受，以便很快打开和占领市场。

这种汽车定价策略的优点是：一方面，可以利用低价迅速打开新产品的市场销路，占领市场，从多销中增加利润；另一方面，低价又可以阻止竞争者进入，有利于控制市场。但其缺点是投资回收期较长、见效慢、风险大，一旦渗透失利，汽车厂商就会一败涂地。

中国民营汽车厂商吉利汽车就是利用快速渗透策略在 2001 年推出了当时国内最便宜的轿车，并迅速的占领了市场，在汽车行业中有了知名度。尽管吉利进入轿车领域的时间短、资历浅，但它"为中国百姓造车"的气魄却对中国轿车市场带来了大冲击，引发了一波又一波的轿车价格战。

吉利集团在全国民营汽车厂商经营规模中排第四，公司以汽车、摩托车制造为主。1997 年，吉利集团以民营汽车厂商的身份跨入了汽车制造行业。1999 年，吉利在宁波投资建设了宁波美日汽车制造有限公司，生产吉利、美日家庭轿车。2001 年 4 月，吉利与豪情两家公司成立浙江吉利汽车工业股份有限公司。吉利集团投资 10 亿元进军汽车制造业，从而在中国汽车工业中开始了民营汽车厂商的发展大潮。

这种汽车定价策略一般用于以下几种情况：

①制造这种汽车新产品所采用的技术已经公开或者易于仿制，竞争者容易进入该市场，利用低价可以排斥竞争者，占领市场。

②投放市场的汽车新产品在市场上已有同类产品，但生产汽车新产品的汽车厂商比生产同类汽车产品的汽车厂商拥有较大的生产能力，并且该产品的规模效益显著，大量生产会降低成本，收益有上升趋势。

③该类汽车产品在市场中供求基本平衡，市场需求对价格比较敏感，低价可以吸引较多顾客从而扩大市场份额。

以上两种汽车定价策略各有利弊，选择哪一种策略更为合适，应根据市场需求、竞争情况、市场潜力、生产能力和汽车成本等因素综合考虑。

满意定价策略是一种介于撇脂定价策略和渗透定价策略之间的汽车定价策略。所定的价格比撇脂价格低，而比渗透价格要高，是一种中间价格。这种汽车定价策略由于能使汽车生产者和消费者都比较满意而得名。由于这种价格介于高价和低价之间，因而比前两种定价策略的风险小，成功的可能性大。但有时也要根据市场需求、竞争情况等因素进行具体分析。

6.3.2　心理定价策略

心理定价策略是一种运用营销心理学原理，根据各种不同顾客购买商品时的心理动机制订价格，引导和刺激购买的价格策略。每一品牌汽车都能满足汽车消费者某一方面的需求，汽车价值与消费者的心理感受有着很大的关系。这就为汽车心理定价策略的运用提供了基础，使得汽车厂商在定价时可以利用汽车消费者心理因素，有意识地将汽车价格定得高些或低些，以满足汽车消费者心理上、物质上和精神上的多方面需求，通过汽车消费者对汽车产品的偏爱或忠诚，诱导消费者增加购买，扩大市场销售，从而获得最大效益。常用的心理定价策略有整数定价、尾数定价、声望定价、招徕定价和分级定价等几种方法。

1. 整数定价策略

对于那些无法明确显示其内在质量的商品，消费者往往通过其价格的高低来判断质量，但在整数定价方法下，价格并不是绝对的高，而只是凭借整数价格来给消费者造成高价的印象，整数定价常常以偶数，特别是"0"作尾数。整数定价策略适用于价格高低不会对需求产生较大影响的汽车产品，这是由于其消费者都属于高收入阶层，也甘愿接受较高的价格，部分高档车可以采用整数定价策略，这样的好处在于可以满足购买者炫耀富有、显示地位、崇尚名牌、购买精品的虚荣心，同时也可利用产品的高价效应，在消费者心目中树立高档、高价、优质的产品形象。

在高档汽车定价时，往往把汽车价格定成整数，不带尾数。凭借整数价格来给汽车消费者造成汽车属于高档消费品的印象，以此来提高汽车品牌形象，满足汽车消费者的特殊心理需求。

整数定价策略适用于档次较高，价格高低不会对需求产生较大影响的汽车产品。由于目前选购高档汽车的消费者都属于高收入阶层，通常能接受较高的整数价格。

在实践中，无论是整数定价还是尾数定价，都必须根据不同的地域进行区别分析。如美国、加拿大等国的消费者普遍认为单数比双数少，奇数比偶数显得便宜，所以在北美地区，零售价为 4.9 万美元的商品，其销量远远大于价格为 5 万美元的商品，甚至比 4 万美元的商品销量要大。

但是，日本汽车厂商却多以偶数，特别是"0"作结尾，这是因为偶数在日本体现着对称、和谐、吉祥、平衡和圆满。

2. 尾数定价策略

尾数定价策略与整数定价策略正好相反，是汽车厂商利用汽车消费者求廉的心理。如某款家用轿车定价为 8.98 万元。这种带尾数的汽车价格直观上会带给汽车消费者一种便宜的感觉。同时往往还会给消费者一种汽车厂商经过了认真的成本核算才定价的感觉，可以提高消费者对该定价的信任度，从而激起消费者的购买欲望，促进汽车销售量的增加。

使用尾数定价，可以使价格在消费者心中产生特殊的效应，如标价 7.98 万元的汽车和 8.08 万元的汽车，虽仅相差仅 1000 元，但前者给购买者的感觉是还不到"8 万元"，后者却使人认为"8 万多元"，因此前者可以给消费者一种价格偏低、商品便宜的感觉，使之易于接受。同时，由于不同地区的民族习惯、社会风俗、文化传统和价值观念的影响，某些数字常常会被赋予一些独特的涵义，汽车厂商在定价时如能加以利用，则其产品将得到消费者的偏爱。

心理学家的研究表明，价格尾数的微小差别，能够明显影响消费者的购买行为。一般认为，5 元以下的商品，末位数为 9 最受欢迎，5 元以上的商品末位数为 95 效果最佳，百元以上的商品，末位数为 98、99 最为畅销。尾数定价法会给消费者一种经过精确计算且价格最低的心理感觉，有时也可以给消费者一种是原价打了折扣，商品便宜的感觉，同时，顾客在等候找零期间，也可能会发现和选购其他商品。

在实际定价时，无论是整数定价还是尾数定价，都必须根据不同的地域而加以仔细分析。但是汽车厂商要想真正地打开销路，占有市场，还应以优质的产品作为后盾，过分看重数字的心理功能，或流于一种纯粹的数字游戏，只能哗众取宠于一时，不利于长远发展。

尾数定价策略一般适用于汽车档次较低的经济型汽车，经济型汽车价格的高低会对需求产生较大影响。

3. 声望定价策略

这是根据产品在消费者心目中的声望、信任度和社会地位来确定价格的一种定价策略。声望定价策略就高不就低,如将近 20 万元的车不是定在 19 万多,而是定在 20 万元以上,表明是 20 万元档次的车。声望定价可以满足某些消费者的特殊欲望,如地位、身份、财富、名望和自我形象等,还可以通过高价格显示名贵优质,因此,这一策略适用于一些传统的名优产品,或具有历史地位的民族特色产品,以及知名度高、有较大的市场影响、深受市场欢迎的驰名商标。但为了使声望价格得以维持,需要适当控制市场拥有量。

调查显示,在美国市场上,质高价低的中国货常竞争不过相对质次价高的韩国货,其原因就在于在美国人眼中低价就意味着低档次。

4. 招徕定价策略

这是指将某种汽车产品的价格定得非常高或非常低,以引起消费者的好奇心理和观望行为,从而带动其他汽车产品销售的一种汽车定价策略。如某些汽车厂商在某一时期推出一款车型降价出售,过一段时期又换另一种车型,以此来吸引顾客时常关注该汽车厂商的汽车,促进降价产品的销售,同时也带动同品牌其他正常价格汽车产品的销售。

招徕定价策略常为汽车超市、汽车专卖店所采用。

5. 分级定价策略

这是指在定价时,把同类汽车分为几个等级,不同等级的汽车采用不同价格的一种汽车定价策略。这些不同等级的汽车若同时提价,对消费者的质价观冲击不会太大。这种定价策略可以使消费者产生按质论价、货真价实的感觉,比较容易被消费者所接受。但分级定价策略中的等级划分要适当,级差不能太大或太小,否则起不到应有的分级效果。

6.3.3　折扣和折让定价策略

面对日益激烈的竞争,市场反应最强烈也最迅速的战术却仍然是有效的价格策略。在汽车市场营销中,汽车厂商为了鼓励顾客及早付清货款、大量购买或淡季购买,还可以酌情降低其基本价格,这种价格调整叫价格折扣。灵活运用折扣和折让策略,是提高汽车厂商经济效益的重要途径。具体来说,折扣和折让包括数量折扣、现金折扣、交易折扣、时间折扣和运费让价等。

1. 数量折扣

数量折扣是指按购买数量的多少分别给予不同的折扣,购买数量愈多折扣愈大。其目的是鼓励大量购买或集中向本汽车厂商购买。数量折扣可分为累计数量折扣和非累计数量折扣。前者是买方在一定时期内购买汽车达到一定数量或一定金额时,按总量给予一定折扣的优惠,目的在于使买方与汽车厂商保持长期的合作,维持汽车厂商的市场占有率;后者是只按每次购买汽车的数量多少给予折扣的优惠,这可刺激买方大量购买、减少库存和资金占压。这两种折扣价格都能有效地吸引买主,使汽车厂商能从大量的销售中获得较好的利润。

运用数量折扣策略的难点是如何确定合适的折扣标准和折扣比例。如果享受折扣的数量标准定得太高、比例太低,则只有很少的顾客才能获得优待,绝大多数顾客将感到失望;而购买数量标准过低、比例不合理,又起不到鼓励顾客购买和促进汽车厂商销售的作用。因此,汽车厂商应结合产品特点、销售目标、成本水平、资金利润率、需求规模、购买频率、竞争者手段以及传统的商业惯例等因素来制订科学的折扣标准和比例。

2.现金折扣

现金折扣是对按约定日期提前付款或按期付款的买主给予一定的折扣优惠价，目的是鼓励买主尽早付款，以利于资金周转，降低销售费用，减少财务风险。运用现金折扣应考虑折扣率大小、给予折扣的限制时间长短和付清货款期限的长短，如顾客在30天内必须付清货款，如果10天内付清货款，则可给以2%的折扣。

现金折扣的前提是商品的销售方式为赊销或分期付款，因此，有些汽车厂商采用附加风险费用或管理费用的方式，以避免可能发生的经营风险。同时，为了扩大销售，分期付款条件下买者支付的货款数额不宜高于现款交易价太多，否则就起不到"折扣"促销的效果。

3.交易折扣

交易折扣是汽车厂商根据各个中间商在市场营销活动中所担负的功能不同，如运输、仓储、售后服务的分工等不同而给予不同的折扣，所以也称"功能折扣"。

由于中间商在产品分销过程中所处环节不同，其所承担功能、责任和风险也不同，汽车厂商据此可给予不同的折扣。对生产性用户的价格折扣也属于一种功能折扣，折扣比例主要考虑中间商在分销渠道中的地位、对生产汽车厂商产品销售的重要性、购买批量、完成的促销功能、承担的风险、服务水平、履行的商业责任及产品在分销中所经历的层次和在市场上的最终售价等。

实行功能折扣的主要目的是鼓励中间商大批量订货，扩大销售，争取顾客，并与生产汽车厂商建立长期、稳定、良好的合作关系；另一个目的是对中间商经营的有关产品成本和费用进行补偿，让中间商有一定的赢利。

4.时间折扣

时间折扣分为季节折扣和时段折扣。季节折扣是指在汽车销售淡季时给购买者一定的价格优惠。汽车产品的生产是连续的，而其消费却具有明显的季节性。为了调节供需矛盾，这些商品的生产汽车厂商便采用季节折扣的方式，对在淡季购买商品的顾客给予一定的优惠，使汽车厂商的生产和销售在一年四季能保持相对稳定。季节折扣比例的确定应考虑成本、储存费用、基价和资金利息等因素。季节折扣有利于减轻库存、加速商品流通、迅速收回资金、促进汽车厂商均衡生产，充分发挥生产和销售潜力，避免因季节需求变化所带来的市场风险，季节折扣率应不低于银行存款利率。时段折扣是在一些特定时段，如开业当天、展览会期间或周年庆典期间等时段内给予一定的折扣优惠。

5.运费让价

运费是构成汽车价值的重要部分，为了调动中间商或消费者的积极性，汽车厂商对他们的运输费用给予一定的津贴或支付一部分甚至全部运费。

汽车厂商进行采取折扣和折让定价的策略以及折扣的限度为多少，要综合考虑市场上各方面的因素。特别是当市场上同行业竞争对手实力很强时，一旦实施了折扣定价，可能会遭到强大竞争对手的更大折扣反击。若形成了竞相降价的市场局面，则要么导致市场总价格水平下降，在本汽车厂商仍无法扩大市场占有率的情况下将利益转嫁给消费者，和竞争对手两败俱伤，要么就会因与竞争对手实力的差距而被迫退出竞争市场。

因而，汽车厂商在实行折扣和折让定价策略时要考虑竞争者实力、折扣成本、汽车厂商流动资金成本、消费者的折扣心理等多方面的因素，并注意避免市场内同种商品折扣标准的混乱，才能有效地实现经营目标。

6.3.4　汽车产品组合定价策略

一个汽车常常会有多个系列的多种产品同时生产和销售，同一汽车厂商的不同汽车产品之间的需求和成本是相互联系的，但同时它们之间又存在着一定程度的竞争。因而，这时候的汽车厂商定价就不能只针对某一产品独立进行，而要结合相关联的一系列的产品，组合制订出一系列的价格策略，使整个产品组合的利润最大化。这种定价策略主要有以下两种情况：

1. 同系列汽车产品组合定价策略

这种定价策略即是要把一个汽车厂商生产的同一系列的汽车作为一个产品组合来定价。在其中确定某一车型的较低价格，这种低价车可以在该系列汽车产品中充当价格明星，以吸引消费者购买这一系列中的各种汽车产品；同时又确定某一车型的较高价格，这种高价车可以在该系列汽车产品中充当品牌价格，以提高该系列汽车的品牌效应。

同系列汽车产品组合定价策略与分级定价策略有部分相似，但前者更注意系列汽车产品作为产品组合的整体化，强调产品组合中各汽车产品的内在关联性。

2. 附带选装配置的汽车产品组合定价策略

这种定价策略是将一个汽车厂商生产的汽车产品与其附带的一些可供选装配置的产品看作一个产品组合来定价，如汽车消费者可以选装该汽车厂商的一些高档车的可选配置。汽车厂商首先要确定产品组合中应包含的可选装配置产品，再对汽车及选装配置产品进行统一合理的定价。如汽车价格相对较低，而选装配置的价格相对稍高，这样既可吸引汽车消费者，又可通过选装配置来弥补汽车的成本、增加汽车厂商利润。附带选装配置的产品组合定价策略一般适用于有特殊要求或专用汽车附带选装配置的汽车。

第7章 汽车分销渠道策略

7.1 汽车产品的分销

7.1.1 汽车分销渠道概述

分销渠道是汽车产品实现价值的重要环节。汽车厂商有了适销对路的产品和合理的价格，还必须通过适当的分销渠道才能实现产品从生产者到用户的沟通，并且不断增加汽车厂商抵御市场风险的能力。

1.汽车分销渠道的含义

在现代市场经济条件下，大多数产品都不是由生产者直接销售给最终消费者或用户，而是要经过许多中间环节，这些中间环节就是我们所知道的经销单位或流通汽车厂商。生产者通过这些中间环节将汽车产品和服务在适当的时间、地点，以适当的价格销售给广大消费者或者用户，从而满足市场需要，实现汽车厂商赢利的目标。

汽车销售渠道是汽车产品从生产者到消费者所经历的流程，汽车销售渠道具有售卖、投放、实现储运、市场预测、结算与资金融通、服务、风险承担、自我管理等多项功能，此外，分销渠道还有促销、信息反馈、为汽车厂商咨询服务等功能。对于汽车生产者来说，汽车能否销售出去、销售成本能否降低、汽车厂商能否抓住机会占领市场和赢得消费者，在很大程度上都取决于销售渠道是否畅通和优化。

2.汽车分销渠道的职能

汽车销售渠道具有以下主要功能：

①收集、提供信息功能。汽车销售渠道是汽车市场信息流传递的过程。中间商能直接接触市场的消费者，或处在离消费者较近之处，最能了解市场的动向和消费者实际状况，并且能收集到竞争对手的营销资料。这些信息都是汽车厂商产品开发和促销中必不可少的信息。

②刺激需求，开拓市场功能。汽车销售渠道通过其销售行为和各种促销活动来创造需求、拓展市场，它是汽车厂商的重要资源，关系到汽车厂商的生存与发展。

③资金结算与融通功能。汽车销售渠道的存在有助于汽车产品流通的加快，可以节约流通环节中的人力、物力、财力，减少汽车产品的库存，加快资金的周转。它是汽车厂商节省市场营销费用，加快汽车产品流通的重要措施。由于汽车销售渠道具有融资功能，中间商不仅可以为本渠道所开展的各项汽车销售工作筹集使用资金，同时，通过支付订货货款，也可

以为汽车厂商提供进行下一轮汽车生产的资金。

④风险分担功能。在市场营销过程中，汽车产品和相关服务由于供求和价格变动，以及商品储运过程中可能发生意外，或因预购、赊销等原因而具有一定的风险，中间商由于是批量购进和储存商品，在此过程中实际上为生产汽车厂商承担了一定的资金和经营风险。

⑤服务功能。销售渠道代表生产汽车厂商发挥售前、售中和售后服务功能。随着汽车产品科技含量的不断提高，集成了现代机械和电子技术发展的最新成果。消费者需要在销售人员的指导下了解产品的使用及维修保养知识，或需要提供必要的服务，但因生产汽车厂商与用户空间距离较长，直接提供售后服务比较困难，这就要求由销售渠道发挥售后服务的功能。

销售渠道的以上功能并不意味着所有的中间商都必须具备，中间商的具体功能可以只是其中的一部分，这与中间商的类型和作用有关。通常对从事汽车整车销售业务的中间商，基本的功能要求主要集中在整车销售、配件供应、维修服务、信息反馈等方面。随着汽车市场的发展，汽车中间商的功能也会变化，如车辆置换、旧车回收、二手车交易、汽车租赁等业务职能。

7.1.2　汽车分销渠道的模式

销售渠道按其有无中间环节和中间环节的多少，即按渠道长度的不同，可分为四种基本类型：直接渠道包括生产者→用户（零级渠道）和生产者→零售商→用户（一级渠道）；间接渠道包括生产者→批发商→零售商→用户（二级渠道）和生产者→代理商→批发商→零售商→用户（三级渠道）。

1. 直接渠道

直接渠道即生产汽车厂商不通过任何中间环节直接把产品卖给用户，这是最简单、最直接的销售渠道。直接渠道的具体形式包括推销员上门推销、设立自销机构、通过订货会或展销会与用户直接签约供货等形式。

直接销售没有中间环节，节省了流通费用，也节省了购车者的支付成本，加快了汽车的流转，降低了汽车在流通中的损耗；但由于生产厂商直接销售商品，受到人、财、物等方面的限制，无法使产品在短期内广泛销售，而且需要较多的投资，要有运输设备和储存设施，增加了生产厂商的负担。

直接销售一般只对订单量不大但档次较高的轿车或者订单量很大的团体用户，如政府机关、汽车租赁公司、出租汽车公司和物流公司等。

2. 间接渠道

间接渠道是存在中间环节的渠道，汽车生产厂商通过中间环节把产品卖给用户。在长销售渠道里，批发商承担流通领域的主要职能，并且要承担汽车产品在运输和储存过程中出现的损失等风险，减轻了生产厂商实现商品价值的负担，可以使生产者集中精力搞好生产；但产品需要耗时很久才能进入市场，不能够及时占领市场，取得竞争主动权。短渠道销售时环节少、商品转移迅速、再生产周期短，商品在流通领域停留时间短，可以减少商品损失程度，但市场覆盖面较小，而且生产厂商承担的售前、售后职能多，不利于集中精力搞好生产。

渠道类型还可以按宽度划分。同一层次中间商的多少是渠道宽度的问题，中间商越多，则渠道愈宽。宽渠道销售可以在生产者大批量生产某种产品的情况下，使产品迅速转入流通领域，促进再生产的进行，并且可以通过多数中间商迅速地将商品转到消费者手中，满足广大消费者的需求；窄渠道的范围比较小，只适用于一些技术强、生产批量小的汽车产品，间接渠道一般可分为以下三种类型。

①一层渠道类型。汽车厂商先将汽车卖给经销商，再由经销商直接销售给消费者。这是经过一道中间环节的渠道类型，特点是中间环节少、渠道短，有利于生产汽车厂商充分利用经销商的力量扩大汽车销路，提高经济效益。我国许多专用汽车厂商和中型车生产汽车厂商都采用这种销售方式。

②两层渠道类型。两层渠道类型包括由生产汽车厂商经批发商转经销商直销型和由生产汽车厂商经总经销商转经销商直销型两种模式。

③三层渠道类型。即由生产汽车厂商经总经销商与批发商后转经销商直销型。汽车厂商先委托并把汽车提供给总经销商，由其向批发商销售汽车，批发商再转卖给经销商，最后由经销商将汽车销售给消费者。这是经过三道中间环节的渠道类型，其特点是总经销商为生产汽车厂商销售汽车，有利于了解市场环境，打开销路，降低费用，增加效益；缺点是中间环节多，流通时间长。

汽车厂商所采用的分销渠道的长度、宽度是相对的，没有固定的、绝对的模式，汽车厂商应依据具体情况决定渠道的长度和宽度。

东风汽车有限公司是中国东风汽车公司与日本日产汽车公司的合资汽车厂商，2005年3月，广州花都区东风日产乘用车技术中心正式启用，这个总投资达3.3亿元人民币的汽车技术中心已经成为中国华南地区最大规模的研发基地，此研发中心的技术先进性不亚于日产汽车的全球研发中心。这就标志着东风汽车有限公司的汽车厂商管理模式正走向新型的电子商务经营模式。

当前的东风日产销售渠道按功能可划分为经销网和服务网，分别承担产品分销和售后服务的职能，对渠道成员的管理也分别设置了两个独立且平行运行的体系，即经销商管理体系和服务站管理体系，分别由东风日产乘用车公司营销管理部的市场管理分部和服务保障部的网点管理分部进行组织和规划管理。

东风日产乘用车公司的渠道成员包括如下三种：

①独立的销售商，仅能承担汽车销售的汽车贸易公司，没有售后服务能力；

②独立的服务商，仅能提供售后服务的维修公司，没有销售能力；

③销售服务商，既能销售汽车，又能提供售后服务的渠道成员，一部分由服务商增加汽车销售业务形成，另一部分由销售商增加售后服务功能形成，也有一部分是从加盟时就具备销售和服务功能。

2. 东风日产乘用车公司销售管理存在的问题

①东风日产乘用车公司销售管理的服务部门和营销管理部门的目标不一致，服务部门强调尽量减少投诉事件、提高服务能力和服务范围的覆盖性；营销管理部门则强调销售目标的完成。

②在市场区域的规划上主要依据行政划分进行区域规划，渠道成员的数量和经营区域范围没有相对定量的依据，使得有的区域渠道成员过于集中，渠道成员的市场基础得不到有效保障；有的区域渠道成员又偏少，不能形成销售规模。

③对渠道成员的挑选形式比较单一，主要是依据商家的申报和驻外机构的推荐，难以做

到对社会经销和服务资源的有效整合。

④对渠道成员的业绩评估集中于销售额,使得渠道成员的经营管理注重短期效应,不能形成良好的客户循环和品牌效应,渠道成员在市场开发、客户服务、政府攻关、经营管理等方面的行为得不到鼓励和促进。

7.1.3 常用的汽车分销渠道模式

随着时代发展,又出现了许多新模式,按照目前国内外一些汽车生产厂商的分销渠道,可以分为以下几种模式。

1.金字塔模式

此模式是一种以生产厂家的需要为中心的渠道模式,在这种模式中,对汽车销售渠道的管理,无论是对销售渠道类型的决策,还是对中间商的选择,都是以汽车生产厂商的营销需要为主,代理商、经销商和零售商的功能及其经营活动都在生产汽车厂商的监督指导之中,都是为维护生产汽车厂商的声誉和扩大销售规模而工作,此种模式曾经在相当长的时期内成为我国汽车销售渠道的主要模式之一,至今仍然有部分商品采用此种模式。

然而这样的销售网络却存在着先天不足。在价格体系不透明、市场缺少规则的情况下,销售网络中普遍存在着"灰色地带",使许多经销商实现了所谓的超常规发展。多层次的销售网络不仅瓜分渠道利润,而且经销商不规范的操作手段,如竞相杀价、跨区销售等常常造成严重的网络冲突;更重要的是,经销商掌握的巨大市场资源,几乎成了厂家的心头之患——销售网络漂移、可控性差、渠道过长、信息反馈过慢,无法有效贯彻品牌经营理念,层层加价,用户得不到良好的服务。其弊端已经被事实证明,对这种模式的改革势在必行。由此,企业的销售网络进入了一个多元化发展的新阶段。

2.扁平化分销模式

这种扁平化模式的销售渠道一般不超过两个环节,生产汽车厂商到独立经销商为一个环节,经销商到零售商构成第二个环节。这种渠道一级网点数量少,二级网点较多,渠道短而宽。

这种渠道首先出现在美国,美国汽车销售体制的改革是从减少销售层次开始,它取消了各级代理商,改由地区办事处负责协调区域销售事务和贯彻品牌经营理念。由厂家直接向专卖店供货,减少了中间环节,降低了营销成本,目前我国许多汽车品牌分销采用此种模式。

3.直销模式

这种直销模式不是完全意义上的直销,它打破了渠道的束缚,广泛采用区域代理和品牌代理形式,实行市场责任区域分工制,将所有销售管理部门都作为销售终端。一级网点负责批发业务,二级网点负责零售业务。其优点在于直接面对消费者,有利于品牌经营理念的贯彻和信息的及时反馈。生产汽车厂商在各大市场地区设立地区协调机构,可以维护各级经销商的利益和长期的合作关系。

4.旗舰店模式

旗舰店模式以奇瑞汽车销售有限公司为代表。奇瑞在 2002 年宣布正式推出以"旗舰店'一拖四'的限区域独家特许连锁经营模式"。

对汽车销售来说,主要销售终端是 4S 店,因此除了对公司的整体分销网络进行改革外,奇瑞汽车还对渠道的销售终端进行了创新。奇瑞汽车公司俗称的"一拖四"营销模式即所谓的"限区域独家特许连锁经营模式",指的是在市场调研的基础上,结合短、中、长期发展规划,在一个城市一定区域内发展一家经销商,这家经销商首先要兴建一个具有整车销售、备件供应、维修服务和信息技术咨询功能的大型汽车专卖店,又称旗舰店,与此同时,在这一区域的其他地方,由旗舰店投资兴建若干个具有汽车展销和快修功能的社区店,当社区店周围的消费能力达到一定需求时,可升格为"4S"功能的"旗舰店"。本着"贴近购买力,贴近保有量"原则,社区店可以在汽车交易市场、汽车大道、大型住宅区兴建,将国际汽车专卖店营销理念和汽车交易市场销售能力强的优势结合起来。

奇瑞汽车城是奇瑞汽车公司着力打造的另一种终端模式,即建立 4S 店集群,在汽车城内建设若干个经销奇瑞品牌的销售大厅,建设统一的服务及配套设施,呈"品"字形布局,这一做法在西方发达国家的汽车市场上早已开始运用,被称之为"品牌大世界",奇瑞将这一概念本土化后称为汽车城,目的是利用集群化的销售服务设施增强经销商的经营能力,树立旗舰店的良好形象和公信力,从而为用户提供一站式服务,提高消费者的满意度和奇瑞的品牌形象。

2007 年,第一家奇瑞汽车城在陕西西安成立,成为国内首家单品牌的汽车城。奇瑞汽车公司在未来渠道的发展上提出了"纵横中国战略",并把奇瑞汽车城的营销理念融入其中,它指的就是经营奇瑞所有产品的超级经销商集团,即奇瑞汽车城将形成纵线北起哈尔滨,经 102 国道到北京,再经 107 国道到深圳贯穿 10 省 12 市;横线西起乌鲁木齐,经 102 国道至上海,贯穿 7 省 9 市,共跨越 16 省 20 市的纵横中国的销售阵营。

除了通过分销网络的实体店销售产品外,奇瑞汽车开始试行网络营销,在 2007 年对新推出的经济型小车 A1 开始尝试网络营销,基于消费者工厂订单营销模式,奇瑞公司设计的 A1 网络购车模式共有五个步骤:第一步,用户登录奇瑞 A1 官方网站或各大门户网站中奇瑞 A1 的广告链接,获得产品信息;第二步,店面试驾体验实际操作性能;第三步,网上预订,下载奇瑞 A1 电子订单,通过邮件发送,三个工作日内用户将得到奇瑞公司的电子信函回复;第四步,网上订购成功后,用户可在奇瑞 A1 指定销售服务店签署合同,预付订金;第五步,付款提车。该营销模式一经推出便在国内汽车销售市场上产生良好的反响。通过"A1 网购"这一全新而简化的订单模式,奇瑞对市场的预测更加科学准确,使汽车厂商对物流和资金流的运转具有更高质量的控制,完善了经销商与工厂之间的供应体系、分销体系,缩短了供货周期,实现了零库存的目标和汽车厂商信息流、物流与资金流三流合一的目标,消费者也获得了更多的实惠。

7.2 汽车分销渠道中的中间商

汽车分销渠道中的中间商是指介于汽车生产者与消费者之间,参与汽车交易业务,促使汽车交易实现的具有法人资格的经济组织和个人。

7.2.1 总经销商

总经销商是指受汽车厂商的委托,从事汽车总经销业务并拥有汽车所有权的中间商。它的特点是拥有产品的所有权和经营权,能够独立自主地开展产品购销活动,独立核算,自负盈亏,一般都有一定的营业场所和经营设施,有独立地购买产品的流动资金,有承担产品经营风险的能力。

总代理商同样是受汽车厂商的委托,从事汽车总代理销售业务,但是不拥有汽车所有权。它的特点是其本身不发生独立的购销行为,对产品不具有所有权,不承担市场风险,但具有广泛的社会关系,而且信息比较灵通。

7.2.2　批发商(或地区分销商)

汽车批发商按照汽车批量转销的特征,可分为独立批发商、委托代理商和地区分销商。

在由汽车厂商、总经销商、批发商、经销商、运输商和消费者组成的汽车销售渠道中,批发商处于传统的、由汽车厂商年度目标和销售任务的要求推动的推动式销售以及以市场为导向的、由消费需求拉动的拉动式销售之间的过渡位置。同时,批发商可有效协调管理总经销商与经销商、消费者之间连续的物流、信息流和资金流,建立总经销商和经销商、消费者之间紧密的合作伙伴关系,从而提高市场竞争能力。

批发商的销售对象是除了最终消费者以外的任何购买者,每次交易销售量较大,销售额较高,批发商地区分布一般集中在全国性经济中心和地方性经济中心。

汽车批发商具有销售管理、售后支持、市场营销、储运分流、资金结算与管理、经销商培训、经销商评估以及信息系统的功能。

7.2.3　经销商(或特许经销商)

1.汽车特许经销商

汽车特许经销商指的是由汽车总经销商或者汽车生产厂商作为特许授予人(简称特许人),按照汽车特许经营合同的要求以及约束条件授予经营销售某种特定品牌汽车产品的汽车经销商,汽车特许经销商应具备以下条件:

①独立的汽车厂商法人,能够自负盈亏进行汽车营销活动,有一定的汽车营销经验以及良好的汽车营销业绩。

②能够拿出足够的资金来开设统一标识的特许经营店面,并且具备汽车市场营销所需的周转资金。

③能够达到特许人所要求的特许经销商硬件及软件标准。

2.汽车特许经销商的优势

①可以享受特许人的汽车品牌以及该品牌带来的商誉,使其在汽车市场营销活动过程中能够拥有良好的汽车厂商形象,给消费者以亲切和信任感。

②可以借助特许人的商号、技术和服务等,提高竞争实力,避免单枪匹马进入激烈的市场时面临高风险。

③可以加入特许经营的统一运营体系,即统一的服务设施、统一的汽车厂商识别系统、统一的服务标准,使其分享由采购分销规模化、技术发展规模化、广告宣传规模化等所带来的规模效益。可以从特许人处得到业务指导、人员培训、信息、资金等方面的支持和服务。

3.汽车特许经销商的权利

①特许经营权。有权利使用特许人统一制作的标记、商标、司标和标牌;有权利在特许经营系统的统一招牌下经营;有权利获得特许人的经营秘诀,以加入包括统一进货、统一促

销、统一的市场营销策略的统一运作；有权利依照特许人的统一运作系统分享利益；有权利按特许人的规定取得优惠政策，对特许人经销的新产品享有优先权。

②地区专营权。有权利要求特许人在一定特许区域内给予专营权，避免在同一地区内各加盟店之间的相互竞争。

③取得特许人帮助权。有权利得到特许人的技术指导援助、经营指导援助及其他相关服务。

4. 汽车特许经销商的义务

（1）必须维护特许人的商标形象。

（2）在参加特许经营系统统一运营时，只能销售特许人的合同产品；只能将合同产品销售给直接消费者，不能批发；必须按特许人要求的价格出售；必须从特许人处取得货源；不能跨越特许区域销售；不能自行转让特许经营权。

（3）应当履行与特许经营业务相关的事项：随时和特许人保持联系，接受特许人的指导及监督；按特许人的要求，购入特许人的商品；积极配合特许人的统一促销工作；负责店面装潢的保持和定期维修。应当承担加盟金、年金、加盟店包装费等相关的费用。

上海大众汽车销售有限公司（2000 年中德合资前为上海汽车工业销售总公司）自成立以来，一直保持着"中国物质流通领域百强汽车厂商之首"的荣誉称号，骄人的业绩后面蕴藏着各种营销努力。在产品策略方面不断拓宽产品线，价钱策略方面采用实际定价法，促销策略方面以一个品牌争夺公务用车、商务用车、出租用车、私人用车等四大细分市场。而其销售渠道策略又是最具特色、最有效的。随着桑塔纳年销售量从 1993 年的 10 万辆增长到 2001 年的 24.2 万辆，上海大众也在不断扩大其经销商网络：截至 1997 年底，已经拥有 1000 家有销售合同关系的经销商，分销网络遍布全国，其触角伸到每一个市、县。品牌能见度和经销商接触的方便性达到了空前水平。

上海大众在销售渠道的建设中，有三个里程碑式的发展阶段。

①取消经销商批发职能，推行单层次销售。1997 年以前，桑塔纳存在 10000 个次级经销商，而 50% 零售销量是由这 10000 个次级经销商完成的，这些次级经销商规模小，也没有树立在轿车分销领域长期发展的雄心壮志，因此，顾客服务水平很低。他们能销售车，但维护不了品牌形象，也建立不了品牌忠诚度。然而，一级经销商（合资公司、品牌专营店、一般经销商）依赖他们的目的一是要依靠次级经销商寻找潜在顾客，二是次级经销商承担了部分原本应由一级经销商承担的库存任务，减少了一级经销商库存占用资金的问题。上海大众为了长远的品牌利益，在牺牲一定销量的前提下，选择了取消经销商和批发商，实行单层次销售。该举措除了为提升最终用户服务水平打下基础之外，也在很大程度上控制了跨地域销售的现象。由于只允许直销，价格管理也有据可查。但上述一级经销商担心的两个问题仍没有彻底解决。

②创建地区分销中心。根据公司规划，桑塔纳在 1999 年底建成了 24 家分销商。地区分销中心除了加强对经销商的价格管理和地域管理之外，还行使了甄选、评估、激励和培训的职能；地区分销中心还扮演库存支持、运输支持、广告支持和信息支持的角色，地区分销中心的成立缩短了经销商开票周期，原来需要往返上海一次，现在仅需往返当地省会城市一次。由于地区仓库的启用，经销商安全库存数量大大降低，节约了库存占用的资金，在解决依靠二级经销商问题的同时也提高了整个分销链的物流效率。而分销中心的运输支持更是受

到经销商的喜爱，分销中心的二次运输从地区仓库将产品运输到经销商仓库或展示厅，解决了经销商在运输方面的后顾之忧，增加了销量。在广告投放方面，由分销中心统一在当地媒体投放经销商广告，这种方式比经销商各自做广告节约了广告费用，也使得消费者更加依赖厂家直接参与的广告宣传。一级经销商知名度的不断上升解决了依赖二级经销商寻找潜在用户的问题。信息方面的支持更是帮助一级经销商建立了分析市场、制订有效营销策略的能力。

地区分销中心为了进一步细分经销商管理工作，创立了"现场代表"制度，每个地区分销中心平均拥有 5~6 名现场代表，每个现场代表分管 2~3 个城市，协调区域内的经销商问题并协助经销商在领会桑塔纳整体营销战略的前提下，确定各自的营销策略。通过现场代表制度，在很大程度上解决了渠道冲突问题。同一地域的桑塔纳经销商不再视自己品牌的经销商为头号大敌，大家在现场代表的协调下，共同应对其他品牌的竞争，有组织地共同开展促销活动。到 1999 年年底，由于控制了批发和零售价格，经销商的赢利有了保障。

③建立特许经销商网络。经销商要成为特许经销商需要大量投资，这种投资有一定的品牌专有性，如果经销商对该品牌的未来不抱有希望，很难要求经销商为其投资，上海大众在解决了经销商赢利问题后及时推行特许经营制度，按照统一设计的标准，数百家经销商根据标准进行了装潢改造，消费者对统一的识别系统也很认同，在一定程度上减少了比较成本，增加了可信度。除了在硬件上下功夫之外，上海大众为了系统地提升经销商队伍人力资源素质，与同济大学合作，成立了"同济大学汽车营销管理学院"，完成了大多数特许经销商的领导层、销售经理、财务经理和销售员的培训工作，并在不断研究实用性更强的经销商课程，帮助经销商提高工作能力与业务素质。

上述三个里程碑式的发展确立了桑塔纳轿车销售渠道管理的竞争优势。其后开展的两大举措包括自 2000 年 8 月合资后，将销售服务网络和售后网络合并，同时精简经销商数量，使网络成员达到一个合适的数量。上海大众通过构建一个适应中国市场环境的、应对中国加入WTO 挑战的轿车销售渠道，增加了知名度，扩大了销量。

7.3 汽车分销渠道的设计与管理

7.3.1 汽车分销渠道设计

销售渠道设计要围绕销售目标进行，要能促进汽车厂商的产品不断提高市场占有率、地区覆盖率和各地用户满足率，同时增强汽车厂商抵御市场风险的能力。在此基础上形成能够充分履行渠道功能，长期稳固而又能适应市场变化的渠道，不断为汽车厂商开辟稳定的用户群或区域市场。

各国的汽车销售渠道都经历了一个较长时期的发展过程，生产汽车厂商与流通汽车厂商之间相互适应，逐渐建立了比较稳定的合作关系。但是，随着汽车工业发展程度、市场需求状况等因素的变化，他们的汽车销售体系也在不断变化，如过去的零售店均为排他性的专卖店，但是从 20 世纪 50 年代开始，一些国家出现了较多的兼营店，可以同时经营不同厂家的非竞争性产品(如高级轿车同低档轿车之间几乎没有市场竞争)，使经销店能具有一定的规模和档次。

汽车厂商在进行分销渠道设计前,首先必须分析影响分销渠道选择的因素。

1.产品因素

①产品价格。一般来说,产品单价越高,越要减少流通环节,否则会造成销售价格的提高,从而影响销路,这对生产汽车厂商和消费者都不利。而单价较低、市场较广的产品,则通常采用多环节的间接分销渠道。

产品的毛利率也制约着分销渠道的设计和选择,产品的毛利率高,则允许厂家选择较长的渠道;若产品的毛利率低,长的渠道会进一步降低厂家的获利能力,且使分销商无利可图,挫伤分销商的积极性。总体上说,汽车产品的毛利率都较低。国外成熟的汽车市场上商用车利润水平比轿车高,但我国汽车市场尚处于不成熟的发展阶段,商用车利润水平远远低于轿车,利润率一般仅为5%~6%,这就决定了商用车必须设计和选择尽量短的渠道进行分销。

②产品的体积和重量。产品的体积大小和轻重直接影响运输和储存等的费用,过重或体积过大的产品,应尽可能选择最短的分销渠道。对于那些超过按运输部门规定(超高、超宽、超长、超重)的产品,应组织直达供应,小而轻且数量大的产品,则可考虑采取间接分销渠道。

③产品的技术性。有些产品具有很高的技术性,或需要经常的技术服务与维修,应以生产汽车厂商直接销售给用户,这样,可以保证向用户提供及时良好的销售技术服务,如售价很高的豪华轿车或一些特种车辆。

④定制品和标准品。定制汽车产品一般由产需双方直接商讨规格、质量、式样等技术条件,不宜经由中间商销售。标准品具有明确的质量标准、规格和式样,分销渠道可长可短,有的用户分散,宜由中间商间接销售,有的则可按样本或产品目录直接销售,如大型运输公司大批量定制的出租车或其他车辆。

⑤新产品。为尽快地把新产品投入市场,扩大销路,生产汽车厂商一般利用自己的推销队伍,直接与消费者见面,介绍新产品和收集用户意见。如能取得中间商的良好合作,也可考虑采用间接销售形式。

2.市场因素

①购买批量大小。购买批量大,多用直接销售;购买批量小,多用间接销售,如大批量的购车可直接向厂家订购。

②消费者的分布。某些商品消费地区分布比较集中,适合直接销售;反之,适合间接销售。本地用户联系方便,因而适合直接销售;外地用户较为分散,通过间接销售较为合适。

③潜在顾客的数量。若消费者的潜在需求多,市场范围大,需要中间商提供服务来满足消费者的需求,宜选择间接分销渠道;若潜在需求少,市场范围小,生产汽车厂商可直接销售,如一些特种车辆的销售。

④竞争者的分销渠道。在选择分销渠道时,应考虑竞争者的分销渠道。如果自己的产品比竞争者有优势,可选择同样的渠道;反之,则应尽量避开。

3.生产汽车厂商本身的因素

①资金能力。汽车厂商本身资金雄厚,可建立自己的销售网点,采用产销合一的经营方式,也可以选择间接分销渠道。

②销售能力。生产汽车厂商在销售力量、储存能力和销售经验等方面具备较好的条件,

则应选择直接分销渠道；反之，则必须借助中间商，选择间接分销渠道。另外，汽车厂商如能和中间商进行良好的合作，或对中间商能进行有效的控制，则可选择间接分销渠道。若中间商不能很好地合作或不可靠，将影响产品的市场开拓和经济效益，此时应选择直接销售。

③可提供的服务水平。中间商通常希望生产汽车厂商尽可能多地提供广告、展览和维修等服务项目，为扩大销售创造条件，若生产汽车厂商无意或无力满足这方面的要求，就难以达成协议，迫使生产汽车厂商自行销售；反之，提供的服务水平高，中间商则乐于销售该产品，生产汽车厂商则选择间接分销渠道。

④发货限额。生产汽车厂商为了合理安排生产，会对某些产品规定发货限额。发货限额高，有利于直接销售；发货限额低，则有利于间接销售。

4. 政策规定

汽车厂商选择分销渠道必须符合国家有关政策和法律规定。

5. 经济收益

不同分销途径经济收益的大小也是影响选择分销渠道的一个重要因素。对于经济收益的分析，主要考虑成本、利润和销售量等的因素。

①销售费用。销售费用是产品在销售过程中的费用，包括包装费、运输费、广告宣传费、陈列展览费、销售机构经费、代销网点和代销人员手续费、产品售后服务支出等。

②价格分析。在价格相同条件下进行经济效益比较，若直接销售量等于或小于间接销售量时，由于生产汽车厂商直接销售时要多占用资金，增加销售费用，这种情况下间接销售的经济收益高，对汽车厂商有利；若直接销售量大于间接销售量，而且所增加的销售利润大于所增加的销售费用，则可以选择直接销售。当价格不同时进行经济收益的比较，主要考虑销售量的影响，若销售量相等，直接销售多采用零售价格，价格高，但支付的销售费用也多；间接销售采用出厂价，价格低，但支付的销售费用也少。最终选择何种分销渠道，可以通过计算两种分销渠道的盈亏临界点作为选择的依据。当销售量大于盈亏临界点的数量，可选择直接分销渠道；反之选择间接分销渠道。在销售量不同时，则要分别计算直接分销渠道和间接分销渠道的利润并进行比较，一般选择获利较多的分销渠道。

6. 中间商特性

不同的中间商具有不同的实力和特点，如在广告投放、运输和能力储存、信用的好坏、人员素质的高低、送货频率等方面的差别，都会影响生产汽车厂商对分销渠道的选择。

如果消费者购买数量小、次数多，可采用长渠道；反之，购买数量大，次数少，则可采用短渠道。

当市场竞争不激烈时，可采用同竞争者类似的分销渠道；反之，适宜采用与竞争者不同的分销渠道。

①中间商的市场范围。市场范围是选择中间商最关键的因素，选择中间商首先要考虑预定的中间商的经营范围与产品预定的目标市场是否一致，这是最根本的前提条件。

②中间商的产品政策。中间商承销的产品种类及其组合情况是中间商产品政策的具体体现。选择时一要看中间商的产品线，二要看各种经销产品的组合关系，是竞争产品还是促销产品。

③中间商的地理区位优势。区位优势即位置优势。选择零售商最理想的区位应该是顾客流量较大的地点，批发商的选择则要考虑其所处位置是否有利于产品的储存与运输。

④中间商的产品知识。许多中间商被具有名牌产品的企业选中，往往是因为他们对销售某种产品有专门的经验和知识。选择对产品销售有专门经验的中间商就能很快地打开销路。

⑤预期合作程度。中间商与生产企业合作得好会积极主动地推销企业的产品，这对生产者和中间商都很重要。有些中间商希望生产企业能参与促销，生产企业应根据具体情况确定与中间商合作的具体方式。

⑥中间商的财务状况及管理水平。中间商能否按时结算，这对生产企业业务的正常有序运作极为重要，而这一点取决于中间商的财务状况及企业管理是否规范、高效。

⑦中间商的促销政策和技术。采用何种方式推销商品及运用什么样的促销技术，这将直接影响到中间商的销售规模和销售速度。在促销方面，有些产品广告促销较合适，有些产品则适合人员销售，有些产品需要有一定的储存，有些则应快速运输。选择中间商时应该考虑中间商是否愿意承担一定的促销费用以及有没有必要的物质、技术基础和相应人才。

⑧中间商的综合服务能力。现代商业经营服务项目甚多，选择中间商要看其综合服务能力如何，如售后服务、技术指导、财务援助、仓储等。

良好的市场加上有力的渠道才能使汽车厂商获利。所以有效的渠道设计应以确定汽车厂商所要达到的目标市场为起点，研究产品到达市场的最佳途径。销售渠道设计的内容包括确定渠道的中间环节、中间商数目，规定渠道成员彼此之间的权利、责任和义务。

汽车厂商销售渠道设计首先要决定应该采取何种类型的销售渠道，即采取自销还是通过中间环节分销。如果决定采用中间商分销，还需要进一步决定运用何种类型和规模的中间商。

在确定中间商的数目时，通常用以下几种策略：

①开放型策略是指只要汽车厂商信得过，既不限制中间商的类型，也不限制其数量，都可以经营该汽车厂商的产品，这种策略比较适合卖方市场，而且费用相对比较少。但其缺陷是渠道多而且混乱，汽车厂商对整体渠道系统不好控制，难以同较有实力的中间商形成长期的合作关系。

②封密性策略，即独家经销或者排他性策略，它要求生产汽车厂商与中间商之间用协议方法组建营销全资、控股子公司等办法，规定中间商只能在指定的地方销售本汽车厂商的产品，不能销售其他厂家的产品，尤其不能销售竞争对手的产品。

③选择性分销策略，它是指在每个地区选择一定数量具备条件的批发商或零售商经销汽车厂商的产品。被选中的中间商不仅可以经营本汽车厂商的产品，还允许自由地经营其他汽车厂商的产品。这一策略的优点是汽车厂商可以选择资金雄厚、经营规模大、经营效率高、容易协作的中间商作为渠道成员。所选的中间商数目比开放型策略要少，汽车厂商也便于对渠道成员进行管理控制和指导。

明确渠道成员的权利和义务包括对不同类型的中间商给予不同的价格，还要规定交货和结算条件，以及规定彼此为对方提供的服务。

奔驰被认为是世界上最成功的高档汽车品牌之一，其完美的技术水平、过硬的质量标准、推陈出新的创新能力，以及一系列经典轿跑车的款式都令人称道。奔驰三叉星已成为世界上最著名的汽车及品牌标志之一。自1900年戴姆勒发动机工厂向其客户献上了世界上第一辆以梅赛德斯为品牌的轿车开始，奔驰汽车就成为汽车工业的楷模，100多年来，奔驰品牌一直是汽车技术创新的先驱者。

①密集分销。密集分销也叫多家分销，是制造商尽可能地通过许多负责任的、适当的批发商、零售商推销其产品，中间商只要符合汽车厂商最低要求，均可参与分销。其特点是尽可能多地使用中间商销售产品或服务。当消费者要求在当地能大量、方便地购买时，实行密集分销就非常重要。一般来说密集分销分为零售密集分销和批发密集分销。例如当市场对奔驰汽车有着很强的购买需求，消费者的消费水平提高到可以很轻松的就能买下一辆汽车的时候，消费者希望随时随地可以买到奔驰汽车，且奔驰汽车也能够大批量生产汽车的时候，一般也会选择密集分销。

②选择分销。选择分销是在市场上选择少数符合本汽车厂商要求的中间商经营本汽车厂商的产品，一般适用于消费品中的选购品和特殊品，以及专业性强，用户比较固定，对售后服务有一定要求的工业产品。

当奔驰汽车的市场受到其他品牌威胁的时候，奔驰汽车为了维护自己的市场竞争地位，会淘汰一些不理想的中间商，精心挑选几个最合适的中间商来推销奔驰汽车。通常在奔驰汽车有新产品问世的时候，在它的试销阶段会选择这种分销策略。

③独家分销。独家分销是制造商在某一地区仅选择一家中间商经销其产品，通常双方协商签订独家经销合同，规定经销商不得经营竞争者的产品，以便控制经销商的业务经营，调动其经营积极性，从而占领市场。这是一种常见专营型分销渠道。

渠道管理是指汽车厂商为实现分销的目标而对现有渠道进行管理，以确保渠道成员间、公司和渠道成员间相互协调和通力合作的一切活动。

渠道管理工作包括：

①对经销商的供货管理，保证及时供货，在此基础上帮助经销商建立并理顺销售子网，分散销售及库存压力，加快商品的流通速度。

②加强对经销商广告、促销的支持，减少商品流通阻力；提高商品的销售力，促进销售；提高资金利用率，使之成为经销商的重要利润源。

③对经销商负责，在保证供应的基础上，对经销商提供产品服务支持。妥善处理销售过程中出现的产品损坏、顾客投诉、顾客退货等问题，切实保障经销商的利益不受无谓的损害。

④加强对经销商的订货处理管理，减少因订货处理环节中出现的失误而引起发货不畅。

⑤加强对经销商订货的结算管理，规避结算风险，保障制造商的利益。同时避免经销商利用结算便利制造市场混乱。

⑥其他管理工作，包括对经销商进行培训，增强经销商对公司理念、价值观的认同以及对产品知识的认识。还要负责协调制造商与经销商之间、经销商与经销商之间的关系，尤其对于一些突发事件，如价格涨落、产品竞争、产品滞销以及周边市场冲击或低价倾销等扰乱市场的问题，要以协作、协商的方式为主，以理服人，及时帮助经销商消除顾虑，平衡心态，引导和支持经销商向有利于产品营销的方向转变。

生产厂家可以对其分销渠道实行两种不同程度的控制，即高度控制和低度控制。

（1）高度控制

生产企业能够选择负责其产品销售的营销中介类型、数目和地理分布，并且能够支配这些营销中介的销售政策和价格政策，这样的控制称为高度控制。根据生产企业的实力和产品性质，高度控制在某些情况下是可以实现的。一些生产特种产品的大型生产企业，往往能够做到对营销网络的绝对控制。日本丰田汽车公司专门把东京市场划分为若干区域，每一区域都有一名业务经理专门负责，业务经理对于本区域内的分销商非常熟悉，对每一中间商的资料都详细掌握。通过与中间商的紧密联系来关注市场变化，及时反馈用户意见，保证中间商不断努力。绝对控制对某些类型的生产企业有着很大的益处，对特种商品来说，利用绝对控制维持高价格可以维护产品的优良品质形象，因为如果产品价格过低，会使消费者怀疑产品品质低劣或即将淘汰。另外，即使对一般产品，绝对控制也可以防止价格竞争，保证良好的经济效益。

（2）低度控制

如果生产企业无力或不需要对整个渠道进行绝对控制，企业往往可以通过对中间商提供具体支持协助来影响营销中介，这种控制的程度是较低的，大多数企业的控制属于这种方式。

低度控制又可称为影响控制。这种控制包括向中间商派驻代表和与中间商多方式合作。大型企业一般都派驻代表到经营其产品的营销中介中去亲自监督商品销售。生产企业人员也会给渠道成员提供一些具体帮助，如帮助中间商训练销售人员，组织销售活动和设计广告等，通过这些活动来掌握他们的销售动态。生产企业也可以直接派人支援中间商，比如目前流行的厂家专柜销售、店中店等形式，多数是由企业派人开设的。

企业可以利用多种方法激励营销中介网员宣传商品，如与中介网员联合进行广告宣传，并由生产企业负担部分费用；支持中介网员开展营销推广、公关活动；对业绩突出的中介网员给予价格、交易条件上的优惠，对中间商传授推销、存货销售管理知识，提高其经营水平。通过这些办法，调动营销中介成员推销产品的积极性，达到控制网络的目的。

首先制造商必须在整个市场上塑造自己产品的形象，提高品牌的知名度，也就是必须对分销商提供强大的服务、广告支持。另外，分销商在自己区域内执行制造商的服务、广告策略时，制造商还应给予支持。为分销商提供各种补贴措施，比如，焦点广告补贴、存货补贴，以换取他们的支持与合作，达成利益的统一体。这一点很重要，制造商必须制订详细的措施，因地制宜地实施各种策略，争取分销商的广泛参与、积极协作。这既提高了自身品牌的知名度，又帮助分销商赚取利润，激发他们的热情，引导他们正当竞争，从而减少各种冲突，实现制造商与分销商的双赢。

7.3.2 汽车分销渠道的管理

销售渠道的管理包括对各类中间商的激励、考核、调整、相互协调等内容。

（1）激励渠道成员

生产者不仅通过中间商销售产品，而且把产品销售给中间商。因此生产者需要激励中间商，并不断监督、指导与鼓励，使其能有良好的销售表现。

激励的首要原则是了解中间商的需要。中间商首先是作为顾客的采购代理人，其次才是供销商的销售代理人，中间商最愿意销售的是顾客愿意买的产品而不一定是生产者指定其销售的产品。因此，中间商总是尽力将产品进行合理搭配，形成一组相关的产品组合卖给顾客。其销售目标是一整套各种产品搭配订单，而非单一产品订单，这样中间商能获得更多的利润。除非生产者给予中间商特别奖励。

（2）制造商对中间商的激励措施

由于中间商是独立实体，在处理供应商、顾客的关系时往往偏向于自己和顾客一方，认为自己是顾客的采购代表,其次才考虑供应商的期望。所以为了使中间商的销售工作达到最佳状态,制造商应对其进行不断激励。激励中间商通常可采取合作、合伙和经销规划的方式进行。

生产汽车厂商为了得到中间商的合作,可采用积极的激励手段,如给较高利润,交易中给予特殊照顾,给予促销津贴等。

合伙是生产者与中间商在销售区域、产品供应、市场开发、财务要求、市场信息、技术指导和售后服务等方面彼此合作,按中间商遵守合同的程度给予激励。

经销规划是比较先进的方法,由有计划的实行专业化管理的垂直市场营销系统将生产者与中间商的需要结合起来,在汽车厂商营销部门内设一个分销规划部,与分销商共同规划营销目标、存货水平、场地及形象化管理计划、人员推销、广告及促销计划等。

生产者除了选择和激励分销渠道成员外,还必须定期评估他们的绩效。如果某一网络成员的绩效过度低于既定标准,则须找出主要原因,并考虑可能的弥补办法。

计算中间商的绩效,主要有两种办法可供使用:

①将每一中间商的销售绩效与上期的绩效进行比较;并以整个群体的升降百分比作为评价标准。对低于该群体平均水平以下的中间商,必须加强评估与激励措施。如果对后进中间商的环境因素加以调查,可能会发现一些不可控因素,如当地经济衰退、主力推销员退休等。对此,生产商就不应对中间商采取惩罚措施。

②将各中间商的绩效与该地区的销售潜量分析所设立的计划相比较,即在销售期过后,根据中间商实际销售额与其潜在销售额的比率,将各中间商按先后名次进行排列。这样,企业的调查与激励措施可以集中于那些未达到既定比率的中间商。

对中间商的评估并不仅仅着眼于销售量的分析,一般比较全面的评估应包括以下内容:

①检查中间商的销售量及其变化趋势。

②检查中间商的销售利润及其发展趋势。

③检查中间商对推销本公司产品的态度是积极的、一般的,还是较差的。

④检查中间商同时经销有几种与本企业产品相竞争的产品,其状况如何。

⑤检查中间商能否及时发出订货单,计算中间商每个订单的平均订货量。

⑥检查中间商对用户的服务能力和态度,是否能保证满足用户的需要。

⑦检查中间商信用的好坏。

⑧检查中间商收集市场情报与提供反馈的能力。

(3)分销渠道成员的调整

对分销渠道成员调整,即对成员的加强、削弱、取舍或更换。对分销渠道成员的调整一般是在以下情况下进行的:

①合同到期。合同到期是一个重要的时刻,是续签,还是变更合同,或者中断合作?一般地说,没有找到合适的替代者时,生产者不应该草率终止合作,而是应尽力地指导中间商。

②合同变更和解除。合同的变更指合同没有履行或没有完全履行前,按照法定条件和程序,由当事人双方协商或由享有变更权的一方当事人对原合同条款进行修改或补充。合同的解除是指在合同没有履行或没有完全履行前,按照法定条件和程序,由当事人双方协商或由享有解除权的一方当事人提前终止合同效力。

③营销环境发生变化。生产者在市场环境发生变化时,可能会发现自己原来所建立起的

分销渠道网络有缺陷，这时必须对成员进行调整。

为了适应多变的市场需求，确保渠道的畅通和高效率，进行渠道必要的调整是必需的，其主要内容是：

①增减个别中间商。企业在考虑增加或剔除个别中间商时，既要考虑这些中间商对企业产品销量和利益的影响，还要考虑其可能对企业整个销售渠道产生什么影响。

②增减某个分销渠道。在增加或剔除个别分销渠道时，首要的问题是对不同的销售渠道的运作效益和满足企业要求的程度进行评价，然后比较不同分销渠道的优劣之处，以剔除运行效果不佳的分销渠道，增加更有效的分销渠道。

③改进整个分销渠道网络系统。即生产者对原有的分销体系、制度进行通盘调整。这是企业分销渠道改进中难度最大、风险最大的一项决策。因此，在采取这一策略时应进行详细的调研论证，使可能带来的风险损失降到最小。

7.3.3 汽车分销渠道方案的评估

每一个分销渠道都是汽车厂商产品送达最终用户的一条线路，其作用都是重要的。对分销渠道的方案评估一般从三方面进行考虑。

（1）经济效益

这是最重要的评估标准，因为汽车厂商追求的是利润。这种评估主要是考虑每一渠道的销售额与成本的关系。汽车厂商一方面要考虑自销和利用中间商这两种方式中哪种方式销售量大，另一方面还要比较二者的成本差异。

（2）汽车厂商对渠道的控制力

对于生产汽车厂商来讲，利用自销渠道比利用中间商更有利于汽车厂商对于渠道系统的控制。因为中间商是能独立经营的商业组织，他们必须关心自己的经济效益，而不仅是生产汽车厂商的利益，只有那些能够为中间商带来持久利润的产品和营销政策才能使他们感兴趣。

（3）渠道对市场的适应性

汽车厂商与中间商在签订长期合约时要慎重考虑，因为在合约期间，汽车厂商如果不能够根据需要随时调整渠道成员，就会使汽车厂商的渠道失去灵活性和适应性。

7.3.4 汽车分销渠道的调整

由于利益的冲突，汽车分销渠道成员间经常出现矛盾和冲突。渠道成员之间的冲突主要包括垂直渠道冲突、水平渠道冲突和多渠道冲突。

垂直渠道冲突是同一条渠道中不同层次之间的冲突，如生产商与代理商之间、批发商与零售商之间，有可能在购销服务、价格和促销策略等方面发生矛盾和冲突。

水平渠道冲突是不同渠道内同一层次渠道成员之间的冲突，如经销商之间的区域市场冲突。

多渠道冲突是两条以上的渠道向同一市场出售产品引起的冲突。

导致上述渠道冲突的原因，一是渠道成员之间的目标不同，如生产商希望以低价政策获得市场的快速成长，而零售商则希望获取短期高利润；二是没有明确的授权，如销售区域的划分、权限和责任界限不明确等；三是各自的预期不同，如对经济形势的看法和对生产厂商看好但经销商看淡的一些高档产品;四是中间商对生产商过分依赖,经销商的经营状况往往决定于生产厂商的产品设计和定价政策,由此会产生一系列冲突。

由于汽车购买方式的变化、市场扩大或缩小和新的渠道出现,都会导致现有渠道结构不能带来最高效的服务产出,在这种情况下,为了适应市场环境,现有的销售渠道经过一段时间运作后需要加以修改和调整,包括增减某一渠道成员、增减某一种销售渠道和调整改进整个渠道。

增减某一渠道成员需要分析增加或减少某个中间商将会对汽车厂商利润带来的影响及影响程度,以及对其他经销商的需求、成本和情绪的影响等,经过对渠道成员的考核,对推销不积极或者经营管理不善而难以与之合作的经销商和给汽车厂商经营造成困难的经销商,汽车厂商可以与其中断合作关系。

如果某一销售渠道的销售额一直不够理想,汽车厂商可以考虑在目标市场和某一区域内撤销这种渠道,而另外增设一种其他的渠道类型。

调整改进整个渠道是对汽车厂商现有系统体系做通盘调整。这种调整难度非常大,要全面改变汽车厂商的渠道决策,这种决策要求改变大多数经销商的营销组合策略,需要汽车厂商最高管理层作出决策。

宝马公司自创立以来在产品制造上一直坚持创新和个性多样化,加上其拥有庞大的分销网络和对中间商的良好管理,使宝马汽车在日新月异的汽车市场竞争中独具一格,并引导着产品的新潮流。

宝马公司十分重视营销渠道的建设和管理。它的决策者们认识到无论宝马车多么优良、性能多么先进、造型多么优美,如果没有高效、得力的销售渠道,产品就不会打入国际市场,也不可能在强手如林的竞争中站稳脚跟。因此,宝马公司从来都不惜巨资地在它认定的目标市场中建立销售网点或代理机构,发展销售人员,并对销售商进行培训。在宝马公司的经营战略中,"用户意识"这一概念贯穿始终。同样,在销售环节,宝马公司严格要求它的销售人员和中间商牢固树立为用户服务的思想,因为他们直接同用户接触,代表着宝马公司的形象。所以,宝马公司对销售商的遴选十分严格,利用优胜劣汰的办法选择良好得力的贸易伙伴。

宝马公司遴选中间商的标准首先是了解其背景、资金和信用情况。其次是该中间商的经营水平和业务能力,具体包括以下几方面:

①中间商的市场经验和市场反馈能力。宝马公司要求它的中间商必须有很好的推销能力,认为只有通晓市场销售业务,具有丰富的市场经验,才能扩大宝马车的销量。同时中间商对市场信息的搜集能力对于宝马公司改进产品的设计和生产至关重要。

②中间商提供服务的能力。宝马公司需要通过中间商向用户提供售前和售后服务,如汽车的性能、成本、保险、维修甚至用移动电话等特殊装备的细节问题,对此中间商都必须能够进行内容广泛而且深入细致的咨询。为此,宝马公司在美洲等地都设有培训点,对中间商就用户的特殊服务和全面服务进行培训。

③中间商的经营设施和规模。中间商所处的地点是否适中,是否拥有现代化的运输工具和储存设施,有无样品陈列设施等,均是宝马公司遴选中间商要考虑的重要因素。

宝马公司在对营销渠道的管理上也极具特色,公司设有专门负责中间商管理的机构,经常进行监督管理和评估中间商的业绩好坏,涉及他们推销方面的努力程度、市场信息的收集和反馈能力以及对用户售前售后服务的态度和效果等。宝马公司还经常走访用户或进行问卷调查,以了解用户对销售商的评价。在宝马公司进行的大规模问卷调查中，参加调查的用户对宝马公司销售商的评价普遍很好。因此，尽管宝马公司在与中间商签订合同中已有奖励条款，但宝马公司还是对受到用户赞扬的销售商予以重奖。这样做的结果使销售商更为努力地帮助宝马公司扩大影响，促进宝马车不断提高服务质量，真正起到公司与用户间的桥梁作用。当然，宝马公司对于受到用户不满和批评的产品销售商，经过核查属实后坚决解除合同并另选销售商，宝马公司的这些做法，从侧面说明了它对销售渠道管理的严格和对"用户意识"的重视程度。

此外，宝马公司还大力发展销售信息交换系统，这对于现代国际汽车厂商应对日趋激烈的市场竞争是不可缺少的。这可以使销售商之间以及销售商与生产厂家之间的信息交流更为快捷方便，而用户的一些临时性需求也能最大限度地得到满足。

宝马公司生产的汽车同雍容华贵、硕大威武的奔驰以及劳斯莱斯、凯迪拉克一样驰名世界，成为现代汽车家族中的佼佼者。而它的销售网络和广大销售商本着"用户第一"的宗旨所提供的优质服务，更是得到用户的交口称赞，连宝马公司的竞争对手对此也是钦佩不已。

7.4 我国乘用车销售体制分析

汽车厂商与市场的联系是通过汽车厂商的营销体系来实现的，在当今世界汽车市场激烈竞争的格局下，各大汽车公司都建立了自己强大的营销体系。各大汽车公司的营销体系有不同的管理模式和特点，经过数十年的发展，已逐渐成熟并形成了许多共有的特性，奠定了当代国际通行的汽车营销体制的基本模式。

汽车营销模式的组成至少包括三个要素，即：营销理念、营销组织和营销技术。这三个组成部分是相辅相成、不可缺少的，作为一种"模式"，它是一个有机的整体，不能以简单的市场组织形式的更新或销售方式的改变而代替模式的全部。对于某一种具体的营销模式而言，营销组织和营销技术往往取决于营销理念。因此判定营销模式孰优孰劣，关键在于为用户提供什么样的营销服务理念。从这个意义上讲，营销模式没有定式，因为每个企业在其发展过程中，它的营销理念也会因为主观、客观环境的变化作出相应的调整。由于营销理念的不确定性，使它不适合作为研究营销模式的分类依据，而营销组织就成了最直观的分类依据。按照营销组织的具体形式，现有的中国汽车营销模式可以分为品牌专卖店模式(4S 店)、汽车交易市场模式、网络销售模式这三种具有代表性的模式。

(1)品牌专卖(4S)店模式

4S 专卖店是于 1999 年以后由欧洲逐步传入我国，集整车销售(sale)、售后服务(service)、零配件供应(sparepart)和信息反馈(survey)功能于一身的四位一体模式，是目前汽车厂家积极推行的主要营销模式。这种专卖店的经营、销售和服务都比较规范，营销服务项目不断扩展，标识十分醒目，并讲究外在形象的塑造，在硬件设施上可以同国外的专卖店相媲美，从而可以为消费者提供较完善的服务，但同时也导致了 4S 专卖店的运营成本变高，所以，4S 专卖店在为客户提供维修和其他服务时的费用也相对较高。

(2)汽车交易市场模式

这种模式也称之为汽车城、汽车园、汽车大道等，即城市中规划出一块销售汽车的市场，聚集了各种品牌的汽车专卖店，同时还可以将工商、交管、银行、保险等部门请进来，帮助用户办理购车手续,给购车人提供许多便利,如餐饮服务、休闲娱乐等,集汽车销售、服务、信息、文化多种功能于一体。这种销售模式营业面积较大,销售品种齐全,市场内部竞争激烈,因此,消费者可以从这种模式中获得更多的实惠,由于中国消费者喜欢"扎堆"和货比三家,这种模式具有很大的吸引力。但是,这种模式需要高额的投资,动辄几千亩地、几亿元的投入,增加了中间环节的成本,影响了汽车产业的竞争力。

（3）网络销售模式

随着网络信息技术的发展,网络经济时代的来临,电子商务活动也渗透到了汽车产业,在汽车营销中,网上汽车直销也逐渐形成了一种模式。这种模式可以让消费者轻松地了解、比较各种汽车产品的信息,可以通过定制服务、一对一营销来满足消费者个性化的需求,商家也可以将自己的产品需求公布在网上进行商品招标。同时,网络的信息丰富,实时传递,成本低廉,跨越时空限制等优点,能让消费者从网络销售模式中获得更多的实惠。它将是信息社会汽车营销模式中的新的发展趋势。随着我国汽车产业的不断发展壮大,以建立网站的方式进行汽车品牌营销已经非常普遍,汽车网络营销充分利用网络的及时性、互动性和较强的顾客定位能力,从网络产业链中寻找汽车营销的业务链以求实现汽车销售更大的价值链。据统计,网上汽车订单大都分聚集在知名度相对较高的企业产品身上,而且,这些企业的订单数占所有订单的50%以上。同时,网上购车消费者订车的价位也相对较高,20万元以上价位车的订单约占订单总数的40%,反映了中高档车在网上销售的潜力。网上购车消费者行为存在的时间与汽车在市场上消费者行为发生的时间相比一般都要短一些。这些鲜明的网络营销特点为汽车更深更广的开展网络营销业务奠定了基础。网络营销稳步发展,汽车产业在此大有作为。

独立经销商和分散的个性化销售也在悄然兴起。汽车经销商中,一批私营制、股份制的商家迅速崛起,一些有先进管理理念、业绩较好的商家或集团被多个汽车厂家看好,成为多个品牌的特许专营,他们正在成为汽车销售服务领域的生力军和主力军。

7.4.1　我国汽车分销渠道的类型

汽车的销售体制有产销合一、产销分离和产销结合三种体制,这三种体制各有优势,生产厂家根据实际情况和发展阶段的不同,所选择的体制也有所不同。

①产销结合体制。产销结合体制的特点是汽车公司的营销部门和各地的销售办事处只是销售管理部门,不直接从事产品销售,主要职能是为公司制订生产计划,提供市场依据,制订公司的销售计划,管理和指导经销商的销售活动,进行商务培训、广告促销、市场调研、市场预测和市场开发等,而直接从事汽车销售的是大量的经销商。

②产销合一体制。产销合一体制是生产商全权控制的直销系统,直接控制本国及他国市场的销售组织工作,韩国汽车厂商通常运用产销合一的营销体制,依靠这种体制与销售通路成功地打入了美国汽车市场。

③产销分离体制。产销分离的营销体制是生产商仅仅负责生产,而销售由厂商委托的分工体制。国内一汽大众公司除了直接向某些特殊购买者直供少部分产品外,大部分产品的销售由一汽大众销售有限责任公司全权代理。

7.4.2　我国汽车分销渠道现状

（1）分销渠道缺乏效率和稳定性

我国汽车厂商传统的分销渠道模式是"厂家—总经销商—二级批发商——一级批发商—零售商—消费者"的经典层级分销模式，这种呈金字塔式的分销模式渠道长，容易削弱汽车厂商对渠道的控制能力。各分销商都是一个独立的经济实体，他们为了追求自身利益的最大化，有时会牺牲厂家和分销系统的整体利益。随着销售额的不断增长，汽车厂商对渠道的控制难度进一步加大，多层级的渠道结构降低了效率，无法形成有利的竞争价格，而信息反馈的严重滞后又造成政策不能及时到位和资源浪费的现状。在我国，无论是营销渠道理论、渠道体系、渠道规模还是专业化程度，都缺乏一定的整体性，专业化的渠道汽车厂商在发展过程中缺乏一定的稳定性，渠道汽车厂商自身没有明确的职能定位和一体化发展的理念。

（2）汽车厂商与分销商力量不均衡

在我国，汽车厂商过分依赖经销商的现象十分普遍。经销商由于拥有巨大的资源和市场，有助于提高产品的销量，其良好的分销能力为汽车厂商所看重。所谓得渠道者得天下，现代的汽车厂商竞争归根结底就是分销渠道的竞争。不过，随着分销商力量的不断增强，有可能通过压低采购价格等方式造成汽车厂商利润率的降低。

（3）渠道冲突严重

渠道冲突是指汽车厂商在同一市场建立了两条或两条以上的渠道而产生的冲突，其本质是几种分销渠道在同一个市场内争夺同一客户群而产生的利益冲突，主要包括经销商与制造商之间的冲突，体现在双方的权利和义务上，集中表现在价格政策、销售条件、地域区分和促销过程上，制造商存在因赊销货物给经销商产生拖欠货款的风险，还包括经销商之间的冲突，其主要表现就是经销商的不规范操作。

7.4.3　国外汽车销售的经验与借鉴

西方发达国家的汽车销售渠道经历了上百年的发展，已经发展得比较成熟，可为我们提供许多有益的借鉴经验。

1.汽车销售体系以生产厂家的需要为中心

在对汽车销售渠道的管理上，无论是对销售渠道类型的决策，还是对中间商的选择利用，均以汽车厂商的营销需要为中心，经销商、代理商和零售商的功能及其经营活动都置于生产汽车厂商的指导、监督和管理之下，都是为了维护生产汽车厂商的声誉和扩大销售，如日本汽车厂商就广泛参与零售。据统计，日本汽车厂商出资的零售商占到40%，这些零售商一般规模大，生产汽车厂商派遣人员参与其经营和管理。

2.渠道短而宽，呈现"扁平型"特征

国外汽车厂商的销售渠道一般不超过两个环节，由汽车厂商到独立经销商为一个环节，由经销商到零售商为第二个环节。一级网点数量较少，二级网点数量较多，整个渠道呈现出非常明显的"短而宽"特征，呈现"扁平型"结构，如德国大众公司在国内的整车销售一是自己直接销售，但仅限于特殊客户，二是由代理商销售。大众公司在国内共有2200多家代理商和1600多个服务站。代理商的功能包括整车销售、维修服务、备件供应，规模较大，而服务站规模较小，主要业务是维修服务和备件销售，服务站也可以代用户向代理商购车（不能直接向大众公司购车)并从中提取一定佣金。大众集团按区域设立了 8 个销售中心,销售中心本身不从事具体的销售活动,只对中间商进行管理、协调、监督和服务。

3.广泛采用区域代理和品牌代理形式,实行市场责任区域分工制

汽车厂商一般把全国划分为若干个市场区域,每个大区域选择一个经销商。各大区域又被进一步划分为若干市场小区域,每个小区设有一个零售商(或代理商),实行区域代理。多数零售商只服务于一个汽车厂商,甚至只服务于一个产品品牌。通过这样的市场区域责任制,明确了各层次经销商的责任区域范围,保障了经销商的适度经营规模。

另一方面,汽车厂商及其地区经销商一般不直接面向普通用户从事零售业务,零售业务由零售商或代理商完成,即一级网点负责批发,二级网点负责零售。为了更好地服务于经销商,生产汽车厂商通常在各个市场大区设立地区协调机构。这种分工严密的机制可以维护各级经销商的利益和长期的合作关系,如英国汽车厂商及其经销商一般不面向最终用户销售汽车。经销商在划定区域内独家销售厂商的产品,并在该地区代表厂家的利益。

4.零售商销售实行多功能一体化

许多汽车零售商以满足用户需要为工作前提,最大限度地方便用户。面向用户的零售商(主要是区域代理、品牌代理)大多数都具有新车销售、旧车回收、配件供应、维修服务和信息反馈等功能,简称为"5S"功能。

5.金融机构积极参与汽车营销

金融机构积极参与代理制的运作,可为客户提供购车贷款或协助经销商开展分期付款等业务,如美国通用汽车公司的销售渠道是由制造商、经销商以及金融公司共同组成。经销商一般都是独立的经营者,它向制造商订货。通用汽车公司有自己的金融机构,用以支持经销商或用户,经销商或用户无论是购进新车还是分期付款,都可以向通用汽车公司的金融机构贷款。

第8章 汽车促销策略

8.1 汽车产品促销策略

8.1.1 汽车促销策略的含义

现代汽车营销要求开发优良的汽车产品并给予有吸引力的汽车定价，以便让目标消费者接受。除此之外，还要求汽车经销商与现有的及潜在的消费者之间、汽车厂商和公众之间都能加强沟通，从而激发消费者的购买欲望，实现汽车产品销售的快速增长。因此，汽车促销策略已成为汽车厂商整个营销策略中最重要的一环。

促销是指汽车厂商通过人员推销和非人员推销的方式，将有关汽车厂商和产品的信息传递给消费者，使消费者了解、满意和购买本汽车厂商的产品，从而达到扩大销售目的的一种活动。

（1）促销的主要任务

促销的主要任务是沟通和传递信息。通过沟通，汽车厂商把有关的自身信息、产品信息和劳务信息等传达给消费者，使其充分了解汽车厂商及其产品的特征和价格，帮助消费者在购买相关产品时进行判断和选择，这是汽车厂商向消费者的信息传递；同时作为买方的消费者在促销过程中，又把对汽车厂商及其产品、劳务的认识和需求意见反馈到汽车厂商，引导汽车厂商根据市场需求进行生产，这是消费者向汽车厂商的信息传递。可见，促销的实质是生产者或经营者与消费者之间互相沟通信息的过程，这种沟通是卖方与买方之间的双向沟通。

（2）促销的最终目的

促销的最终目的是诱发购买行为。要达到这一目的，汽车厂商必须通过运用各种促销手段，吸引消费者对汽车厂商的形象及产品产生兴趣，激发购买欲望，促使其采取购买行为，从而实现产品和劳务的转移。

（3）促销方式

促销的方式分为人员促销和非人员促销。人员促销是推销人员通过交流，帮助、说服消费者产生购买的促销活动，主要适用于消费者数量少、分布比较集中的情况下进行促销。非人员促销是指汽车厂商借助广告、公共关系和营业推广等媒介，传递汽车厂商或产品信息，促使消费者产生购买欲望和购买行为的一系列活动，适合在消费者数量多、比较分散的情况下进行促销。通常将两种促销方式结合使用。

8.1.2　促销的作用

①提供汽车产品和销售信息。通过促销宣传，将汽车厂商的产品信息传递给消费者。包括汽车产品类型、产品特点、购买地点及条件等，从而引起顾客的注意，激发并强化购买欲望，为实现和扩大销售做好舆论准备。

②突出汽车产品卖点，提高竞争能力。在激烈的市场竞争中，有些同类汽车产品差别细微，通过促销活动能够宣传突出汽车厂商产品特点，从而激发潜在的需求并提高汽车厂商和产品的竞争力。

③强化汽车厂商形象，巩固市场地位。合适的促销活动可以树立良好的汽车厂商形象和商品形象，使顾客对汽车厂商及其产品产生好感，从而培养和提高用户的忠诚度，形成稳定的用户群，不断地巩固和扩大市场占有率。

④刺激需求，影响用户的购买倾向和开拓市场。这种作用对新产品推向市场效果更为明显。汽车厂商通过促销活动诱导需求，有利于新产品打入市场和建立声誉，也有利于培育潜在需要，为汽车厂商持久地挖掘潜在市场提供条件。

8.2　汽车促销方式及其组合策略

8.2.1　汽车促销的基本方式

汽车产品常见的促销类型包括人员推销、广告、公共关系和营业推广四个主要方面。

1. 人员推销

（1）人员推销的含义和特点

人员推销是汽车厂商的推销人员直接向消费者进行介绍、说服工作，使消费者了解、偏爱本汽车厂商的产品，进而采取购买行为的一种促销手段。由于汽车具有技术含量高、价值高等特点，人员促销在汽车销售中占有很重要的地位。在这一活动中，推销人员要确认、激活和满足消费者的需求和欲望，并达到双方互惠互利的目标。

人员推销的最大特点就是具有直接性，它作为不可取代的销售手段，具有独特的特点。

①机动灵活。汽车推销人员在推销或访问过程中可以直接展示商品，对汽车这样技术含量大的商品可进行操作演示或进行试乘试驾，近距离观察消费者的反应，并揣摩其购买心理变化，因而能立即根据消费者的情绪及心理变化，有针对性地改进推销方式，并提供售前和售后的服务，以适应各个消费者的行为和需要，最终促使交易达成。

②针对性强。在每次推销之前可以选择潜在消费者有针对性地进行推销，目标明确，可以提高推销的成功率。

③亲和力强。作为人际沟通工具，推销人员通过与消费者面对面交流，可加强沟通。同时，双方在交流过程中可以建立起信任和友谊关系，这为长期交易打下了坚实的基础。

④反馈及时。推销人员在与消费者的直接接触中，能及时获得消费者的意见和建议，并迅速反馈给汽车厂商以指导汽车厂商经营，促使汽车厂商随时调整产品结构和营销策略，使

产品更符合消费者的需要。

⑤竞争性强。推销人员在一定利益机制的驱动下容易产生竞争,从而能促使销售业绩不断上升。

⑥推销费用高。推销人员耗费时间多,支出费用大,管理较为困难。

(2)人员推销的任务和形式

人员推销的任务包括如下几个方面:

①传递信息。与现实的和潜在的消费者保持联系,及时把汽车厂商有关产品及其他相关信息传递给消费者,以促进产品销售,并了解他们的需求,成为汽车厂商与消费者联系的桥梁;同时,收集和反馈有关竞争产品的信息。

②开拓市场。推销人员不仅要了解和熟悉现有消费者的需求动向,而且要尽力寻找新的目标市场,发现潜在消费者,从事市场开拓工作。

③销售产品。推销人员通过与消费者的直接接触,运用汽车销售技巧,分析解答消费者的疑虑,说服消费者购买,从而达成交易。

④提供服务。推销人员不仅要把汽车产品销售给消费者,还需代表公司提供其他服务,如业务咨询、技术维修和贷款服务等,以满足消费者的实际需要。

⑤搜集信息。推销人员可利用直接接触市场和消费者的便利,进行市场调查和情报的搜集工作,并且形成调查报告,为汽车厂商开拓市场和制订营销决策提供可靠依据。

在人员推销的基本形式方面,随着商品经济的发展,市场营销活动的广泛进行,人员推销的形式日益丰富,大多数汽车厂商经常采用如下几种形式:

①上门推销。由推销员携带样品、说明书和订货单等,上门走访消费者,推销商品,这是最古老的推销形式,被大多数汽车厂商和公众广泛认可和接受,但目前在国内此种方式应用得较少。

②柜台推销。汽车厂商在一定地点开设营业场所,由营业人员接待进入商店的消费者,销售商品。汽车销售顾问在销售大厅对顾客采取的顾问式销售,就属于这种推销方式。

③展会推销。会议推销即汽车厂商利用各种形式的展会,介绍和宣传商品,开展推销活动的一种形式。洽谈会、订货会、展销会、供货会等都属于会议推销的一种形式。这种推销形式具有接触面广、推销集中且成交额大的特点。

丰田汽车公司之所以能在汽车销售方面取得巨大的成绩,是因为它拥有一支优秀的丰田汽车促销员队伍。"丰田精神已经彻底贯彻到丰田系统的促销员中去了""丰田系统的促销员不但人数多,而且他们都坚决相信丰田公司的汽车是最好的"。他们具有踏实的工作作风,永葆热情和信心。一名丰田汽车公司的促销员在发现一名潜在用户时,可在两个星期之内拜访多达20次,直至使他变成了丰田汽车的用户。

(3)人员推销的过程

不同的推销方式可能会有不同的推销工作程序。通常情况下,人员推销包括以下七个相互关联又具有一定独立性的工作程序:

①寻找潜在购车客户。推销工作的第一步,也是最基础和关键的一步,就是找出产品的潜在消费者,哪些消费者能够成为自己的目标消费者?这取决于推销人员的辨识能力。推销人员要善于挖掘与识别不同类型的潜在消费者,并采取相应的应对措施,所以寻找并识别目标消费者应当是推销人员的基本功。

②建立客户资料卡。收集客户信息；建立客户资料卡并存档，以方便与客户建立关系。

③接近消费者。接近消费者是指推销人员直接与目标消费者发生接触，以便成功地转入推销面谈。在汽车销售中，推销人员在接近消费者的过程中，应注重礼仪，稳重自信，把握消费心理，引导、启发消费者的注意力和兴趣。

④介绍和示范。在对目标消费者已有充分了解的基础上，推销人员应当根据所掌握的情况，有针对性地介绍目标消费者可能感兴趣的方面。这个阶段是整个推销活动的关键环节，必要时应主动地进行一些产品的使用示范，全面地向客户介绍车辆、突出车辆特点及车辆优势以增强目标消费者对产品的信心，提高销售的成功率。

⑤排除异议。推销不可能是一帆风顺的，在大多数情况下，消费者对推销人员的销售都会提出一些质疑，甚至给予拒绝。排除障碍的有效办法是把握产生异议的原因，对症下药。

⑥达成交易。达成交易是消费者接受推销人员的建议并作出购买决定和行动的过程。此时，推销人员应当注意不要疏漏各种交易所必需的程序，应使交易双方的利益得到保护。

⑦跟踪服务。达成交易并不意味着整个推销活动的结束，推销人员还必须为消费者提供各种售后服务，如加装、维修、退换货和定期访问等，从而消除消费者的后顾之忧并树立信誉，使消费者产生对汽车厂商有利的后续购买行为。因此，跟踪服务既是人员销售的最后一个环节，也是新一轮工作的起点。

2. 广告宣传

广告是指通过报纸、杂志、广播、电视、广告牌等广告传播媒体形式向目标顾客传递信息。采用广告宣传可以使广大客户对汽车厂商的产品、商标、服务等加深认识，并产生好感。其特点是可以更为广泛地宣传汽车厂商及其商品，从而将信息传递给消费者。

广告是汽车厂商促销中一个十分重要的组成部分，随着商品经济的迅速发展，汽车厂商竞争日趋激烈以及传播手段的飞速发展，生产者和经营者越来越需要借助广告来进行产品宣传。

（1）广告的含义及特点

所谓"广告"，指广泛地告知公众某事物的宣传活动。与现代信息相联系，广告已成为维持、促进现代社会生存与发展的大众信息传播工具和手段。通过以上定义，可以概括出广告的特点：

①公众性。商业广告是一种高度大众化的信息传递活动，是把商品或劳务信息向非特定的广大消费者作公开宣传，以说服其购买的传播技术。

②渗透性。商业广告是一种渗透性很强的促销手段，它已影响到社会生活的诸多领域。

③表现性。商业广告集经济、科学、艺术和文化于一身，借助文字、音响以及色彩的艺术化应用，通过一定的媒体，体现出产品的特性。

④有偿性。商业广告是一种付酬的宣传活动。

（2）广告的作用

汽车广告是汽车厂商用以对目标消费者和公众进行说服性传播的工具之一。汽车广告要体现汽车厂商和汽车产品的形象，从而吸引、刺激、诱导消费者购买该品牌汽车。其具体作用在于：

①传递信息和沟通供需。广告最基本的作用是借助于各种传播媒介向市场提供有关产品的信息，使消费者在任何时间、任何地点都能获取商品和劳务的信息。

②激发需求和促进销售。通过广告的启发和诱导,吸引消费者的注意力,使其对产品发生兴趣,甚至是偏爱,从而激发消费者的购买欲望,变无需求为有需求,变潜在需求为现实需求,从而扩大购买。

③树立产品形象、提高汽车厂商知名度。汽车市场中相关汽车产品繁多,消费者选择性较强,汽车厂商通过广告可以使产品家喻户晓,在消费者心中树立起汽车厂商形象和产品形象,赢得消费者的青睐,以巩固和扩大市场占有率。消费者一般都宁愿以较高价格购买知名汽车,而不愿购买从未在广告上出现过的汽车。

20世纪90年代年初,台湾汽车市场由于各种原因陷入严重滞销的困境。各厂家均以减产、降价、裁员等手段应付这一不景气的汽车销售局面。而此时丰田汽车却异军突起,展开大规模的广告宣传攻势,在一定时间段内,台湾七大报纸共20批的广告版面,以"TOYOTA谢谢您两周年庆"为名和"多,更多;好,更好!"的主题,每天推出不同宣传内容的广告版面。

这一密集型的广告宣传策略花费巨大,但各大媒体争相报道丰田两周年庆的活动盛况,这一以广告为始的宣传攻势,给也已疲软的媒体业带来了生机,更使丰田获得了广泛的影响和显著的效益。

④介绍商品、引导消费。汽车厂商可通过各种宣传媒介把汽车新产品的信息和相关的对现代生活观念的转变灌输给消费者,使消费者能及时、方便、准确地购买适合自己需要的汽车产品。

⑤传播文化、丰富生活。从某种程度来讲,一个好的汽车产品广告也是一件精美的艺术作品,广告作为一种文化活动,可在一定程度上丰富人们的物质生活和精神生活。

(3)广告媒体的选择

广告是借助媒体来传播的,广告媒体种类繁多,其中以报纸、杂志、直接函件、广播和电视为主,这些广告媒体对受众者的影响有着不同的心理特点。广告媒体一般可以分为以下几类:

①印刷媒体。印刷媒体如报纸、杂志、信函、传单、说明书及其他各种印刷品。

②电子媒体。电子媒体如微信、广播、电视、电影和网络等,这一类媒体在近年来的发展变化尤其突出。

③户外媒体。户外媒体是在户外公共场所,使用广告牌、霓虹灯、气球、灯箱、邮筒、电话亭等公共设施进行广告宣传的媒体,如招贴广告、路牌广告和灯箱广告等。

④交通媒体。交通媒体指利用汽车、火车、轮船等交通设施进行广告宣传,因其目标较大,容易引起受众的注意,被誉为城市中"流动的美术"。

⑤实物媒体。实物媒体包括产品样品、模型、包装装潢、礼品和标识徽章等。

⑥其他媒体。其他媒体如烟雾、空中飞机、飞艇、热气球、街道、服装、岩石、海滩、海底等,也都曾被用作广告媒体。

(4)几种主要广告媒体的特点

报纸、杂志、广播、电视是公认的四大广告媒体,也是我国当前主要的广告载体。网络媒体则是近年来新崛起的一大广告媒体。

①报纸。报纸不仅是新闻传播的主要工具,而且是目前世界各国选用的主要广告媒体。报纸广告的优点是制作简单、方便灵活、费用低廉、宣传覆盖面广,但局限性在于时效短、内容繁杂、容易分散广告受众的注意力;受版面限制,广告数量和效果均受到影响;有的报纸

印刷技术欠佳，美感不强，缺乏对商品款式、色彩等外观品质的生动表现，从而影响了广告效果。

意大利福斯和菲亚特两大汽车公司曾分别推出了两款新型车。为占领市场，双方展开了一场广告大战。菲亚特利用名人效应，请当时著名电影演员在电视上做广告进行宣传，并在报纸杂志上撰稿扩大影响。福斯公司的广告设计师在分析竞争局面后采取了智取的广告策略，他设计了一位身着红色衣服的魔鬼，让它双手抱胸站立在山巅上，上面赫然写着"你们经不起诱惑——无与伦比的高罗夫的诱惑"刊登在销量最大的报刊上。众所周知，在西方国家，不被俗念打动的心灵唯有基督一个，其余都是凡人，是禁不起诱惑的，福斯公司的广告有雷霆万钧之势，想压倒对手。菲亚特也不让步，竟然用"最后的诱惑"作醒目的通栏标题，在各个刊物上大肆宣传。两家汽车公司广告的较量，表现了广告设计者的才智与胆识，也显示了广告竞争的激烈。

②杂志。杂志作为广告媒体，其优越性在于杂志的专业领域分布广泛，各种杂志本身特征明显，每一种杂志都有特定的读者群，因而广告的对象明确，宣传针对性强、效果好，而且保存时间长，信息利用充分。另外，杂志广告制作精良，画面生动鲜艳，能逼真地表现出商品的特性，有极大的吸引力。但杂志广告的不足之处在于其制作复杂、成本高、价格昂贵，排版周期长，灵活性较差，信息反馈迟缓，且篇幅少的杂志广告数量有限等。

③广播。广播通过电台向消费者介绍产品特点及选购方法，是听觉广告，也是传播信息最迅速、覆盖面最广的一种媒体。其优点是费用低廉，语言和音响效果的传播不受时空限制，传播速度快，传播的对象也很广泛，空间范围大，可以在最短时间内把信息传到千家万户，灵活性极强，如《首都调频》在任何时段平均都有4%的听众在收听。

当然广播广告也有不足之处，由于听众非常分散，效果难以测定，且声音转瞬即逝，听众记忆不牢，不易集中消费者的注意力，因此，其"有声无形"的形式限制了某些产品的宣传效果。

④电视。电视集图像、色彩、声音和活动于一身，是现代生活中不可缺少的信息交流工具，是现代化广告媒体。具有覆盖面广、收视率高、画面形象生动、表现手法丰富、感染力强、宣传效果好、促销作用明显的特点。不足之处是制作复杂、费用昂贵；且广告时间短，难以保存。

⑤网络媒体。近些年来，因特网作为广告媒体，以迅猛的增长速度和独特的方式引起了人们的注意。

上海大众除将传统的电视广告转嫁到视频、博客网站外，还将部分产品线曝光，利用博客让更多网民亲眼目睹上海大众的高科技生产流程，提高网民对汽车厂商的关注率。

除此之外，上海大众与中国建设银行合作推出的国内首张汽车联名信用卡"上海大众龙卡"，除具备普通信用卡的功能外，还可凭卡参与超值积分回馈、汽车消费抵扣、车主俱乐部服务等活动，十分实用。针对该卡的用途，上海大众采用了网络视频营销，推出视频故事。视频故事中，人物每次过关都会用到"上海大众龙卡"。通过悬疑且幽默的视频内容，传播在各视频网站上，潜移默化中加深了众多网友对"上海大众龙卡"的认知度。而上海大众也凭借视频营销，为其带来了数百万的观众，但是网络媒体广告成本与在电视节目中投放广告相比要低得多。活动效果：通过视频博客网站、视频故事等低成本的网络信息传播方式引起了广大网友对上海大众的关注。对于市场营销来说，传统电视广告只是"单向"传递信息，而基于网络的视频分享和对创意性参与的鼓励是"双向"的沟通。所以,营销视频不但节省了成本,更赢得了消费者对品牌的认可。不单强调消费者看到了广告,更多的是强调消费者由被动接受变为主动地参与。

(5)影响广告媒体选择的因素

汽车厂商在合理选择广告媒体时需要考虑以下因素。

①广告媒体的传播范围。汽车厂商在选择广告媒体时应把产品销售的地理范围与广告媒体所能传播到的范围统一起来。

②消费者接触媒体的习惯与接受能力。汽车厂商应选择目标消费者经常接触的媒体,以便最有效地把信息传递给目标消费者,引导他们产生兴趣,如刊登在汽车杂志上,则更易吸引消费者购买汽车。

③商品的性能和特点。汽车产品本身的性质和特点是选择广告媒体的重要根据。一般而言,较多地采用报纸、专业杂志、商品说明书、信函等印刷媒体,对汽车产品作详细的说明介绍;而通过广播或电视媒体,能形象逼真地介绍汽车产品的功能、特点,能诱发消费者的购买欲望,如在电视里做汽车广告,感兴趣的人就会多,广告效果就比较好,这样更具有感染力和说服力。

④市场竞争状况。广告要随时随地注意竞争对手的动态,并根据竞争对手的媒体策略及时调整自己的策略。如果竞争对手少,影响不是很大,只要在交叉媒体上予以重视;如果竞争对手多且威胁较大,则可以采用正面交锋或迂回战术。

⑤广告媒体的成本。广告费用包括广告作品设计制作费和使用媒体费用等。例如,要进行汽车某品牌的广告播出,在夜间收视黄金时间的电视广告费用远远比其他时间播出的广告费用高出几倍甚至于几十倍。

(6)广告设计的基本内容

广告设计的基本内容主要包括主题设计、文稿设计、图画设计和技术设计四个部分。

劳斯莱斯汽车的广告很有创意。其广告内容为:有位富翁在非洲的人烟绝迹的沙漠上,他所驾驶的劳斯莱斯汽车发生故障进退不得,只好徒步回城市,打电报给英国总公司的工厂。该厂当天就派直升机前往修理。数天之后,这位富翁又打电报给该公司问修理费多少。该公司打回来电报,电文是:"我们并没有修理过您的车子,也许是您搞错了吧!"

奥格威在为新型罗尔斯 - 罗伊斯汽车做广告时的标题是"这部新型罗尔斯 - 罗伊斯汽车以时速 60 英里开动时,最响的是它的电子钟"。这则广告没有直接提到汽车的质量如何,而是暗示人们:汽车的性能太好了,高速行驶时,汽车的零部件毫无问题,而且绝无噪声。

①主题设计。广告主题必须明确,且应当是唯一和突出的,设计应围绕一定的目的展开。

②文稿设计。广告文稿是表现广告主题和内容的文字材料,是传递广告信息的主要部分,一般由 3 方面的要素构成,即广告标题、口号和正文。

③图画设计。广告图画是广告艺术化的突出反映,指运用线条、色彩组成图案对广告主题进行表达。

④技术设计。技术设计是广告设计中最后一道环节,也是广告设计向广告制作的过渡。不同的广告形式,技术设计的重点也不一样。技术设计的基本内容主要指音响与文字的和谐搭配,包括广告歌词的谱曲、背景音乐的选择及播音或对话语气的界定等。

（7）广告效果的测定

广告效果是指广告信息通过广告媒体传播后所产生的社会影响和效应。这种影响和效应包括两个方面，一是对汽车厂商产品促销的效应，称为销售效果；二是汽车厂商与社会公众的有效沟通效应，称为传播效果。

3. 公共关系

（1）公共关系的含义

为了使公众了解汽车厂商的经营活动，有计划地加强与公众的联系，建立汽车厂商与公众之间和谐的关系以及树立汽车厂商信誉等一系列活动即属于公共关系。其特点是不以短期促销效果为目标，通过公共关系使公众对汽车厂商及其产品产生好感，从而树立良好的汽车厂商形象。它与广告传播媒体有些类似，但又是以不同于广告形式出现的，因而能取得比广告更长远的效果，如采用报告文学、电视剧、支持社会公益活动等公共关系手段的效果就很好。汽车厂商开展公共关系的目的不仅在于促销，更是为汽车厂商的生产经营创造和谐的营销环境。

汽车厂商公共关系是近年发展起来的一门独特的组织管理技术，良好的公共关系有利于树立汽车厂商的良好形象，赢得汽车厂商内外相关公众的理解、信任、支持与合作，有利于汽车厂商创造良好的市场营销环境。

（2）公共关系的特点

公共关系是一种隐性的促销方式，它是以长期目标为主的间接性促销手段，其主要特点有以下几个方面：

①长期性。公共关系的总体目标是树立汽车厂商的良好形象，通过各种公关策略的运用，能长时间地促进销售、占领市场。

②沟通双向性。一方面可将汽车厂商各方面的信息传播给社会公众，使其了解汽车厂商及其汽车产品，另一方面又运用各种手段和技术收集信息，为不断健全、完善汽车厂商形象与产品形象提供依据。

③可信度高。由于公共关系的好坏关系到汽车厂商及其未来的发展，因此，传播的信息一般比较真实有效，且具有较高的可信度。

④间接促销。公共关系强调汽车厂商通过积极参与各种社会活动来宣传汽车厂商营销宗旨、联络感情与扩大知名度，从而加深社会各界对汽车厂商的了解和信任，达到促进销售的目的。

⑤成本低廉。公共关系主要是利用信息沟通的原理和方法进行活动，它比广告成本少得多，但在一定范围内又具有较大的影响力。

全国劳动模范、甘肃兰州汽车运输公司张军榜驾驶的一台解放牌底盘改装客车，行驶110万公里无大修，成绩优异。长春第一汽车制造厂便邀请他回一趟"娘家"，张军榜又驾驶这辆汽车途经六省一市，行程3000公里，于1984年3月到达长春，受到长春第一汽车制造厂的热烈欢迎，并向张军榜颁发了模范用户证书，赠送他一辆新型解放牌汽车让他试用，这件事成为一大新闻，在多家媒体上都进行了报道，无形中扩大了汽车厂商的知名度。

上述案例中兰州汽车运输公司运用了公关、广告、营业推广、宣传报道等几种促销手段，这是对促销组合的巧妙运用，张军榜开车途经六省一市，做了广告，赠给他的新型汽车又采用了营业推广方式，密切加强了汽车厂与用户的关系，这也是建立良好公众关系的一种方式，媒体报道这一新闻，又无形中为解放汽车做了免费宣传。

（3）公共关系的活动方式

公共关系的活动方式有多种：

①通过新闻媒介传播汽车厂商信息。汽车厂商可通过新闻报道、记者招待会、人物专访和记事特写等形式，利用各种新闻媒介对汽车厂商的新产品、新措施与新动态进行宣传，并邀请记者参观汽车厂商，还可撰写各种与汽车厂商有关的新闻稿件。

②加强与汽车厂商外部公众的联系。汽车厂商通过同社会各方面（政府机构、社会团体以及供应商、经销商）的广泛交往来扩大汽车厂商的影响，改善汽车厂商的经营环境。通过同这些机构建立公开的信息联系来争取理解和支持，并通过它们的宣传来加强汽车厂商及其商品的信誉和形象，可赠送汽车厂商产品或服务项目的介绍、汽车厂商月报、季报和年报资料等。

③汽车厂商自我宣传。汽车厂商还可以利用各种能自我控制的方式进行汽车厂商的形象宣传。如在公开的场合进行宣讲，派出公共关系人员对目标市场及各有关方面的公众进行游说；印刷和散发各种宣传资料，如汽车厂商介绍、商品目录、纪念册等，有条件的汽车行业还可创办和发行一些汽车刊物，持续不断地对汽车厂商形象进行宣传，以逐步扩大影响。

④借助公关广告。通过公关广告介绍宣传汽车厂商，树立汽车厂商整体形象。公关广告的目的是提高汽车厂商的知名度和美誉度，公关广告的形式和内容可概括为3种类型：致意性广告、倡导性广告和解释性广告。

⑤举行专题活动。通过举行各种专题活动来扩大汽车厂商的影响。如举办各种周年庆、开工典礼、开业典礼等；开展各种竞赛活动，如知识竞赛、技能竞赛等；举办技术培训班或专题技术讨论会等，从而扩大汽车厂商的影响力。

⑥参与各种公益活动。通过参与各种公益活动和社会福利活动，协调汽车厂商与社会公众的关系，树立良好形象。这方面的活动包括：安全生产和环境保护、赞助文体等社会公益事业和捐助社会慈善项目等。

上汽大众汽车销售有限公司曾在全国范围内推出"帕萨特周末动感试驾活动"，试驾者可以亲身试驾上汽大众汽车销售有限公司提供的帕萨特各款轿车，让更多汽车消费者对上海大众的产品有比较全面的理性认识和真实的感观体验。

现代社会讲究实际体验，面对着众多新款轿车面世和各种"醒目"的汽车广告，消费者需要通过自身的驾驶体验来全面、客观地了解一款轿车的性能、外观和装备，举办试驾活动也成为消费者了解一款轿车最直接的方式。

试驾活动主要由静态观察、动感体验两个部分组成。静态观察是"静的感受"，试驾者在专业人士的讲解下，通过现场观察和专业人士的演示，从而对各款轿车进行比较全面深入的认识和了解；动感体验是"动的接触"，试驾者通过亲身驾驶，充分体验帕萨特卓越的技术性能和上汽大众汽车销售有限公司产品的优良品质，坚定了他们购买帕萨特轿车的决心。

4.营业推广

营业推广也叫销售促进，是一种直接刺激以求短期内达到效果的促销方法，其着眼点在于解决较为具体的促销问题。它与广告宣传、公共关系、人员促销不同，后三者一般是常规的、持续的，而营业推广则是非常规性的，是一种辅助促销手段，一般用于暂时的和额外的促销工作，其短期效益非常明显。

营业推广是由一系列短期诱导性、强刺激性的战术促销方式组成。它一般只作为人员推销和广告宣传的补充方式，其刺激性强、吸引力大，包括免费样品、赠券、奖券、展览、陈列、折扣、津贴等，它可以鼓励现有顾客大量、重复购买，并争取更多的潜在顾客，还可鼓励中间商扩大销售。与人员推广和广告相比，营业推广不是持续进行，只是一些短期性、临时性的能使顾客迅速产生购买行为的措施。营业推广的方式包括如下几个方面：

（1）对最终用户的营业推广

①赠送样品。免费或低价向顾客提供某种物品，以刺激顾客购买特定产品。一种形式是赠送大礼包，把礼品赋予产品之上，对购买者进行免费赠送；一种形式是以低廉的价格把某一商品卖给购买某一款车型的顾客；还有一种形式是在展览会或其他场合发放印有公司简介的公文包、文化衫等，以扩大公司知名度。

②发放优惠券。汽车厂商向目标市场的部分消费者发放一种优惠券，消费者持优惠券到指定地点购买产品，可享受折价优惠，这种方式通常用在市场上已有一定影响的，且是一次性使用的、周期较短、需要经常购买的商品。优惠券可分别采取直接赠送或广告附赠的方法发放，但厂商要取得零售商的配合，需对零售商因减价而造成的损失给予必要的补偿。

③有奖销售。汽车厂商对购买某些商品的消费者设立特殊的奖励。奖励的对象可以是全部购买者，也可用抽签或摇奖的方式奖励一部分购买者，这种方式的刺激性很强，对于一些品牌成熟的汽车产品或新产品都可用这种方式。

④开展汽车租赁业务。开展租赁业务，对用户而言，可使用户在资金短缺的情况下，用少部分钱获得汽车的使用权。

⑤产品陈列和现场示范。在零售现场占据某一醒目地位进行陈列展示，同时在销售现场用示范表演的方法，如 4S 店把产品的性能、用途和优越性逐一介绍给消费者，增加消费者对产品的了解，从而有效地打消消费者的某些疑虑，使他们接受汽车厂商的产品并进行购买。

⑥产品展销。通过参与和举办各种形式的商品展销，将一些能显示汽车厂商优势和特征的产品集中，边展边销，由于展销可使消费者在同时同地看到大量的优质商品，有充分挑选的余地，所以对消费者吸引力很强。常见的展销形式有季节性商品展销，如每年固定时间的车展，以名优产品为龙头的名优产品展销，如豪华车展、房车展等，还有为新产品打开销路的新产品展销，如展车巡游等。

⑦附赠赠品、折价券和消费卡。消费者在购买某一指定商品后，可以免费或以低价购得小赠品，比如赠送汽车保养卡等，它能有效地刺激消费，给消费者留下深刻印象。

当消费者购买某一产品时，汽车厂商给予一定数量的交易印花，购买者将印花积到一定数额时，可到指定地点换取赠品。汽车厂商通过这种赠品印花的方式来招徕生意，扩大销售。赠品印花的实施，可刺激消费者大量介绍朋友或亲戚购买本汽车厂商的汽车，以此获得尽可能多的印花，扩大汽车厂商的市场占有率。

折价券（或优惠券）就是给持有人一个保证，即持有人在购买汽车时可凭此券免付一定金额的钱。折价券可以邮寄，附加在其他商品中，或在广告中附送，多被厂商采用，而消费卡多被零售业、服务业采用，持卡人凭卡消费可以享受一定的折扣。消费卡既可以免费有目的地发放，也可以收取一定的费用售出。

⑧消费信贷。这是通过赊销、分期付款等方式向消费者推销产品，消费者不用支付现金或只支付部分现金即可先取得商品使用权。对汽车这种大件特殊商品，消费信贷有明显的促销作用，消费信贷的形式有分期付款、信用卡等。

由于汽车价格一般比较高，普通消费用户一次性付款较难承受，因此世界各汽车公司都有分期付款业务。1997 年末，"长安奥拓"推出分期付款方式，就是定价为每辆 58800 元的"奥拓"轿车，第一次付款 18000 元即可提车，余款在其后的 18 个月内付清，"首付一万八，奥拓开回家"。此举使得这种微型车的销量在较短时期在北方市场增长一倍，并且有 80% 的产品走入家庭。

2001 年"9·11"事件后，为了应对汽车销售大幅下滑，激活汽车市场，美国通用汽车公司推出"零贷款利率"促销活动，福特、戴姆勒·克莱斯勒公司也相继推行。2001 年 9 月 13 日通用汽车召开地区销售代表会议所提供的信息显示，"9·11"后的纽约连一辆车都未销售出去，整个通用汽车销量锐减 40%。2001 年 9 月 17 日，通过启动汽车市场，转动美国经济的一大行动计划，即通用汽车公司在北美区正式出台的"推广零利率贷款购车活动"，尽管此种促销手段此前一直限定在特定区域和部分车型，但这次破例对所有车型均实施这一销售政策。通用汽车公司利用"零利率"贷款促销，使其销售迅速恢复到"9·11"前的水平。后来福特汽车公司的经销商也随之跟进，大众品牌经销商将贷款利率降至 0.9%。这样的促销手段效果出奇的好，在美国形成了新一轮购买汽车的高潮。

此项促销活动已于 2002 年初相继期满。但是，2002 年 7 月 3 日美国通用汽车公司又重新宣布恢复零利率贷款促销，对 2002 年款的 45 种车型提供 36、48 和 60 个月的零利率贷款；福特汽车公司随后跟进，对部分 2002 年款车型提供 36 和 60 个月的零利率贷款；戴姆勒·克莱斯勒公司也不甘落后，对大部分道奇、克莱斯勒和吉普车型提供 60 个月的零利率贷款。自此，新一轮的零利率汽车促销大战轰轰烈烈地展开了。

⑨竞赛、游戏。这是通过生产厂家或零售商组织消费者参与有关活动，让消费者有某种机会去赢得一些奖品，作为他们参与活动的回报，赢得的奖励有现金、实物和免费旅游等。这种方法可以扩大汽车厂商和产品的知名度，引起消费者的兴趣。

南京菲亚特汽车公司曾在全国范围内展开"买菲亚特汽车，看 F1 大赛"的活动。幸运车主将得到南京菲亚特汽车公司赠送的 F1 大奖赛的入场券。

POLO 在网上推出有奖问答游戏，只要选对了问题的答案，便会收到厂家的礼品，更可享受上海三天两夜豪华游。该活动面对的是全体消费者，无论是驾车一族，还是根本没有考虑过买车的，只要有兴趣都可以参加这个游戏。

⑩特价销售和产品保证及提供优质服务。为度过某些销售淡季或者迎接某些特定节日，厂商或零售商往往会开展一些优惠酬宾、折扣让利等活动，这是一种向消费者提供低于常规价格的商品销售方法，用以刺激消费者购买，这是汽车厂商较常用的方法之一。汽车厂商应根据实际需要灵活设定商品的销售价格，这种方式不能经常使用，否则会给消费者带来清仓处理的感觉，不利于汽车厂商的长远发展。

在降价过于频繁的 2004 年的中国车市，差价补偿其实不是个新鲜词，很多经销商都做过。但真正把"差价补偿"演绎到极致的应该属东风标致，在 2004 年的广州车展期间，它宣布标致 307 全线降价近两万，并提出了"差价补偿"的促销手段。

作为较大的汽车厂家，知名的汽车品牌，第一个以如此大的幅度差价补偿，这种勇气和决心肯定会给消费者留下深刻的印象，在消费者被降价吓得不敢再买车的时候，标致第一个站出来，给了消费者信心，同时也给对手带来了难以形容的压力。这种行为对于当时降价成风的国内车市，还是有一定积极意义的，受东风标致影响，东风日产也宣布：从 2004 年 12 月 14 日到 2005 年"3·15"期间的购车用户，将能享受到厂家降价行为的"全价补偿"，这无疑给消费者带来了信心。

产品保证是一种重要的促销工具，特别是消费者对产品质量非常敏感时，生产厂家向消费者作出产品质量保证，如发放信誉卡、质保若干年、购买后一段时间可退换货等，可以增加消费者对此类产品的信心，但汽车厂商需要仔细估计可能产生的销售价值及其潜在成本。

通过周到的服务，使客户得到实惠，在相互信任的基础上开展交易，主要的服务形式有：售前服务、订购服务、送货服务、售后服务、维修服务、零配件供应服务、培训服务、咨询信息服务等。

（2）对中间商的营业推广

对中间商的促销方式有：

①现金折扣。这种促销方式是指如果中间商提前付款，可以按原批发折扣再给予一定折扣。

②数量折扣。数量折扣是对于大量购买的中间商给予一定的折扣优惠，购买量越大，折扣率越高。

③顾客类别折扣。这种折扣形式是汽车厂商根据中间商的不同类别、不同分销渠道所提供的不同服务，给予不同的折扣。

为刺激消费者的购车欲望，通用汽车公司于 2005 年 6 月 1 日开始，对其 Traiblazer、Tahoe、Suburban 多功能车以及某些 Silverado 皮卡车提供 1500 美元的现金折扣。其他型号汽车仍将保持 2002 美元的现金折扣，但不包括凯迪拉克和 Corvette。此前，通用汽车公司曾向购买或租赁该公司大部分品牌汽车的消费者提供 2002 美元的折扣优惠。另外，通用汽车公司将对 36 个月的汽车贷款提供零利率促销措施，超过 36 个月的贷款将收取非常低的利息。

通用汽车员工价促销活动从 6 月 1 日展开，任何 2005 年份的汽车，除雪佛兰 Corvette、庞迪亚克 GTO 和 GMC 中型卡车外，顾客均可用员工折扣价购买。通用汽车公司于 2005 年 6 月 5 日宣布将这项计划延长到 8 月 1 日。

在通用汽车的促销压力下，福特汽车于 2005 年 7 月 5 日宣布将采取相同的优惠办法，以员工折扣价出售各型汽车。克莱斯勒汽车公司于 2005 年 6 月 6 日也宣布加入这场折扣战。数小时后，福特汽车宣布"家庭促销计划"，该公司几乎所有车辆也将以员工折扣价出售，截止期限也是 8 月 1 日，但有三种车型即野马、油电混合的 Escape 车和 GT 皮卡车不包括在促销范围内。

据后来的统计数据表明，通用汽车公司在 2005 年 6 月份的销售业绩因为这些促销手段大幅上升了 41%，创下 19 年来单月销售量最高。

（3）对推销人员的营业推广

针对本汽车厂商推销人员展开营业推广，其目的是鼓励推销人员积极开展推销活动。

①红利提成。红利提成的做法一是推销人员的固定工资不变，在固定薪资之外，从汽车厂商的销售利润中提取一定比例的金额，作为对推销人员努力工作所给予的现金奖励；二是推销人员没有固定工资，每达成一笔交易，推销人员按销售利润的多少提取一定比例的金额，其提成比例按递增关系，销售利润越大，提取的百分比越大。

②销售竞赛。销售竞赛的目的在于刺激推销人员在一定时期内增加销售量，销售竞赛的内容主要包含推销数额、推销费用、市场渗透和推销服务等。汽车厂商明确规定奖励的级别、比例与奖金数额，成绩优异、优胜者可以获得一定的现金、实物或获得称号、度假、进修

深造、晋升和精神奖励等，以激发推销人员的工作热情。

③教育与培训。教育与培训是指向推销人员提供免费的业务培训和技术指导，得到一定认证后方可晋级。

各种营销方式的优缺点如表 8 - 1 所示。

表 8 - 1　汽车促销策略的基本方式的比较

促销方式	优点	缺点
人员推销	方法灵活，有利于深谈，容易激发兴趣，促进交易即时成交	费用较大，影响面较窄，难以有效管理，不易培养及寻找合适的人才
广告	信息覆盖面广，容易引起注意，可重复使用，信息可艺术化	说服力小，信息反馈慢，不易调整，难以迅速导致购买行为
营业推广	吸引力大，能及时改变传播对象的购买能力	汽车厂商难以控制传播过程，见效缓慢
公共关系	影响面大，容易得到信任，效果持久	操作不当容易引起怀疑，自贬身价

8.2.2　促销组合策略

促销组合是汽车厂商根据产品特点和经营目标的要求，对各种促销方式进行适当选择和综合运用。由于各种促销方式都有其优点和缺点，在选择对汽车产品进行促销时，需要确定合理的促销策略，即确定如何科学地组合运用四种促销手段，取长补短、相互协调，以较低的费用达到较好的效果，从而实现汽车厂商的促销目标。汽车厂商在制订促销组合时应该充分考虑以下因素。

（1）汽车促销目标

促销目标是汽车厂商进行促销活动所要达到的目的。它是根据汽车厂商的整体营销目标制订的，汽车厂商在不同时期、不同市场环境下所执行的特定促销活动都有其特定的促销目标。

（2）汽车产品类型

不同类型产品的消费者在获取信息和购买方式等方面是不同的，需要采用不同的促销方式和组合策略。一般情况下，价格昂贵、购买风险较大的耐用消费品如汽车、住房，由于产品价值较大且技术含量较高，消费者除了一般广告所提供的信息外，还希望能得到更为直接可靠的信息来源，因此，汽车厂商更多采用的是人员促销。从事消费品经营的厂商，如经营服装、化妆品等时尚性产品以及消费者购买频繁的一般日用消费品的厂商，广告的比重则要大一些。

（3）汽车产品生命周期

在产品生命周期的各个阶段，消费者对产品的了解和熟悉程度不同，因此汽车厂商的促销目标和重点也不一样。在投入期，该阶段促销的重点目标是尽快地让消费者了解认识新产品的性能和质量，其促销策略应采用各类形式的广告；在成长期，消费者对产品有了较全面的认识，促销的重点目标应是想方设法激发消费者的购买兴趣，其促销策略仍可采用广告方式，但重点应在于宣传汽车厂商及产品品牌、树立产品特色；在成熟期，已有大量的竞争者占据市场,广告的内容应多侧重于强调产品的价值和给消费者带来的利益,甚至使他们成为产品的忠实客户,为提高市场占有率,应尽量使用营业推广等方式来促进购买;在衰退期,汽车厂商要做的是尽快抛售库存,利用削价的方法进行促销。

(4)汽车市场状况

制订促销组合要考虑目标市场的性质,不同的市场应该采取不同的促销组合。通常,在地理范围狭小、买主比较集中且交易额大的目标市场上,可以考虑以人员推销为主,配合以广告策略进行组合,这样既能发挥人员推销的优势,又能节约广告费用;市场规模比较大、产品销售范围比较广泛的市场,则适用于以电视、电台和报刊等媒体的广告宣传为主,并以其他促销方式为辅的促销组合。

(5)汽车"推动式"销售与"拉动式"销售

在汽车销售渠道过程中,采用"推动式"销售还是"拉动式"销售,对汽车促销组合有较大的影响。"推动式"销售是一种传统式的销售方式,是指汽车企业将汽车产品推销给总经销商或批发商;而"拉动式"销售是以市场为导向的销售方式,是指汽车企业(或中间商)针对最终消费者,利用广告、公共关系等促销方式,激发消费需求,经过反复强烈的刺激,消费者将向中间商指名购买某一种汽车产品,这样,中间商必然要向汽车企业要货,从而把汽车产品拉进汽车销售渠道。

(6)促销预算

由于每一种促销方法所需费用是不同的,汽车厂商在选择促销方式时,要根据汽车厂商的资金状况并结合其他因素,选择适宜的促销方式,一般来说,广告宣传的费用较高,人员推销次之,营业推广花费较小,公共关系的费用最少,但它们在不同时期的促销效果不同。

奇瑞汽车自上市以来就注重开拓国内、国际两个市场,发展非常迅速。奇瑞 QQ 在国内上市时主要采取整合营销传播,形成市场互动的营销策略。奇瑞 QQ 作为一个崭新的品牌,明确市场细分与品牌定位后,运用了立体化的整合传播,以大型互动活动为主线,包括奇瑞 QQ 价格网络竞猜、奇瑞 QQ 个性装饰秀大赛、奇瑞 QQ 网络 FLASH 大赛等;再配合相关信息的立体传播为奇瑞 QQ 大造声势,选择目标群体关注的电视、网络、报刊、户外广告等媒体,将奇瑞 QQ 的品牌形象、品牌诉求等信息迅速传达给目标消费群体和广大受众,使奇瑞 QQ 很快渗入市场。

美国一直是全球最大的汽车销售市场,奇瑞汽车开拓美国市场有其必要性和可行性,在对其进行 SWOT 分析的基础上,提出在进入初期,把追求时尚但收入不高的年轻人市场定为目标市场,并确定了相应的产品策略、价格策略、分销策略和促销策略,将五款新车定位于美国年轻人市场。

与奇瑞 QQ 在国内上市时的市场定位类似,奇瑞公司将上述成功做法引进到美国市场,在导入期注重广告效应,利用电视、网络、报刊等媒体进行宣传并针对目标消费群制订了一系列互动措施,吸引他们积极参加一些公共活动,从而达到让人们了解奇瑞汽车、购买并喜欢奇瑞汽车的目的。

从这个案例来看,汽车促销绝非易事,而是一个对品牌、产品、市场、区域、消费者等因素综合考量的战略决策。奇瑞公司通过广告、人员推销、公共关系、营业推广等多方面的措施促销奇瑞旗下的汽车产品,提高了奇瑞的品牌知名度,增加了消费者对于奇瑞汽车公司及其产品的了解,在一定程度上增加了奇瑞汽车的销售量。

第9章 汽车电子商务营销

9.1 汽车电子商务平台

电子商务(electronic commerce, EC)是通过数字通信进行商务和买卖以及资金的转账,包括汽车厂商间和汽车厂商内利用 Email、EDI、文件传输、传真、电视会议、远程计算机联网所能实现的全部功能(如市场营销、金融结算、销售以及商务谈判等)。

汽车电子商务的迅猛发展给社会带来全新的生产和商务模式,个性化服务和零库存改变了传统的生产经营管理模式。个性化服务活跃了汽车销售市场,汽车市场的活跃必将推动与汽车相关的配件、维修、加油和保养等一系列的相关产业市场的繁荣,汽车电子商务也会在降低汽车库存方面发挥积极作用,使大量资金用到再生产中去。快速的资金流动带来的是整个汽车行业的发展和生产成本的降低。

9.1.1 汽车电子商务的发展

在经历了几十年的标准化、规模化的大生产后,目前世界范围内汽车生产相对过剩、利润率严重下降。汽车业作为昔日传统行业的巨人,在信息业蓬勃发展的今天,还能重振雄风吗? 对于这个问题,世界各大厂商见解不一,但对于一点他们的看法却是一致的,即汽车市场电子化是帮助汽车厂商渡过难关的关键。

Internet 以其特有的优势正逐渐得到传统产业的重视,各行各业相继推出符合自身特点的电子商务解决方案,汽车业也不例外。国外的一些汽车厂商首先意识到了这种紧迫性。2001 年上半年,通用、福特与戴姆勒·克莱斯勒宣布合作建立世界最大的电子商务交易平台就是例证。相比之下,我国的汽车厂商对电子商务行动比较迟缓。虽然,大多数重点汽车厂商都有自己的网络主页,但仍主要停留在汽车厂商简介、产品样本的初级阶段。有的汽车厂商的主页有网上销售内容,但却没有一套可以实施的操作方案。

1.汽车电子商务的实质

在过去的商业模式中,制造商把他们的产品推销给批发商,批发商又推销给零售商,零售商又推销给顾客。我们把这种商品的供应方式称为"推动式"的供应方式。在这种方式中,制造商、批发商和零售商只注重他们之间的讨价还价。如果他们推出的商品顾客不接受,那么,他们之间的任何交易都不会给他们带来效益。鉴于此,现在制造商、批发商和零售商逐渐把原来的"推动式"供应方式转变为"拉动式"供应方式,以顾客为中心,为了满足顾客不断变化的需求，建造一个灵活、有效的供应链。这种体系，就是当今电子商务解决方案的重要内容。

对于汽车行业来说，好的电子商务解决方案，应该具备以下特点：搜集并分析顾客需求信息，自动完成采购预测、零售商和供应商之间的实时信息交流、物流跟踪与库存控制、自动补货监测。

（1）我国汽车电子商务的现状

亚太地区是汽车业最具有增长潜力的地区。要将我国潜力巨大的汽车市场与世界接轨，汽车电子商务是一个重要途径。汽车电子商务的应用，使得中小型汽车厂商和大型汽车厂商拥有了同等参与竞争的机会。从这一意义上讲，大力发展汽车电子商务，开展网上经销，对于我国羽翼尚未丰满的汽车行业来说，确实是增强自身实力、缩小与跨国汽车集团差距的绝好机会。所以，业内人士认为，我国汽车工业除了要进一步扩展和改造现有的经销网络，逐步向品牌专营、四位一体的方向发展之外，还应全力发展电子商务，特别是大力发展网上营销，从而延伸自己的销售触角，快速实现市场扩张，争取在国外汽车厂商大规模进入国内市场之前最大限度地抢占国内的汽车市场。

汽车行业电子商务应用一般可分为 5 个层次：汽车厂商网络宣传，汽车厂商网上市场调研，汽车厂商与分销渠道网络联系模式，汽车厂商网上直接销售模式和供应链的网上营销集成模式。

与国外汽车厂商相比，我国整车生产汽车厂商在产品介绍上，只是信息的简单堆砌，而没有从用户的角度考虑如何突出产品的特点，缺乏购买说服力，而且竞争意识不强，几乎没有一家将自己的产品与其他竞争产品做过性能、价格比较。大多数的网上订单只是简单的信息录入加上电子邮件，真正的需求还依赖于与供求双方在网下进行会谈。销售网点的介绍只限于地址、电话，较少有具体的服务范围。对销售网点的查询范围也太过宽泛，有待进一步细化。在售后服务栏目的制作上，多数整车汽车厂商显得漫不经心，服务承诺草草带过，客户反馈途径是简单的电子信箱。厂商提供了维修网点，却很少对顾客常见的疑难问题进行解答并给予相应的技术支持。总体来说，我国汽车电子商务仍处于萌芽的状态。

（2）国外汽车行业的电子商务

大型汽车厂商要有效地实施电子商务，其管理模式必须作适应性的变革。汽车厂商实施电子商务成效最显著的是在汽车产品供应链端——上游零部件的供应和下游汽车产品的销售服务。

汽车部件的供应过程复杂，可分为多层系统。如福特汽车厂商，它将大型集成系统、座椅、车轮和制动器等列为第一层，第二层是向第一层提供部件的汽车厂商，此外还有第三层供应商。目前，福特已经通过它的电子数据交换系统，同第一层供应商建立了密切的联系，同第二层供应商的联系也正在加速进行，最终它将同所有三层供应商联网，互通信息。举例来说，当福特汽车厂商通知第一层供应商，它需要多少红色、蓝色和紫色座椅的时候，属于第二层皮革供应商也能在网上随时看到福特对各种颜色座椅的需求变化并开始准备存货，而不必等待座椅制造商告诉它需要什么皮革。汽车部件供需关系的改善，将大量节省费用、降低成本、减少库存。据福特汽车厂商讲，通过网络采购，每笔交易的费用只有 15 美元，而目前一项典型采购所付的采购费是 150 美元。由于包括雷诺、日产在内的 4 大汽车厂商的采购额极大，每年约 7000 亿美元，因此网上采购节省的交易费用相当可观。另外，汽车厂商将放弃许多部件生产厂的股份，使它们成为供应商，从而减少低利润的加工厂，精简汽车厂商的投资。在这方面，福特已经走在其他汽车厂商的前面。通用汽车厂商也有所动作，它已经将庞大的德尔福汽车部件生产系统从汽车厂商拆分出去。

国外汽车电子商务已经从第一、第二层逐步发展到第四、第五层。如通用汽车厂商与美国著名的电子商务软件 Commerce One 合作，建立了一个名为 Tradex－change 的 B2B 电子商务中心，其目的是为了加速零部件采购过程和降低采购成本，并于 1999 年 11 月开始运营。2000 年 5 月，福特、通用、戴姆勒·克莱斯勒 3 大汽车厂商宣布联合建立一个电子商务市场，实现通过网络来进行零部件的采购。3 大汽车厂商将通过 Covisint 网站同他们的 5 万家供应商联网，雷诺、日产汽车厂商也称将加入这个网站。有资料表明，通过全面实施电子商务活动，每辆车可以节省大约 14% 的生产总成本，福特汽车厂商每年因此能节省将近 80 亿美元，并从开支、办公纸张费用以及其他高效的交易中节省将近 10 亿美元。现在经销商们不得不开始接受联网。据统计，美国 22600 家汽车经销商中 65% 已经设立了一名专职的互联网销售人员，61% 设立了自己的网站，40% 参与到了在线购买服务。所有的这一切表明，网络化将是汽车工业的又一次革命。本就落后的中国汽车工业要及时清楚地认识到网络革命的到来，积极投身到网络革命的浪潮中去。

（3）电子商务是中国汽车产业发展的必由之路

汽车厂商内部的信息化。汽车厂商的信息化是一项长期、综合的系统工程，是实施电子商务的核心。汽车厂商信息化任务包括硬件建设和软件建设两个方面。

硬件建设方面包括：网络的综合布线、Internet 的连接、Internet 的构建；办公、科研、生产、营销等各种应用软件系统的集成和发展；汽车厂商内部信息、外部信息资源的挖掘与综合利用；信息中心的组建以及信息技术、信息经济与信息管理人才的培养。

软件建设方面包括：相关的标准规范问题以及安全保密问题的研究与解决；信息系统的使用与操作以及数据的录入与更新的制度化；全体员工信息化意识的教育与信息化技能的培训；与信息化相适应的管理机制、经营模式和业务流程的调整。

建立汽车行业电子物流体系。为了实现广域的网络采购，汽车厂商要分离许多零部件生产协作配套厂，使它们成为供应商，从而减少汽车厂商的投资。最终汽车厂商将变成一个几乎不生产汽车零部件的汽车厂商，它们只是将供应商送来的汽车零部件进行最后组装，然后打上自己的品牌。汽车厂商主要致力于汽车的设计和研究，汽车厂商与汽车零部件供应商将组成一个有效的供应链。

随着 Internet 的发展，汽车的销售模式发生了变化。Internet 削弱了传统销售渠道的中间环节，汽车厂商从传统多级销售体系的身后走出来，直接面对消费者，通过完善的客户关系管理与消费者联系，掌握信息，提供符合消费者需要的汽车和相关服务，形成"批量生产"，形成所谓的"拉动"模式。汽车厂商将直接接受消费者网上订货，然后组装汽车。因此，现有的营销渠道要加强服务功能，完善物流配送服务系统。营销所涉及的地区越大，要求的物流配送系统就越大，要让消费者真正享受到足不出户就可以得到想要的一切。

电子商务与传统模式的结合。由于我国的电子商务发展与发达国家还存在较大的差距，不可能迅速实现网上交易。因此，目前比较理想的操作模式，是电子商务与传统模式的有机结合，在使用电子商务手段的同时，满足用户的具体需求，把服务落在实处。各汽车厂商要建立产品数据库、技术信息库以及支持销售，方便各级用户的查询；建立自由的、具有一定数量的实体库存，借用社会专业力量，以汽车厂商联盟及其他方式建立覆盖当地市场的仓储、配送力量；以品牌为龙头，网络为手段，产品为纽带，仓储和配送力量为支持，发展包括配件经销商、汽车修理厂、汽车养护中心为内容的连锁体系。在开放式信息平台的支持下，更大范围地联合行业内的汽车厂商，借助各自资源共享市场，共同获益。

9.1.2　汽车电子商务功能及应用

汽车厂商利用电子商务所获得的效益突出表现在两个方面：一是提高对顾客的服务水平；二是降低汽车厂商的经营成本。实施供应链管理的第一步，就是实现供应商与零售商、汽车厂商内各部门之间的信息沟通与共享，这样就可以将顾客的需求信息迅速地传递到制造商手中，使供应链上的各个环节都能对顾客的需求变化迅速作出反应，从而最大限度地满足顾客的需求。由于信息沟通方式的变化，导致了交易方式及交易流程的变化，从而大大缩短了交易周期，降低了供应链上每个环节的库存，避免了浪费，降低了汽车厂商经营成本。虽然汽车电子商务的关键环节对所有的汽车厂商来说都是相同的，但每个汽车厂商应以不同的方法来实现各自的供应链管理。这种变化的多样性是由于买卖双方根据市场及顾客需求所决定的。

根据我国国情和汽车业的特点，应用于任何汽车行业的电子商务解决方案，除了具备汽车厂商形象及产品信息的宣传功能外，还必须实现以下基本功能：

①灵活的商品目录管理功能。作为零售商，在商品目录管理系统上，能够创建包括任何厂商、任何商品类别、任意数量的自建商品目录。这些目录里的商品信息的任何更改，都可以实时反映在系统中。而对于供应商来说，不仅可以通过建立包含任意商品类别的公开商品目录向零售商发布产品信息，也可以创建只供指定零售商查看的商品目录。在这些目录中，甚至可以提供特殊的优惠而不用担心被其他供应商或者未指定的零售商看到。

②网上洽谈功能。当零售商发现一个感兴趣的商品，或者供应商寻求到零售商发布的采购目录后，网上洽谈功能可以帮助零售商、供应商进行实时交流，而且所有的洽谈记录都将存放到数据库中，以备查询。

③订单管理功能。根据用户的实际需要，自动将发生在供应商、零售商之间的订单草稿以及洽谈形成的采购意向集合到一起，并且组合成一个订单发送给供应商。另外，对于经常交易的双方来说，由于互相之间比较信任，也可以不经过任何洽谈就直接发送订单。这样就极大地提高了采购、供应的效率。

④基于角色的权限和个性化页面功能。规定各种角色之间的权限和安全的继承性，如果一个系统管理员的账号可以创建和管理销售、采购经理的账号；而销售、采购经理的账号可以创建许多属于他领导的业务员，这些业务员的权限也各不相同。同时，基于这些用户指定并提供的个性化功能，对于不同角色，其操作是不一样的，同一个角色不同账号之间的内容也可以完全不一样。

电子商务在汽车营销的具体应用上，是通过以下一些主要的功能体现其价值的：

①汽车厂商采购。在组织市场上，汽车厂商采购工作是一个复杂得多阶段过程。汽车厂商采购属于 B2B 电子商务模式，许多汽车厂商已经在专用网络上使用了电子数据交换来自动完成例行采购，利用互联网可以进一步降低采购费用。

②库存管理。汽车厂商与供应商之间传统的供应链运作效率很低，表现在每次供货量很

大、每批供货间隔时间很长,其结果是汽车厂商的库存量很大,供应商对汽车厂商的商品需求不能作出快速的反应。汽车厂商产品的库存过大会造成大量资金积压,库存过小会产生脱销从而影响销售量。

③客户服务。电子商务可以让汽车厂商为消费者提供更好的服务。通过电子商务,汽车厂商不仅可以为客户提供详尽的产品信息、服务介绍,还能为消费者提供产品或服务的预定和咨询接待,以及售后服务或动态服务的状态查询,从而更高层次地满足客户需求。

④寻求新的销售机会。汽车厂商利用 Web 站点可以进入一个新的市场。Web 商务的特点是具有多媒体功能和交互能力,其页面能够显示各种彩色并附有影像的动画图像,可以很有效地宣传、介绍汽车厂商的产品,客户可以进行浏览访问、允许来访者输入数据进行信息交流。汽车厂商还可以通过电子商务站点与销售商接触,树立品牌形象,与客户进行交流,实现信息管理和信息分发,提供顾客服务、技术支持和网上销售。对于汽车行业而言,中小型汽车厂商通过电子商务可以获得许多新的销售机会。

⑤汽车厂商组织形式。电子商务的发展将会导致汽车厂商营销组织形式的变化,汽车厂商内部信息管理系统的运用使得汽车厂商的中间管理层次变得多余,汽车厂商中间管理层将从层次型的"金字塔"结构转向基于信息的"扁平"结构,这种扁平的管理组织结构有利于把市场信息、技术信息和生产活动相结合,使汽车厂商管理者能够对市场作出快速反应。

9.1.3 汽车电子商务的优势及核心

电子商务并不是要建立一个全新的商务,而是要疏通现有商务的各个环节,提高现有商务的工作效率,改善现有商务程序,开辟一个全新的交易场所。汽车电子商务对汽车厂家、销售商和顾客都具有优势。

1. 汽车电子商务具有的优势

(1)减少汽车销售的中间环节,缩短汽车销售渠道

汽车生产厂家和销售商可以利用汽车商务网站快捷地、实时地、不受时空条件限制地直接面向世界每一个角落、每一个消费者,推销自己的产品和服务,中间商的作用已经微不足道,甚至已不复存在了。

(2)降低交易成本,减少库存,提高产品竞争力

电子商务是在市场经济条件下提高经济效益、降低汽车厂商成本的有效途径。电子商务实际上是通过"网上运动"来代替"网下运动",以此降低交易成本。在网上销售汽车,可以减少各种中间环节,为经销商节省大笔营销费用。有资料表明,电子商务可以使交易成本降低20% ~ 40%,节省的费用和时间分别为 11.61% 和 19.34%。据分析,汽车厂家迟早将甩开中间销售商做网上直销,直接在网上提供价格信息,由厂家和用户共同商定价格。

库存量的多少,可以反映汽车厂商的经营状况。库存管理水平也将直接影响汽车厂商的营销。库存增多,会使运营成本增加,从而减少汽车厂商的赢利。高库存量并不能保证向客户提供更多服务。产品生产的周期越长,汽车厂商需要的库存量就越多,以便保证能够应付可能出现的交货延迟、交货失误等问题,对市场需求变化的反应也就越慢。当然,库存过低,有时候也会因缺货使顾客另寻他处。所以,适当的库存,不仅可以让客户得到满意的服务,而且可以为汽车厂商尽量地减少运营成本。这样,就要求提高库存管理水平,提高劳动生产率,提高库存周转率,降低库存量。电子商务能够使汽车厂商在短时间内获取订单信息,从

而便于汽车厂商及时地组织生产，及时地调整库存量。

（3）网络广告能展示各种多媒体信息，价格又相对低廉，可以降低促销成本

网络广告能处理文字、声音、图片、动画、视频和色彩等多媒体信息，展示的内容丰富多彩，比传统媒介广告方便、快捷得多。与其他销售渠道相比，尽管建立和维护汽车厂商的网址需要一定的投资，但网上促销已经大大降低了成本。有研究表明，在国际互联网上做广告，进行网上促销，其结果是增加 10 倍的销售量，而花费的广告费只有传统广告预算的 1/10。而且，一般来说，网上促销的成本只相当于直接邮寄广告费用的 1/10。

（4）促进汽车厂家改进技术，改善服务

由于网络具有时效性强、联系便捷的优势，汽车生产商和经营商可以根据网络市场反馈的信息不断调整产品结构，改进汽车生产工艺和制造技术水平，加强与消费者的沟通，更好地为消费者服务。

（5）可向客户提供信息服务，与客户的交流反馈更加直接、便捷、有效，保持与客户的密切联系

客户是汽车厂商重要的商业资源，与客户的广泛联系和接触对汽车营销十分重要。交易过程中，很大一部分工作就是与客户打交道，联系、听取客户的意见和建议。电子商务可以增加汽车厂商与客户的接触，保持密切的信息联系，可以在全世界范围内向客户提供远距离、低成本的访问。汽车厂商向客户提供商业信息是客户服务的重要内容，电子商务可以使这项服务更加便捷、快速，使客户及时地获取商业信息。同时，客户也可以方便地通过网络向汽车厂商反馈信息。汽车厂商可以把产品更新、经营政策、汽车厂商电子期刊等信息快速传送到客户的电子信箱中，进行客户跟踪；可以利用主页征集客户反馈信息，了解客户需求。为客户提供的信息服务越及时，汽车厂商与客户的沟通联系就越密切，汽车厂商得到的商业机会就越多。在电子商务环境下，汽车厂商与客户之间只需要轻点鼠标就可以实时地沟通、传递信息。

（6）用户对汽车厂商的忠诚度大为提高

电子商务的应用使大汽车厂商对消费者的"锁定"越来越牢固，进一步拉大了与弱小汽车厂商的距离，从而使市场呈现"直流化"。网上直销汽车可能导致世界汽车巨头们进入一个新的竞争，对用户的争夺战将会白热化，而用户购车更加便利、快捷且与厂商联系密切，用户对汽车厂商的了解更加直接和丰富，从而促使用户更加忠实于其选择的汽车厂商。

对购车客户而言，汽车电子商务则具有如下优势：

①网上购车可以排除汽车推销员的干扰，自主决定购车品牌和意向。

②消费者可以坐在家中通过网络比较各种车型的性能和价格，然后从中作出最佳的选择。

③消费者可以根据自己的喜好就汽车颜色、发动机、空调等方面提出设想，定制一辆真正属于自己的汽车，实现个性化购车。

④网上购车大大节省了时间，人们足不出户即可以了解汽车厂商最新的情况。

通过互联网，以三维汽车图像呈现在用户眼前，用户可根据各款的性能报告进行"个性化"购车选择和参数性能对比分析，当用户需求信息通过网络反馈给厂家后，可以在最短的时间内得到厂家的信息反馈。目前，汽车消费者的个性化需求对厂家生产的影响越来越明显，个性化、批量小、柔性化的"量体裁衣"式生产正成为现实。厂家必须和用户进行交互式

的信息沟通，得到大量个性化需求信息，而这种个性化需求信息交互的实现，只有网络可以提供。可以设想，不久的将来，在国内汽车行业、汽车网络自身成熟完善，信用体系、金融防范机制等因素逐步健全下，在中国成功地实现 B2C(汽车厂商对消费者)式的汽车电子商务，不再是幻想。

为了使得电子商务顺利进行下去，汽车厂商必须考虑以下 4 个核心问题：

①信息流。电子商务摒弃了传统商务花费大量人力、物力的信息沟通方式，降低了交易成本。特别是像汽车这样一种复杂而昂贵的商品，消费者需要大量而详实的信息帮助他们作出判断，因为它不是普通的商品，而是涉及人身安全以及环境保护等社会问题的高价值商品。生产商同时需要随时了解市场需求，把握消费者动态，不断改进，不断推陈出新，生产出符合市场需要的车型。对于这样的商品，互联网成为一个很好的、超大容量的而且是互动式的信息交流平台。最重要的是，直接对话式的信息更为真实。强大的信息流是电子商务最大的优势。

②资金流。作为电子商务，必须很好地解决电子货币或网上银行的问题，否则一切只能是"雾里看花，水中望月"。对于汽车这样的商品，仅有安全、方便的支付方式是不够的，还必须解决网上贷款的问题。因此，资金流是电子商务发展的最大挑战。

③物流。对于有形的产品，电子商务固然可以超过传统的中间流通渠道，直接面对最终用户。但是这种行为的成本以及压力将大大超乎想象，周转环节固然少了，但是所有成本和压力却要汽车厂商独立承担。很难想象一家汽车生产商摒弃所有的中间商，直接承担包括销售、维修、售后服务所有的市场行为的后果。如何控制物流，建设低成本的物流系统，是电子商务真正的问题。如果未能形成高效率、低成本的物流系统，电子商务的其他优点将随即被抵消，反而不如传统商务的迂回经济。

④安全性。电子商务必须解决"不见面的交易如何获得安全保障"这样的问题，特别是汽车这样的"大买卖"。其中需要解决的问题有：社会身份的确认以及信用系统，电子货币实用性，买卖会不会中途变卦，消费者是否担心账号会被盗用，商品是否能如期交货等，这些问题都需要一整套保证体系来确认。

9.1.4　汽车电子商务模式

按照本身的生产与市场发展规律，汽车工业的行业体系结构有一个基本的模式，即从原材料供应、零件加工、零部件装配、整车装配、汽车分销到售后服务一整套"供应—制造—销售—服务"的供应链体系，如图 9-1 所示。

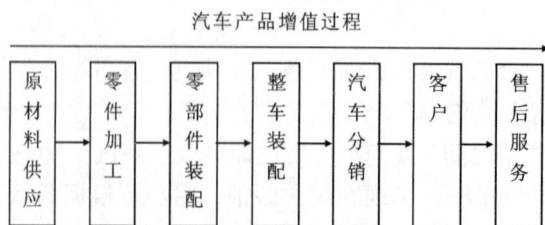

汽车产品增值过程

原材料供应 → 零件加工 → 零部件装配 → 整车装配 → 汽车分销 → 客户 → 售后服务

图 9-1　汽车产品增值过程图

在当前的网络经济中,汽车厂商的管理已经突破了单一汽车厂商范围,将客户、营销网络以及供应商等相关资料纳入管理的范围,利用 Internet/Intranet/Extranet 建立虚拟汽车厂商的扩展供应链,进行全球网络供应链的集成管理,以信息的形态及时地反映物流活动和相应的资金状况,实现物流、资金流、信息流的实时、集成、同步控制,保证"增值"的实现。基于供应链的电子商务模式能够满足如上需求,成为汽车行业的电子商务发展模式,如图9-2所示:

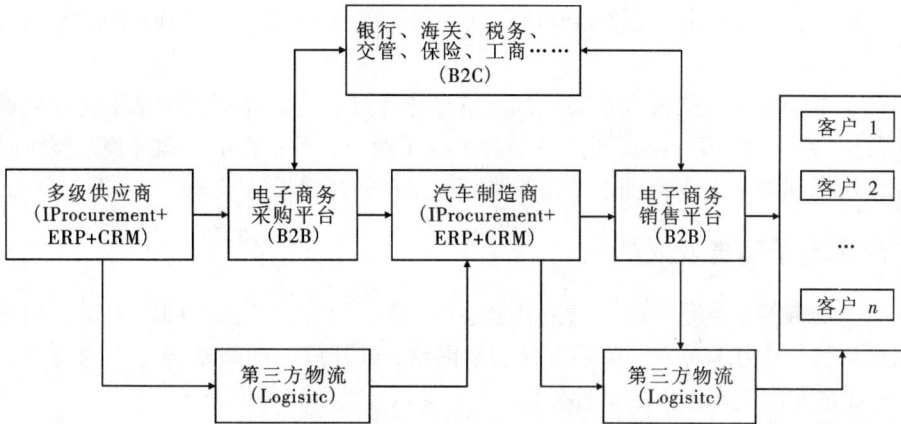

图9-2 汽车行业电子商务发展模式

此种模式的特点如下所述:

①汽车制造商为了实现全球的广域网络采购(IProcurement),要剥离许多零部件生产协作配套厂家,使它们成为供应商,从而减少利润低的部门,精简汽车厂商机构,减少投资。通过电子商务平台,汽车制造商与上游(汽车部门供应商、零件供应商、原材料供应商)组成一个有效的上游零部件产品供应链。汽车制造商致力于汽车的设计和研发,几乎不生产汽车部件,而是将供应商提供的汽车零部件进行最后的装配,打上自己的品牌。美国的福特汽车厂商就是最好的例子。

②当网上支付体系、安全保密以及认证体系非常完善时,大量网络用户的个性化需求就可以通过汽车制造商的 CRM 系统快速形成"批量定制"。已形成的"批量定制"的订单将触发汽车制造商的 ERP 系统,拉动其"批量生产"。CRM 对产品的整个营销过程进行管理,包括市场活动、汽车电子商务发展模式管理及售后服务三大环节。

③原材料及汽车零部件供应商、汽车制造商的物流配送体系与主业剥离,社会化、专业化的物流体系逐步完善,第三方物流配送中心完成汽车产品供应链物流配送功能。信息流为:上游供应商的 CRM、第三方物流系统、汽车制造商的 IProcurement、汽车制造商的 CRM、第三方物流系统、客户需求。第三方物流配送中心通过先进的管理、技术和信息交流网络,对产品的采购、进货、储存、分拣、加工和配送等业务进行科学、统一、规范化的管理,使整个商品运动过程高效、协调、有序,减少损失,降低成本,提高效率,实现最佳的经济效益和社会效益。

④汽车制造商的 ERP 系统定位于汽车厂商内部资金流与物流的一体化管理,也就是从

原材料采购直到完成整个产品的全过程实施各种资源的计划与控制,主要目标还是以产品为导向的成本控制。汽车厂商各种资源的计划与控制通过信息系统集成,形成汽车厂商内部各业务系统之间畅通的信息流,通过 IProcurement 与上游供应商连接,通过 CRM 与下游分销商和客户连接,形成供应链中所有汽车厂商的信息集成,提高整个供应链的效率。基于互联网技术,汽车厂商在应用 ERP 系统实现内部资金流、物流与信息流一体化管理的基础上,借助 IProcurement、ERP、CRM 集成一体化运行,就可以实现对整个供应链的管理。

⑤随着网络经济的不断发展,分销商经销渠道逐步萎缩,其汽车销售功能被电子商务销售平台逐渐替代,信息集成、反馈和处理由汽车制造商的 CRM 系统完成,物流配送由第三方物流配送完成。

上述汽车电子商务发展模式是整个社会信息化建设和网络经济发展水平比较成熟的一种模式。在我国现有的汽车行业发展水平上开展电子商务,不能要求一蹴而就,要按照我国的信息化建设目标和汽车工业管理水平逐步提高,逐步展开建设。

9.1.5 汽车电子商务发展战略

汽车电子商务的发展是一项复杂的社会系统工程,要充分考虑与国际接轨特别是零部件全球化采购局势,要力求融入国际零部件交易网络,以开放的网络精神进入网络和电子商务时代,进而促进我国汽车产业的良性发展。

(1)汽车厂商应加速汽车厂商信息化建设

汽车厂商要发展电子商务,必须有良好的信息化体系的支撑。汽车厂商的信息化是电子商务的基础平台,因此,发展电子商务首先要加速汽车厂商的信息化建设。目前,多数汽车厂商普遍存在信息化基础落后的情况,与网络和电子商务技术的现代化形成了巨大反差,汽车厂商很难快速灵活地响应顾客的个性化需求。

(2)汽车厂商应设计一个开放的交互的汽车电子商务方案

构建一个能够满足顾客需求的信息资讯平台,是发展汽车电子商务至关重要的一步。实现商务或促成商务是汽车专业网站的最终目的,但传统汽车产业、网络业二者自身发展的完善程度需要一个培育过程。网络的技术优势和时空优势是实现商务目的的基础。要想真正实现商务目的,网络应该根据不同需求对信息进行深加工,向消费者、商家、厂家提供全方位、系统化、个性化的资讯服务。提供的信息资讯应是有效而且实用的。在信息资讯的实用性、有效性及技术实现方式上,应满足信息需求双方的对接性、交互性,因为网络资讯平台的最终目的还是要促成汽车商务的达成。对于汽车产业,完善的电子商务解决方案应包括以下几点:全面搜集并分析顾客需求信息;自动完成采购预测;协同汽车生产与组装;实现销售商与供应商之间的信息交流;实现物流的跟踪与库存控制;进行自动补货监测;网络营销与高质量的服务。

(3)汽车厂商应提高网络宣传水平

整个汽车交易过程中,网站对汽车品牌宣传、产品导购以及服务功能的桥梁作用越来越重要。网站不仅能够提供详细的展示和导购功能,还应该做到人 – 机对话、在线沟通交流等,做到与现场购车无差别的环境和条件。在形象宣传上,汽车厂商要运用网络的虚拟环境,突出汽车的品牌文化、技术文化和服务文化,用有品位的文化特色来宣传自己的汽车厂商形象。

汽车厂商和经销商在拓展网上交易市场时，不应过分强调网上销售额的多少，而应更多地考虑如何提升产品品牌的影响力。目前，大多数汽车消费者都会最终选择用离线方式购买汽车。因此，汽车制造商可能很难看到网上销售额在短时间之内有显著增加。在这种情况下，Internet 应该成为汽车制造商宣传其商品品牌的场所，可以在网上加大对重点产品性能及品牌的宣传，提高顾客对自己产品的认知程度，提高产品在国际贸易市场上的知名度。

(4)汽车厂商应努力提高服务质量。汽车电子商务及汽车商业网站的前景，就是网络技术与传统汽车经济的结合。一方面，在汽车厂商面向最终用户进行产品推广时，汽车厂商网站应该用来帮助汽车厂商拓展新的商业模式，通过在汽车厂商网站上进行直接市场推广、营销和服务活动，加强汽车厂商对市场需求的相应能力。汽车厂商网站以最终客户为导向，并为他们提供更多的电子化服务。这些服务内容包括：提供详尽的产品目录和服务介绍；提供产品和服务的预订服务；提供技术咨询、培训及其他动态的服务查询，使顾客更好地利用已经购买的产品和服务；建立完整的网上营销业务等。另一方面，在汽车厂商业务流程的运作方面，汽车厂商网站应是沟通供应商、销售商以及合作伙伴的有力工具，能更加有效地组织起汽车厂商的各种资源，减少采购、生产、库存、销售和服务之间的环节，降低汽车厂商的生产成本和流通成本，提高汽车厂商的运营效率。通过建立汽车厂商网站，供应商、销售商以及合作伙伴都能被有效地纳入汽车厂商的工作流程。

9.2　汽车网络营销

伴随着网络经济时代的到来，一个以互联网为基础的网络虚拟市场开始形成。互联网所具有的全球性、虚拟性、跨时空性和高增长性的特点，随着网络的发展和网络用户数量的增加，网络提供的营销平台正朝着多元化方向发展。

汽车产业作为国民经济的支柱产业，已跨入了网络化时代，越来越多的汽车厂商意识到网络对汽车营销的重要作用，纷纷投资发展这一科技制高点，并视为未来营销竞争优势的主要途径，汽车网络营销必将成为汽车营销的主要形式之一。

9.2.1　汽车网络营销的基本概念

网络营销是指汽车厂商以电子信息技术为基础、以计算机网络为媒介和手段的各种营销活动(包括网络调研、网络新产品开发、网络促销、网络分销、网络服务等)的总称。网络营销是一种以客户需求为中心的营销模式，可以使汽车厂商的营销活动的始终和 3 个流动要素(信息流、资金流和物流)结合并流畅运行，形成汽车厂商生产经营的良性循环。汽车厂商通过内联网促进汽车厂商内部信息流通，建立内部信息管理系统，实施汽车厂商资源计划；通过外联网实现上下游合作伙伴的产业链管理；通过互联网进行产品及服务的咨询、订单处理、实现电子支付、进行物流配送的管理和售后服务等。因此，网络营销是未来汽车厂商营销的新模式。

9.2.2 汽车网络营销的特点与功能

1.汽车网络营销的特点

（1）面向消费者的需求

汽车市场竞争日趋激烈，汽车厂商也更加重视了解客户及客户需求。汽车厂商可借助网络技术的方便性从而迅速地了解全国乃至全球的消费者对本汽车厂商产品的看法和要求。汽车厂商还可以借助互联网图、文、声、像并茂的优势，与客户讨论其个性化需求，并完成网上的定制，以全面满足汽车消费者的个性需求。与此同时，网络技术还可为汽车厂商建立其客户档案，为做好客户关系管理带来了很大的方便。汽车厂商有了这样的基础平台，就可以致力于做好客户信息挖掘，随时了解客户的各种需求信息，从而赢得市场竞争的主动权。

（2）实现与消费者的沟通

汽车消费属于大件消费，在短期内无法完全做到网上看货、订货、成交、支付，但网络营销能够充分发挥汽车厂商与消费者之间相互交流的优势。汽车厂商可以利用网络为顾客提供个性化的服务，使得客户真正得到其希望的使用价值及额外的消费价值。网络营销是以汽车厂商和消费者之间的深度沟通和使汽车厂商获得顾客的深度认同为目标，满足客户多方需求，是一种新型的、互动的、更加人性化的营销模式，能迅速拉近汽车厂商和消费者的情感距离。它通过大量人性化的沟通工作，树立良好汽车厂商形象，使产品品牌对客户的吸引力逐渐增强，从而实现由沟通到消费者购买的发展（过渡）。

（3）获取廉价的成本

相比传统营销方式而言，网络营销可以使汽车厂商以较低的成本去组织市场调研，了解顾客需求，合作开发产品，发布产品信息，进行广告宣传，完成客户咨询，实施双向沟通等，从而有利于汽车厂商降低生产成本，增强产品价格优势。同时，网络营销信息传递及时，增强了汽车厂商的信息获得、加工和利用的能力，提高了汽车厂商对市场的反应速度，避免机会损失和盲目营销的损失，从而改善营销绩效。总之，网络营销可以为汽车厂商节约时间和费用，提升营销效率，既可使汽车厂商获得低廉的成本，又使客户获得实惠。

（4）便利用户购买

由于生产集中度和厂家知名度相对较高，产品的知名度也比较高，汽车厂商比较注重市场声誉，服务体系较为完备，同时对汽车厂商营销的相关监督措施较为得力，像汽车、家电等高档耐用消费品，在市场发育较为成熟后就特别适合网络营销。顾客可以放心购买，不必过于顾虑产品质量等问题。而网络营销，顾客可以浏览网上车市，无须到购车现场就可以在网上完成信息查询、比较决策、产品定制、谈判成交乃至货款支付等购车手续，接下来客户只需等待厂家的物流配送机构将商品车（甚至已办妥使用手续）交到自己的手中，真正实现足不出户买汽车。此外，网上交易还不受时间和地域的限制，这也从另一方面给广大汽车用户带来了便利。

2.汽车网络营销的功能

网络营销系统是电子商务系统的有机组成部分。一个完整的网络营销系统可以包括以下功能：

①市场调研。通过网络搜集市场情报，收集汽车厂商竞争对手的信息，了解汽车厂商合作伙伴的相关业务情况，向消费者征求对汽车厂商推销商品及服务的认知程度、评价与意

见，为新产品开发做准备，为调整汽车厂商生产决策或营销策略提供依据。

②信息发布与咨询。进行广告宣传，发布商品与服务信息，设立留言板与电子邮件信箱让顾客留下建议与提问，并及时回答相关问题。

③网上销售或网上采购招标。销售型站点要建立购物区及相关网络销售数据库，设立购物车方便顾客选购商品，发送商品订单。招标型站点要公布招标办法及要求，设计投标书，制订公正合理的招标评标程序。

④网上支付与结算。网上支付支持多种支付方式，如银行卡、电子钱包、电子转账等。在银行卡支付中又涉及到多种银行卡，需要和多家银行、金融机构进行合作，确定认证和结算程序。

⑤订单处理。通过电子数据交换系统或网络数据库进行订单的自动处理与传输，再通过营销管理信息系统将订单任务分发到各个营销环节及部门。

⑥根据订单要求进行物流配送，在最短的时间内按照客户指定的时间及地点将商品发送至客户。

⑦客户关系管理。建立客户档案，加强与客户的联系，整理客户留下的订购资料，解决用户提出的问题，研究顾客提供的评价、意见及建议，为改善产品及服务质量提供参考。

⑧提供售后服务。解决汽车产品使用中可能出现的问题，如退货、维修、技术支持和产品升级。

9.2.3 汽车网络营销的基本方式

汽车厂商的商业网站是汽车厂商与顾客的连接点及信息流通的主渠道，应尽可能地运用多媒体工具，把汽车厂商的情况、产品及产品功能以三维立体图形或动画的方式表现出来，最大限度地满足用户的要求。汽车厂商网上营销的基本方式包括网络展示、网络交互和网络商务。

1. 网络展示

网络展示是指汽车厂商在门户网站或专门网站上进行各方面信息的展示，其主要表现形式有以下几种：

①广告。即硬性地投放在网站上，以图片或文字的方式出现在显要位置，表现的主题是汽车厂商商标、汽车品种、车型参数和配置、价格等。

②目录。加入某个搜索引擎以待用户查询。

③商情。在某个发布平台将自己的商业动态和经营信息传播开来。

④页面。拥有独立的网页或建设自己的网站，全方位地展现汽车厂商形象。

2. 网络交互

拥有独立空间或信息平台的汽车厂商通过自己的产品表现进行在线交易或服务，其主要表现形式有以下几种：

①调查。通过汽车用户的反馈信息了解市场需求和产品销售状况，并对销售趋势及产品市场占有率进行在线统计。

②订货。用户如果需要某种车型的汽车，可要求配货或预定，汽车厂商可以通过信息传递责成其各地的分支汽车厂商完成对用户的服务。

③投诉。为汽车用户的直接投诉提供通道，以提高服务质量。

④建议。对汽车产品及汽车厂商有信心的用户往往会提出好的建议，为汽车厂商的市场定位、决策提供有益的参考。

3. 网络商务

网络商务是高技术与管理的结合，它以汽车厂商经营现代化为基础。如果汽车厂商已经实现了办公自动化，可以在保证内部系统安全的条件下与外部系统连接起来。其主要表现形式有以下几种：

①订单管理。用户在线购买产品并在线支付购物款。订单上的客户资料进入客户管理系统，汽车产品资料进入库存和流通管理系统，付款进入资金管理系统。这些系统的信息将反馈给订单系统以确认是否有效。

②客户管理。客户在交易行为产生后，系统将会进行定期或随机的跟踪服务，并对客户的反馈信息搜集整理，予以回复。反馈信息经统计后形成意见提交管理人员。

③库存管理。仓储及流水线的控制数据需要输入此系统以调剂市场供求，并影响采购系统的运作。

④物流管理。订购信息会直接决定汽车产品的送货时间、频率、负荷和线路，从而清楚地计算成本，调整运输策略。

⑤采购管理。依赖于网页上发布的采购供求信息，也依赖于汽车厂商内部提交的市场预测。仓储及流动资金的信息通过内部系统可以直接连接采购平台，实时发布采购信息，保证供货时间与质量符合生产的需求。

⑥资金管理。汽车厂商财务的管理基于汽车厂商内部的财务系统，银行资金的调用必须与内部调配相结合。在线资金流动不仅可以显示经营业绩，还可以进行电子报税以及其他的在线金融项目操作，使会计电算化的应用达到一个新的水平。

⑦数据管理。数据是现代化汽车管理的客观依据，网络的数据处理功能是在线数据管理的基础。网络数据库可以根据汽车厂商的需要实时统计目标主题的数据内容，进行数据分类处理，形成一份无人为误差的分析报告。

⑧信息管理。汽车厂商的各种信息都可以被汽车厂商内部网络中的所有终端共享。无论是文档还是命令，都可以通过网络传递，汽车厂商的行政管理和商业流程都会变得更加有序，执行起来会更轻松。

9.2.4 国内汽车网络营销的主要问题

目前我国汽车网络营销存在以下几点问题：

①网络营销的发展策略缺乏系统研究。目前，国内汽车厂商对网络营销模式还处于实践摸索和向国外同行汽车厂商学习的阶段，还没有形成一整套适合我国国情的汽车网络营销策略。一些汽车厂商仍沿用过去传统实体市场的营销策略，不熟悉与网络营销相适应的营销策略，不注意在经营过程中提高汽车厂商的经营水平、培育汽车厂商的顾客资源、革新汽车厂商的技术、扩大汽车厂商竞争优势等，同国外汽车厂商相比还有较大的差距，因而网络营销的诸多优势在国内汽车中尚未体现出来。

②网络营销赖以生存的品牌基础有待继续夯实。品牌经营是市场营销的高级阶段，是市场营销的基础与灵魂。网络营销只有建立在知名度高、商业信誉好、服务体系完备的汽车品牌的基础上，才能产生巨大的号召力与吸引力，广大用户才能接受网上购车等新的交易方

式，摒弃传统的现场实物购车等习惯。而我国的部分汽车品牌缺乏科学化、现代化、规范化的品牌营销系统，品牌实力还有待提升。

③网络营销的具体业务还处在初级阶段。目前，国内大部分汽车厂商只是建立了一个网站，借助网络技术做网络广告、促销宣传、公布车型信息、信息发布、接受查询以及收发电子邮件等业务，有的汽车厂商甚至只将汽车厂商的厂名、简介、车型、研发成果、通信地址、电话等简单信息挂在网上而已。事实上，以上所述的集中网络业务根本不能等同于网络营销。汽车厂商只有通过大力探索各种具体的营销业务，如电子商务、网上调研、网上新产品开发、网上分销、网上服务等，才能充分利用网络资源，并不断向网络营销靠拢。

④网络营销人才缺乏。网络高科技是网络营销发展的推动力。与其他营销模式相比较，网路营销对信息技术(IT)的要求较高，如营销信息的采集、处理与分析，市场调研与管理决策等活动，都需要强有力的技术支持。而目前国内汽车网络营销的整体发展还处在初级阶段，缺乏大量的既懂网络技术又懂汽车营销的复合型人才，需要有一个培养过程。

⑤物流网络不完善。由于网络营销具有信息流与物流相分离的特点，所以物流配送便成为保证网络营销的又一关键环节。目前，物流配送的主要问题是缺乏社会化的物流配送支持，物流业的整体发展水平较低，许多汽车厂商要么不得不自建配送中心，形成配送中心无法实现物流的规模化经营、物流作业能力和利用率较低的局面；要么由于受到投资能力的限制，而不能建立地区配送中心，形成不能及时将商品交付给客户的局面。

⑥网络消费群体尚未形成。网络营销的发展依赖于具有一定规模的网上消费群体，即必要的客户基础，而这个群体的壮大主要受到网络速度与上网费用两个因素的影响。有关调查表明，有86.1%的中国用户抱怨互联网速度太慢，服务质量较差，许多网站无法登录。另外，上网费用比较高。低水平的网络服务与高额的收费已经成为制约网络营销发展的一道瓶颈。

9.2.5　国内汽车网络营销的发展策略

网络营销的发展首先需要消费者认识网络营销的特点，熟悉网上购物的过程，转变传统的商品交易观念，改变以往的购物习惯。为此，网络营销汽车厂商需同全社会一起，强化网络营销的宣传，提高公众对网络营销的认知，消除客户对网络营销的陌生感和神秘感，使消费者接受这一新型购物方式。

汽车网络营销能够取得成功，在很大程度上取决于汽车厂商所拥有的既懂汽车技术又懂网络营销管理的高素质人才。汽车厂商应着力培养出一批网络营销精英，并借助于这批素质高、能力强、业务精的专业人才，才能稳步推进汽车网络营销的发展。

汽车厂商应抓住当前 IT 产业蓬勃发展、网络技术日趋成熟的有利时机，认真做好本汽车厂商网络营销的发展规划，拟定具体的发展目标和措施，在汽车厂商内外广泛开展网络营销研究，不断开发适合自己的网络营销新手段，抢占营销手段的制高点。

国家要加快网络技术开发，改善网络基础设施，建设信息高速公路，提高完善服务水平，为网络营销的发展提供一个良好的物质基础。值得一提的是，2002 年中国网通宽带高速互联网正式开通，一期工程全长 18490 km，网络总传输带宽达 12 万 Mb，贯穿我国东南部 27 个重点城市，这将为国内网络营销奠定强大的通信设施基础。

网上交易安全问题一方面源自技术层面，另一方面源自商务层面。前者需要技术部门加大研究力度和完善电子签名、用户认证、银行加密、资金转账等技术措施，加快电子货币的研究，尽快实现网上安全支付。对于后者需要汽车厂商强化商业信誉，提高服务意识与服务质量，同时社会也需要通过建立和完善法律制度来保障网上交易的安全。

国家应鼓励建立一批跨地区、跨部门、跨汽车厂商的现代化大型物流汽车厂商集团，完善集物流、商流、信息流于一体的社会物流体系，实现物流配送系统的专业化、系统化、网络化、信息化、现代化、规模化及社会化，为网络营销的发展提供强有力的社会支撑。

政府既要鼓励和扶持网络营销的发展，制订相关发展政策和发展框架，为网络营销的发展创造宽松的环境，又要做好网络营销发展的宏观规划，协调部门、地区之间的利益，保持网络营销有关政策、法规、标准的一致性和连续性，促进网络营销向规范化、科学化的方向健康发展。

网络营销在我国还是一种新的营销手段，尚处于导入阶段，需要有一个良好的法制环境。健全网络营销的法律、法规体系，一方面要求对原有的法律体系进行必要的调整；另一方面又需要制订新的法律、法规，以适应网络营销的发展。

9.3　汽车 O2O 营销

随着移动互联网的逐渐发展，利用互联网、移动终端设备进行网上购物等线上线下互动已经成为了人们日常生活中不可或缺的一部分，O2O 不仅改变着每个人的生活方式，丰富着生活的各个方面，也给汽车市场带来了不一样的契机。

9.3.1　O2O 营销的基本概念

随着移动互联网的飞速发展，"电商""网购"等众多新词语越来越频繁地出现在人们的视野里。而电商购物平台的产生和发展，使传统的营销模式逐渐没落，一种新的营销模式——O2O 营销开始崭露头角。

1.O2O 的概念和营销特点

O2O(online to offline)指将线下的商务机会与互联网结合，让互联网成为线下交易的前台。这个概念涉及范围非常广泛，只要产业链中既可涉及线上，又可涉及线下，就可统称为 O2O。O2O 营销模式又称离线商务模式，是指线上营销和线上购买带动线下经营和线下消费。O2O 通过打折、提供信息、服务预订等方式，把线下商店的消息传送给互联网用户，从而将他们转换为自己的线下用户；这种特别适合必须到店消费的商品和服务，比如餐饮、健身、看电影和演出、美容美发、摄影、汽车等。

O2O 营销因主体不同，其营销的特点也会有所区别：

（1）对用户而言

O2O 有助于用户获取更丰富、全面的商家及其服务的内容信息。O2O 采用线上线下互动的模式，利用商家行业分类、关键字查询等方式，帮助消费者浏览众多商家的信息，获得符合自身需求的服务。

为消费者提供美感的体验是汽车厂商在进行 O2O 营销时重要的工作之一。换句话说，要懂得驾驭消费者的情绪。因为情绪是操控和决定客户消费的关键因素。我们经常看到有消费者明明要买一件产品，但是因为产品不能打动他的心，从而使该消费者放弃了这次消费，甚至还会因此而形成消费障碍。消费者在购物情绪上出现了问题，就很难会将钱袋打开。

2014 年天猫网站举办了一次大型汽车节，各大汽车品牌纷纷入驻天猫。这次活动是天猫与余额宝推出的大型回馈消费者活动。在这个活动中，用户可以在网上选择自己心仪的汽车，付款后就可以到指定汽车 4S 店提车。此外，用户的定金会在提车前转入余额宝，提车之外用户还能稳赚三个月的余额宝收益。

在这个活动中，除了三个月的余额宝收入之外，还有什么吸引用户呢？那就是产品本身的形态带来的价值，为消费者创造了一个美感消费动机，从而刺激用户线上支付购车。

用户点击任何一辆品牌车，首先会看到该汽车的多角度造型，酷炫的车型和绚丽的色彩让用户为之动容。再加上心动的价格，自然就会吸引用户购买。

天猫在举办汽车节活动时，很巧妙地抓住了消费者的这种情绪和动机。在网络平台中，运用图文并茂的形式，为每一款汽车打造了绚丽的形态美。

（2）对商家而言

O2O 营销模式能使商家获得更多的宣传、展示机会，吸引更多新客户到店消费。由于 O2O 模式颠覆了传统的宣传营销模式，比如原来汽车经销商有新优惠活动，需要找媒体资源的平台进行广告投放；而 O2O 营销模式的出现，让商家可以更好地管理自己的用户，并推送消息，省去了重复的宣传投入成本。

通过 O2O 营销模式，商家与客户的每笔交易都是可以追踪的，商家所做的推广效果也是可以查询的。商家可以通过大量数据，分析交易质量和推广效果，由此掌握用户数据，然后通过与客户的交流，了解更多的客户需求，这不仅能提升营销效果，也能维护老客户对品牌的忠诚度。

通过在线有效预定等方式，合理安排经营，降低成本。O2O 营销模式的重点是在线预付。这对于消费者来说，不仅拓宽了选择的余地，还可以通过线上对比选择最令人期待的服务以及依照消费者的区域性享受商家提供的更合适的服务。

O2O 营销模式对拉动新品、新店的消费更加快捷，且降低线下实体店对黄金地段的旺铺的依赖，大大减少租金支出。

由于 O2O 的模式推广能获得最精准的反馈效果，所以对新品、新店的推广，效果特别好。而且 O2O 模式异于传统模式，它对实体店的地理位置没有那么强烈的依赖，新品或者新店的线上宣传做的好同样可以吸引顾客光临。

（3）O2O 对平台本身而言

由于与用户日常生活息息相关，并能给用户带来便捷、优惠、消费保障等作用，能吸引大量高黏性用户。这将对商家有强大的推广作用，且其推广效果可以衡量，可吸引大量线下生活服务商家加入。还可获得数倍于 C2C、B2C 的现金流，拥有巨大的广告收入空间及形成规模后更多的赢利模式。若无足够公信力很难取得用户及商家的信任，这是 O2O 模式的特点，也是限制其发展的因素。

2．O2O 的优势及模式的多元化

O2O 的优势在于把线上和线下的优势完美结合。通过网购导购机，把互联网与地面店完美对接，实现互联网落地，让消费者在享受线上优惠价的同时，又可享受线下贴心的服务；此外，O2O 模式还可实现不同商家的联盟。

所谓 CRM（customer relation management），即客户关系管理。此概念最初由 gartnergroup

提出，最近开始在汽车厂商电子商务中流行。CRM 的主要含义就是通过对客户详细资料的深入分析来提高客户满意度，从而提高汽车厂商的竞争力的一种手段。而微信 CRM 的本质，是在微信渠道上利用微信的特点和接口而扩展的 CRM 系统。

在移动互联网时代，O2O 成了一种主要的消费方式，O2O 代表了本地生活服务市场的发展方向，移动互联网又是 O2O 模式的主要载体，在本地生活服务与移动互联网的紧密结合中，移动支付担负着结合后的资金流通重任。

有线上零售渠道和线下零售渠道的品牌商、零售商都可以统称为 O2O。这种模式的线上线下双零售渠道结合的形式，已经颇具代表性，这是传统零售汽车厂商做电商的具体表征。目前从规模上来说，做的最好的是苏宁易购。

9.3.2　O2O 模式的属性及用途

O2O 模式中，最值得研究的就是其中的"2"（"To"），"2"代表的就是连接线上和线下的中间层属性，简单来说，可以分为三大类：

（1）宣传属性

宣传属性是 O2O 模式应用得最广泛的一种属性。电商平台、团购平台、独立网站、LBS（location base service，基于位置的服务）应用、汽车厂商自媒体等，都具有宣传属性，其目的都是对线下的实体店进行宣传，以提升实体店的知名度，从而在维护老顾客的同时，吸引更多新顾客去实体店进行消费。

（2）社交属性

O2O 模式的社交属性包含了沟通和交流。社交属性的重点在于将一部分线下服务转移到了线上，利用互联网拉近了商家与顾客之间的距离，使商家和顾客之间的交流突破了时间和空间的束缚，让商家能更好地了解顾客的需求，从而提升服务质量，并引导顾客进一步享受线下服务。同时，商家也可以利用 O2O 的社交属性，扩大自身品牌的知名度。

（3）交易属性

O2O 模式交易属性的应用方式有很多，比如团购券、代金券等。O2O 模式下的这种交易主要是指架构在互联网和软件应用之上的交易，它可以使交易的时间变得多元化，既可以在服务之前，也可以在服务之后。

想要做好 O2O 营销，还需要了解 O2O 模式的用途。无论是像京东、腾讯、阿里巴巴等传统互联网汽车厂商一样，还是像万达、苏宁、天虹等新型汽车厂商一样，他们，通过 O2O 介入线下的用途存在差异的。

在电商的"双十一狂欢节"交易额屡创新高的背景下，各类线下商家都坐不住了，大家都想玩一把 O2O，增加销售的渠道。由此纵观零售业演变的过程，销售渠道可以分单渠道时代、多渠道时代、全渠道时代 3 个阶段，其中全渠道时代可以说是 O2O 模式发展的黄金时期。

①单渠道时代：1990—1999 年，巨型实体店连锁时代到来，多品牌化实体店数量减少，是砖头加水泥的实体店铺时代。单渠道模式经营的汽车厂商困境在于渠道单一，成本增加，实体店仅仅覆盖周边的顾客。

②多渠道时代：2000—2011 年，网上商店时代到来，零售商采取了线上和线下双重渠道，是鼠标加水泥的零售时代。

相比单渠道,多渠道的路径更丰富,但也面临着瓶颈:一是分散渠道,管理成本上升;二是内部恶性竞争,抢夺资源,团队内耗,资源浪费;三是外部价格不同、促销不同、服务不同,顾客体验有差距。

③全渠道时代:2012 年开始,相关汽车厂商开始关注顾客体验,有形店铺地位弱化。这是鼠标加水泥加移动网络的全渠道零售时代,也是 O2O 模式被充分应用和深入挖掘的时代。

所谓全渠道零售,是指以消费者为中心,利用所有的销售渠道,将消费者在各种不同渠道的购物体验无缝链接,同时将消费过程的愉悦性最大化。因此顾客可以同时利用一切渠道,如实体店、目录、呼叫中心、互联网以及手机等,随时随地购物。

对于全渠道营销,美国梅西百货可以说是实体店转型的先驱者。梅西百货自 1996 年触网之时就已经开始关注怎样利用最新的科技,使线上线下、实体店和移动渠道的优势相互借力。

目前,利用 O2O 模式进行营销,重点需要解决两个问题,即品牌的传播问题和产品的促销问题。

①传统的品牌传播方式是以电视广告、平面媒体为主,属于自卖自夸。随着微信、微博等互联网社交工具和社交传播的发展,商家发现采用病毒式传播效果更好。线下汽车厂商虽然没有玩得那么先进,但是也通过微博、微信转发送积分、送优惠的方式,吸引用户传播品牌。

②传统的促销方式在一线城市已经几近灭绝。主要原因是派送的效果不易保证、派送的成本高,而且无法通过派送的数量来统计促销效果。

第二个阶段则是以智能终端为载体,结合各类用户数据,进行优惠券发放。主要有各类团购网站、商家依托微信会员卡发放的优惠券,以及线下商家通过微信、微博做的各类优惠券活动等。

目前,第二个阶段的 O2O 促销方式仍在发展中,其最大特点就是关注线下流量,通过各类采集手段如 wifi、RFID 定位等,结合商家积累的用户消费信息,提供更加精细的促销信息。

在互联网领域,用户至上、大用户是一种用户的方法,核心是能够精准地识别与定位用户群,围绕用户群提供各类服务。做用户还有其他两种方式:一种是对已有用户做精准的细分,如分析单价、用户偏好、精准推荐等,很多 IT 公司在这方面都有比较好的基础,只是缺少最终与用户接触的渠道;另一种是通过圈子将具有共同特征的用户聚集起来。

然而现实生活中的汽车 O2O 模式并非这么简单,线上线下的结合还包括集中不同的互动关系。如有些模式是从线上交易到线下消费体验;有些模式是从线下营销到线上交易;而一些更为复杂的模式则是从线下营销到线上交易,再到线下消费体验,或者从线上交易或营销到线下消费体验,再到线上消费体验。要真正掌握 O2O 营销的技巧,必须了解线上线下的这些互动关系。

①线上—线下。线上—线下(online to offline)模式是最常见的 O2O 模式,其表现形式为线上交易到线下消费体验。从 2011 年年初开始的生活服务类团购,无一不是在线上完成交易,在线下用户消费体验服务。所以一直以来,线上—线下模式都被定义为 O2O 互动的主流,也导致很多人都以为 O2O 就是这样的一种互动模式,其实不然。

②线下—线上。在"线下—线上"模式中,消费者完成的是线下扫描二维码、线上交易的"offline to online"模式。其实这个模式在日本和韩国早就流行了,最为典型的代表便是借助

二维码进行的营销。例如，韩国地铁站里的二维码虚拟超市，吸引过往行人扫描二维码，在线上实现交易。

③线下—线上—线下。O2O 的"线下—线上—线下"模式是指从线下营销到线上交易，再到线下消费体验。以 3 大运营商为例，每年年初，中国电信、中国移动、中国联通 3 家运营商都会开展预存话费送礼品的活动等，这些模式基本上就是在线下营销，在线上完成交易，然后手机客户再到线下完成消费体验，目前，汽车经销商也开展了类似的活动。

④线上—线下—线上。O2O 的"线上—线下—线上"模式是指从线上交易或营销到线下消费体验，再到线上消费体验。目前，这个模式不多，但这个模式将来会流行起来。

9.3.3　O2O 营销模式

O2O 营销模式又称离线商务模式，是指线上营销和线上购买带动线下经营和线下消费。O2O 主要包括商城模式、代理模式和广场模式。

商城模式是指整合行业资源做渠道，用户可以直接购买、汽车厂商收取佣金分成，有事找线上商城的模式；代理模式是指通过优惠券、预订等手段，把互联网上的人引导到线下去消费，收取佣金分成，有事找线下商家的模式。如美团、百度、糯米网等；广场模式就是为消费者提供发现、导购、搜索、评论等信息服务，向商家收取广告费，有事找线下商家的模式，如 58 同城、赶集网等。

O2O 模式的益处在于，订单在线上产生，每笔交易可追踪，展开推广效果，透明度高，可以让消费者在线上选择心仪的服务再到线下享受服务。但是，就营销方式层面来讲，O2O 代表着一种营销逻辑的改变，商家语言和互联网语言的结合对 O2O 模式的成功至关重要。一些已有的营销方式也正在因此发生变革，借用网络语言改变着商家语言，将前台转移到网上，改变了"等客上门"的旧式营销方式。

（1）直复营销

直复营销源于英文词汇 DirectMarketing，即直接回应的营销，简称直销。美国直复营销协会定义"直复营销"为：运用一种或多种广告媒介在任意地点产生可衡量的反应或交易。

直复营销分为直接邮购营销、目录营销、电话营销、电视营销、电脑网络营销、整合互动营销。直复营销，关键点是受众的精准性。

（2）数据库营销

数据库营销就是汽车厂商通过收集和积累会员信息，经过分析筛选后有针对性地使用电子邮件、短信、电话、信件等方式进行客户深度挖掘与关系维护的营销方式，其核心工作是数据挖掘。

传统的广告形式只能面对一个模糊的大致群体，究竟目标人群占多少，无法统计，所以效果和反馈率总是让人失望。数据库营销是唯一一种可测量的广告形式，广告能够准确地知道如何获得客户的反应以及这些反应来自何处，这些信息将被用于继续扩展或重新制订、调整营销计划。数据库营销就是这种以与顾客建立一对一的互动沟通关系为目标，并依赖庞大的顾客信息库进行长期促销活动的一种全新的销售手段，是一套内容涵盖现有顾客和潜在顾客，可以随时更新的动态数据库管理系统。

（3）体验营销

体验营销是通过看、听、用、参与的手段，充分刺激和调动消费者的感官、情感、思考、行动、联想等感性因素和理性因素，重新定义、设计的一种营销方法。由于体验的复杂化和多样化，可以将其分为 5 种类型，包括感觉营销、情感营销、思考营销、行动营销和关联营销。

（4）情感营销

情感营销就是把消费者个人情感的差异和需求，作为汽车厂商品牌营销战略的核心，通过借助情感包装、情感促销、情感广告、情感口碑、情感设计等策略来实现汽车厂商的经营目标。情感营销对巩固顾客群体具有积极作用，情感品牌是塑造品牌个性的过程，让品牌具有独特的情感，突出品牌的个性化，从消费者的五官出发来思考情感品牌，从而得到情感品牌的五官要素特征。要实现情感营销，只有通过广告与消费者之间的情感沟通，才能有效实现。现在有了社会化媒介，不但增加了品牌与消费者之间互动的可能性，也大大降低了互动的成本。各种情感营销正在悄悄"潜入"我们的生活，增加品牌知名度、维系消费者的用户黏性是情感营销最主要的效果，而在 O2O 环境下情感营销甚至可以直接促成线下的消费行为。

当汽车厂商营销满足顾客情感因素时，就会引起顾客肯定性的内心体验——满意、愉悦、激情等积极的情感，使得顾客情感冲突得以消除并达到和谐状态，进而直接影响到顾客的后期购买行为。

对于汽车行业来说，好的电子商务解决方案，应该具备以下几个特点：搜集并分析顾客需求信息；自动完成采购预测、零售商和供应商之间的实时新消息交流、物流跟踪与库存控制、自动补货监测。汽车电子商务的核心包括信息流、资金流、物流与安全性。汽车网络营销是汽车厂商营销实践与现代信息通信技术、计算机网络技术相结合的产物，是指汽车厂商以电子信息技术为基础、以计算机网络为媒介和手段而进行的各种营销活动的总称。汽车 O2O 营销指将线下的商务机会与互联网结合，让互联网成为线下交易的前台，结合 O2O 的属性、用途、O2O 营销模式等，建立汽车 O2O 营销模式。

第10章　汽车销售实务

10.1　汽车销售流程

汽车整车销售是指顾客在选购汽车产品时，帮助顾客购买到满意汽车所进行的所有服务工作。在整个销售过程中，销售人员应遵循一定的服务规范，为顾客提供全方位、全过程的服务，在销售工作中满足顾客要求，确保顾客有较高的满意度，提高顾客对所销产品的品牌忠诚度，而不能不负责任地把产品卖给顾客，甚至欺骗顾客。

现在许多知名汽车制造厂商已经充分认识到汽车销售流程对汽车产品最终成交的影响，为了保证向顾客提供优质的产品和服务，一般都建立有细致、周到的标准式销售业务流程，以确保交给客户的每一辆车无论是在生产、运输、库存还是在交付过程中都经过精心准备，保证万无一失。并在销售网络中强化了销售流程的管理和指导，制订了针对自身汽车厂商的一个标准销售流程。根据各个厂家品牌的汽车销售流程，可以总结出一条通用的汽车销售流程，经销商整车销售流程见图 10 − 1。对于销售人员而言，其销售工作可大致分为售前、售中和售后 3 个阶段。

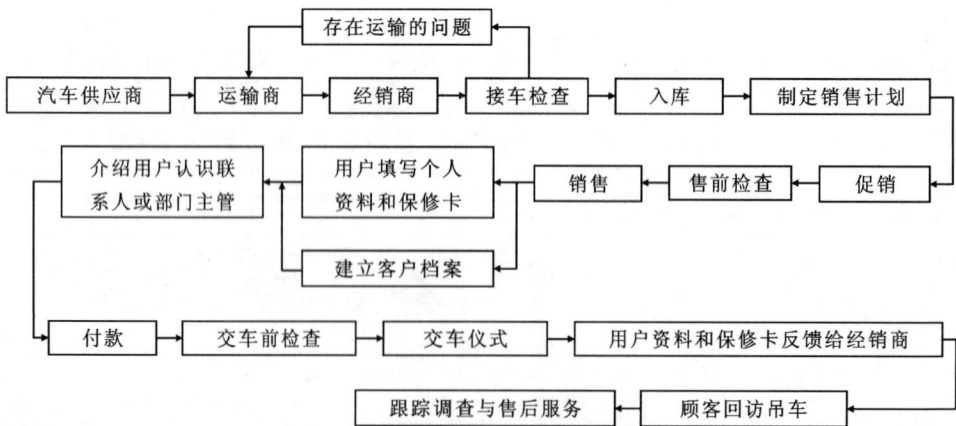

图 10 −1　经销商整车销售业务流程

10.1.1　售前

1．发展潜在顾客

销售的数量因销售人员所拥有的潜在顾客及可能成为潜在顾客数量的不同而不同，销售人员为达到销售目标，应该充满热情并找到足够的潜在顾客，然后通过产品推介、推销等方法使潜在顾客变成最终用户。一般潜在顾客具有 3 个前提，即购买能力、购买欲望和购买的必要性。

发展潜在顾客的具体方法是：

①散发宣传资料，如在经销商的市场区域内，至少每月散发一次传单。

②询问（拜访顾客）、收集潜在顾客的信息并上门拜访或电话交谈，尽可能的促使顾客参观展示厅。

③按照发展顾客的名单发送邮寄材料，特别是一些名人，邀请他们来展示厅参观。

④举办展示会或其他活动。

⑤建立顾客发展档案（顾客发展卡）。

⑥顾客推荐，顾客推荐促销是销售活动中最重要的因素之一。

2．潜在顾客管理

潜在顾客是极可能成为最终顾客的人，是销售网点最重要的客户资源，应建立必要的顾客管理制度以保障潜在顾客不至于流失，便于进一步发展。

顾客管理的内容包括：

①潜在顾客的识别和分类。潜在顾客的识别，通常根据在销售活动中收集的关于个人和车辆状况的信息，判断或识别顾客的购买意向（感兴趣的车辆、购买的意向以及对所销售产品的兴趣），购买能力（职业、收入、资产、资金的储蓄），或者需求（家庭情况变化、旧款车型的淘汰、车辆老化或损坏）。为使销售会谈更顺利地开展，应将潜在顾客按其可能转化的程度和预计的购买时间进行分类。然后确定拜访频率。潜在顾客分类如表 10－1 所示。

表 10－1　潜在顾客分类表

类别	可能签销售合同的时间	检查类别
最有潜力的 A 类顾客	1 个月	a．是否对产品进行过说明 b．是否完成试驾 c．是否选定车型、颜色 d．是否已报价 e．是否已选择付款方式
潜在的 B 类顾客	2 个月	依据产品实际情况而定
潜在的 C 类顾客	3 个月	依据产品实际情况而定
其他潜在顾客	以上三类顾客以外的顾客	

②拜访顾客。经常性的拜访顾客可以建立人际关系，推销自己所经营的汽车，提供信息（邀请参观展览、所经营产品的介绍、公司介绍、新产品介绍和其他有关信息介绍），发现与潜在顾客共同感兴趣的话题，然后将其引入销售的话题。还可以进一步收集顾客的信息（现有车辆、车款、车型、家庭组成、雇主、购买决策者、购买行为、购买动机等），发现顾客的需求。通常，人们期望在第三次拜访时，能够签订销售合同。对于像汽车这种较昂贵的商品，

在签订销售合同之前，推销员可能还需要进行多次拜访，这样的拜访也被视为再次拜访。

10.1.2　售中

这个过程包括了顾客来到展厅后的产品介绍、试车、报价成交以及买成后交车的过程。

1.产品介绍

要点是对特定的客户进行产品介绍，以建立客户的信任感。销售人员必须通过传达直接针对客户需求和购买动机的相关产品的特性，帮助客户了解一辆车是如何符合其需求的，只有这时客户才会认识其价值，唤起客户对产品质量的信任，对所展示车型的兴趣以及对新车的期待，同时，使客户了解所展示的新车能够最大限度地满足他的需求。

在这个过程中销售人员应该做到：

①主动向客户展示所希望的车型，并建议客户坐进车内，按顺时针方向介绍。

②在展示新车时，运用"CAB"法则，对客户的反映表示出兴趣，并就此加强对新车的介绍，确认新车是否满足客户的需要。

③向客户介绍车辆的选装装备，主动介绍可加装的项目以及推荐延伸服务。

④提到所介绍汽车品牌的历史、安全性、质量等，使客户感到该品牌是他最好的选择。

2.试驾

这是客户获得有关该车的第一手材料最好的机会。在试车过程中，销售人员应让客户集中精神对车进行体验，避免多说话。销售人员应针对客户的需求和购买动机进行解释说明，以建立客户的信任感。

在这个过程中销售人员应该注意的是：

①积极邀请客户试车，提供试车时间以供选择。

②登记客户的驾照，解释车辆的操作知识，介绍试车路线，并陪同试车。

③在试车过程中，应顺着客户的需求重申该车能带给他的好处，着重介绍车辆的卖点。

④确认该车是否完全符合客户的要求并请客户填写试乘(驾)记录。

3.报价成交

为了避免在协商阶段引起客户的疑虑，对销售人员来说，重要的是使客户感到他已了解到所有必要的信息并控制着这个重要步骤。如果销售人员已明了客户在价格和其他条件上的要求，然后提出销售议案，那么客户将会感到他是在和一位诚实和值得信赖的销售人员打交道，会全盘考虑到他的财务需求和关心的问题。重要的是要让客户采取主动，并允许有充分的时间让客户做决定，同时加强客户的信心。销售人员应对客户的购买信息敏感察觉。一个双方均感到满意的协议将为销售铺平道路。

销售人员应做到：

①请客户填写订单，再次确认车型和价格。

②正面介绍该品牌汽车售后服务的质量及公司提供的相关服务。

③合理解释产生异议的原因。

④做好记录。

4.交车

交车步骤是客户感到兴奋的时刻，如果客户有愉快的交车体验，那么就为长期关系奠定了积极的基础。在这一步骤中，按约定的时间交付洁净、无缺陷的汽车是营销服务的宗旨和目标,这会使客户满意并加强他对经销商的信任感。销售人员必须按约定的时间交车,万一有延误必须和客户联系以避免客户感到不满意。销售人员应确保在交车时服务经理(或服务顾问)应在场,因为这是客户和经销商之间长期关系的起点。因消费者和经销商已建立关系,客户将更愿意介绍其他客户;客户也更可能和服务部门就未来服务和购买零件等问题进行联系,因为他已和服务部门建立了关系。销售人员应提前做好准备,保证新车干净整洁。在交车时清点工具,交代使用注意事项。详细介绍操作方法及维护、索赔的常识。交车后可以赠送礼品,与客户合影留念,感谢客户购车并请客户做宣传。

10.1.3 售后

车辆交付给顾客以后,并不意味着销售工作的完结,一个有经验的优秀销售人员不会忘记经常与客户保持沟通,询问和关心用户在车辆使用过程中的感受,赢得顾客的满意与信任,为日后工作打下良好的基础。

售后业务的主要程序和内容包括:

①一般在交车 72 小时内客户服务经理会与购车客户联系以确认顾客信息的真实性并了解顾客用车后的感受,询问顾客对车辆及整个购买过程的意见。

②帮助顾客解决有关使用方面的问题。

③提醒顾客及时对车辆进行维护。

④与顾客保持联系并请顾客推荐其他人来看车、买车。售后业务流程图如图 10 - 2 所示。

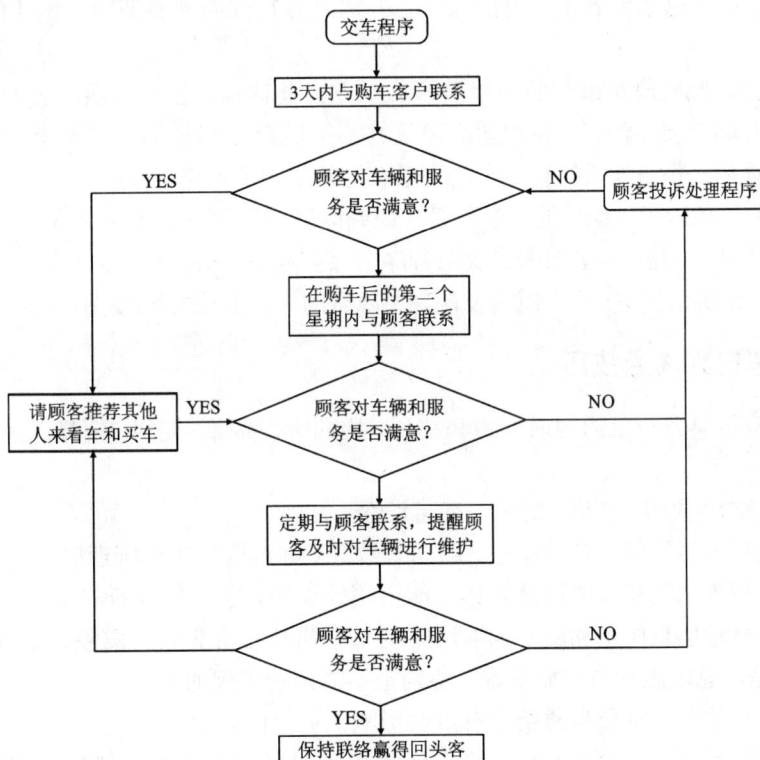

图 10 - 2 售后业务流程图

10.2 汽车商务谈判

汽车商务谈判是买卖双方为了促成汽车产品及服务的交易而进行的活动，或是为了解决买卖双方的争端，并取得各自的经济利益的一种方法和手段。

由于汽车贸易活动涉及的内容很广，几乎每一项贸易活动都需要进行谈判，所以汽车销售人员要熟练地掌握谈判技巧和方法。

通过商务谈判，汽车厂商应尽量低价买进、高价卖出，以帮助汽车厂商增加利润。它是增加利润最有效也是最快的方法。

10.2.1 汽车商务谈判的内容及步骤

汽车商务谈判的内容涉及到汽车工业的各个领域，如经济资源(原料、材料、能源等)和技术资源(工艺技术、生产技术、专利等)，还有服务领域(修理、加工、运输、保险等)交易谈判内容。具体包括：汽车商品品质、汽车商品包装、汽车商品的价格、汽车商品的贸易结算、汽车商品的交易服务等。商务谈判的步骤一般包括以下几步：

①申明价值。此阶段是谈判的初级阶段，其关键点在于弄清对方的真正需求，故其主要的技巧就是多提问，探询对方的实际需要，同时申明我方的利益所在。因为越了解对方的真正需求，就越能够知道如何满足对方的需求；告知对方我方的利益所在，也才能更好地满足我方的需求。

②创造价值。此阶段是谈判的中级阶段，双方彼此沟通，往往申明了各自的利益所在，了解了对方的实际需要。但是，在此达成协议并不一定双方都是利益最大化。因此，谈判双方还须寻求更佳的平衡方案，找到最大的利益，也就创造了价值。

③克服障碍。此阶段是谈判的攻坚阶段。谈判的障碍主要来自于两个方面：一是谈判双方彼此利益存在冲突；二是谈判者自身在决策程序上存在障碍。前一种障碍是需要双方按照公平合理的客观原则来协调利益；后者就需要谈判无障碍的一方主动去帮助另一方决策。

10.2.2 汽车谈判沟通技巧

销售人员应该具备一定的沟通能力和技巧，比如听、观察、提问、解释以及交谈的技巧。

1.6C 原则

6C 原则：清晰、简明、准确、完整、有建设性、礼貌。

①清晰：是指表达的信息结构完整，顺序有致，能够被信息受众所理解。

②简明：是指表达同样多的信息要尽可能占用较少的信息载体容量。

③准备：是衡量信息质量和决定沟通结果的重要指标。首先是信息发出者头脑中的信息要准确，其次是信息的表达方式要准确，特别是不能出现重大的歧义。

④完美：是对信息质量和沟通结果有重要影响的一个因素。

⑤有建设性：是对沟通目的性的强调。沟通中不仅要考虑所表达的信息清晰、简明、准确、完整，还要考虑信息接收方的态度和接收程度，力求通过沟通使对方的态度有所改变。

⑥礼貌：礼貌、得体的语言、姿态和表情能够在沟通中给予对方良好的第一印象，甚至可

产生移情作用,有利于沟通目标的实现。

2.询问的技巧

询问主要是了解对方的需求和关注点。如果不询问或询问不当,就无法知道顾客的需求,从而失去顾客,所以销售员应积极地询问以了解其需求,清楚对方关注的问题,找到答案,从中受益。询问的形式包括开放式询问和封闭式询问。

开放式的询问是指能让潜在顾客充分地阐述自己的意见、看法及陈述某些事实现状。开放式的询问可以让顾客自由发挥。

(1)开放式询问的类型

①探询事实的问题。探询事实的问题以"何人、何事、何地、什么时候、如何、多少"等询问去发现事实,目的在于了解客观现状和客观事实。例如:"您目前的使用状况如何?""您想要什么样的车?"

探询事实的问题总是通过邀请对方发表个人见解来发现主观需求、期待和关注的事。询问意见邀请答话方式常能使对方乐于吐露出他觉得重要的事情和心中的想法。例如:"您对自动挡的车有什么样的看法?""您认为如何?"

②探询感觉的问题。如"您觉得这轿车的外形是不是有点像跑车?"

(2)开放式询问的提问方式

①直接询问。直接询问的范例如:"您认为这种车型如何?"有时,直接询问对方并不熟悉的内容会造成紧张气氛,通常可采用间接询问法,如下所述。

②间接询问。具体方法是:首先叙述别人的看法或意见,然后再邀请顾客表达其看法。例如:"有些顾客认为这车较省油,您看法如何?"

(3)开放式询问的目的

①取得信息。取得信息的范例有:了解目前的状况及问题点、了解顾客期望的目标、了解顾客对其他竞争者的看法及了解顾客的需求等。

②让顾客表达他的看法和想法。让顾客表达看法和想法的范例有:对配置方面,您认为有哪些还要考虑?您看,这个款式怎么样?

(3)封闭式的询问

封闭式的询问是让顾客针对某个主题在限制选择中明确回答的提问方式,即答案为"是"或"否",或是量化的事实问题。

常用的询问词有"是不是""哪一个"或者"二者择一""有没有""是否""对吗""多少"等。例如你要邀约顾客并想让他按照你设想的时间赴约,于是,你在即将结束交谈时说:"既然这样,那么我们是明天晚上见,还是后天晚上见?"例如:"您是喜欢两厢车还是三厢车?""是POLO,还是赛欧?"封闭式询问只能提供有限的信息,显得缺乏双方沟通的气氛,一般多用于重要事项的确认、协议条款和市场调查等,与顾客沟通时要慎用。在封闭式限定选择的提问中,如能使所提的问题总是明确而具体,效果会更加理想。

在进行询问时,先利用开放式询问,当对方无法继续回答下去时,才能用封闭式询问。封闭式询问的前提是一定要明确目的,根据不同顾客引入不同的假设需求,以获得认同。销售人员要善于将封闭式询问转化为开放式询问,如将封闭式问题"您同意吗?"改为开放式问题"您认为如何?"沟通效果会明显不一样。常有的词有"怎么样、如何、为什么、什么"等。

3.倾听的技巧

人们通常都只听到自己喜欢听的或依照自己认为的方式去解释听到的事情,往往这已不再是对方真正的意思了,因而人们在"听"的时候往往只能获得25%的真意。

为了改进人们的沟通,应提倡"积极地倾听"。所谓积极倾听,是积极主动地倾听对方所讲的事情,掌握真正的事实以解决问题,并不是仅被动地听对方所说的话。推销人员应该注意自己的倾听方式。如表10-2所示为听的层次表现出的状态。

听的方式有三种:听他们说出来的;听他们不想说出来的;听他们想说又表达不出来的。积极倾听是销售的好方法之一。日本销售大王原一平说:"对销售而言,善听比善辩更重要。"销售顾问通过听能够获得顾客更多的认同。

表 10 - 2　听的层次表现出的状态

听的层次	状态
设身处地地听	参与到对方的思路中去换位思考
专注地听	关注对方,适时地点头赞同
选择地听	感兴趣的就听下去,不感兴趣的就不听
虚应地听	只是为了应付,心不在焉
听而不闻	无反应,像未听到一样,对顾客态度冷漠

销售顾问面对顾客谈话,要如何训练倾听的技巧呢?可以按照下列几种方法锻炼倾听的技巧。

(1)用信号表明您有兴趣

可以用下列方式表明您对说话内容感兴趣:

①同顾客保持稳定的目光接触。心理学家认为,谈话双方彼此注视对方的眼睛能给彼此留下良好的印象。这话有道理,但关键是如何注视?凝视会让对方感到不自在,甚至还会觉得你怀有敌意。而游移不定的目光,又会让对方误以为你是心不在焉。所以,在整个谈话的过程中,最佳的目光接触应该是在开始交谈时,首先进行短时间的目光接触,然后眼光瞬间转向一旁,之后又恢复目光接触。就这样循环往复,直到谈话结束。同顾客谈话时能获得其好感的目光应该是诚恳而谦逊的,即不卑不亢,尊重他人,也尊重自己的。

②不插话,让顾客把话说完。让顾客把话说完整,这表明你很看重沟通的内容。人们总是把打断别人说话解释为对自己思想的尊重,但这却是对对方的不尊重。点头或微笑可以表示赞同正在说的内容,表明你与说话人意见相合。人们需要有这种感觉,即你在专心地听着。

③调动并保持注意力。与顾客的谈话是否成功,注意力的调动和保持是一个很重要的因素。保持注意力不仅能使你明白顾客的言内之意,还能获得顾客的好感。因为你的态度就如同无声地在告诉他:"我很尊重你,很相信你,你与我所谈的话是非常重要的,我正在专心致志地听。"

(2)站在对方的立场仔细地听

站在顾客的立场专注倾听顾客的要求、目标,适时地向顾客确认你了解的是不是就是他想表达的。

　　要及时确认自己所理解的是否就是对方所讲的。必须有重点地复述对方所讲过的内容以确认自己所理解的意思和对方一致,如"您刚才所讲的意思是不是指……""我不知道我听得对不对,您的意思是……"。

　　(3)掌握顾客真正的想法和需求

　　倾听是正确掌握客户需求的重要途径之一。在从事商品销售以前,先"发觉客户的需要"是极其重要的。了解客户的需求以后,可以根据需求的类别和大小判定客户是不是自己的潜在客户,如果不是自己的潜在客户,就应该考虑是否还要继续跟客户谈下去。

　　倾听顾客可以使客户有一种被尊重的感觉。许多销售顾问常常忘记倾听是有效沟通的重要因素。当他们在客户面前滔滔不绝,完全不在意客户的反应时,结果是白白失去了发掘客户需求的机会。

4.说话的技巧

　　汽车销售顾问说话时要注意:要多讲赞美的话;不要限制在讲与车相关的话题。汽车销售顾问提高说话技巧的前提是要相信自己说话的声音和每天不断地练习。说话的诀窍一般包括:

　　①语调要低沉明朗。明朗、低沉和愉快的语调最吸引人,所以语调偏高的人应设法练习变为低调,这样才能说出迷人的感性声音。

　　②发音清晰,段落分明。发音要标准,字句之间要层次分明。改正咬字不准的缺点,最好的方法就是大声地朗诵,久而久之就会有效果。

　　③说话的语速要时快时慢,恰如其分。遇到感性的场面,当然语速可以加快,如果碰上理性的场面,则语速要放慢。

　　④懂得在某些时候停顿,不要太长,也不要太短。停顿有时会引起对方的好奇会使对方早下决定。

　　⑤音量的大小要适中。音量太大,会造成太强的压迫感,使人反感;音量太小,则显得信心不足,说服力太弱。

　　⑥配合脸部表情。每一个字、每一句话都有它的意义,要懂得在说话的时候配上恰当的面部表情。

　　⑦措辞高雅,发音正确。学习正确的发音方法,多加练习。

　　⑧加上愉快的笑声。

　　说话是销售顾问每天要做的工作,说话技巧的好与坏将会直接影响你的推销生涯。在全面地向顾客介绍车辆时,要善于将车辆以及服务特征转化为顾客的利益。

　　顾客购买的并不是对车辆配置或经销服务的描述——不论描述有多么详细,顾客购买的是能够满足其需求并解决其问题的办法,他们只有在看到他们的利益时才会购买。车辆的特性是指车辆设计上带来的特性及功能。可从各种角度发现车辆的特性,例如:从材料着手,如新的材料;从功能着手,如自动挡功能;从式样着手,如流线型的设计。

　　特性及优点是从厂商设计、生产车辆的角度赋予车辆特性及优点的,满足目标市场顾客层的喜好。不可否认的一个事实是:每位顾客都有不同的购买动机。真正影响顾客购买的决定性因素绝对不是因为车辆有更多的优点和特性。车辆有再多的优点与特性,若不能让顾客认为会使用到,对顾客而言都不能称之为利益。

特性转换成利益的具体技巧如下：

①利益描述要具体。

②陈述利益要用产品的特性来支持，针对性强。

③阐述你的总体服务如何满足需求。

④转换利益的关键是说明与客户真实需求有关的问题，并要因人而异。

⑤不要认为客户会自己把特性转换成利益。

⑥特性是不变的，利益有多种形式。

在车辆介绍时，客户对一般性的特性并不感兴趣，所以销售人员要使用"最新的""新一代""全球领先"等独特的词语。例如："这是最新的车型，它具有……"。转换成利益的时机可以在开头，也可以在处理异议时。

5.提供建议的技巧

（1）制订自己的标准说法

使推销说法精进的第一步是：事先靠自己编出一套"说法大要"。有数年推销经验的推销员通常在不知不觉中已把洽谈中的一部分加以标准化。也就是说，与不同对象的顾客洽谈时，他就背熟了其中一部分，且在任何洽谈中都习惯地使用它，即在自然而然的洽谈过程中，对自己的推销说法赋予了某种"模型"。

现在要有意识地制造出这个"模型"。这就要事先编好"说法的大全"，在推销上称为"标准说法"。把推销时自己要说的话标准化，这样的好处颇多。

有了不用靠硬背就能灵活运用的"标准说法"，在推销时就可胸有成竹，从容应答。在不断重复使用同样的话语时，多余的部分会逐渐被删减，最后成为精简有序的推销说法。在推销时，每一句说词都会变得自然而且条理分明。

（2）避免突出强调个人的看法

一名文化修养较高、经验丰富、能体察用户心理的销售员，虽然与用户谈话不多，但是她却能很快取得用户的信任，促使其对车辆形成肯定态度。经验表明，销售员在向用户宣传介绍车辆时，越是避免突出个人的看法，效果就越好。

（3）快速把握兴趣集中点

销售顾问在与顾客接触的过程中已判定顾客的类型，根据顾客类型，结合自己对车辆的了解，快速判定顾客的兴趣集中点，围绕一至两个兴趣集中点来展开推销，做到有的放矢。

一般来说，车辆的兴趣集中点主要有以下几点：

①车辆的使用价值。对于大多数顾客来说，这是他们的兴趣集中点，因此详细地介绍车辆的功能是必不可少的。对于经济上不是很宽裕的顾客，强调价格就显得尤为重要了。

②流行性。它是虚荣型顾客的一个重要兴趣集中点，大多数新车都应突出这一集中点。根据顾客的着装、谈吐以及家庭用具可以判断出其兴趣是否集中于此。

③安全性。它对于汽车显得比较重要，特别是中老年顾客的兴趣会集中于此。

④美观。青年顾客多数重视车辆的美观性，女性顾客也比男性顾客更多重视这一点，性格内向、生活严谨的人在注重车辆使用价值的同时，对其外观也比较挑剔。

⑤耐久性。耐久性作为使用价值中的一个特殊方面受到大多数顾客的重视，但是有些强调时尚的车辆则不必强调其耐久性，青年顾客对于这一点往往考虑不多。

⑥经济性。强调车辆的价格优势，无疑会给那些经济不宽裕的顾客制造压力。另外，车

辆数量有限往往会促使犹豫的顾客快速作出决策，同时，物的稀为贵的思想被大多数人认同，不妨稍加利用。

6. 充分利用非语言表达方式

非语言沟通是借助于人的目光、表情、动作、身体姿态等肢体语言所进行的信息交流。在信息交流中，语言只起到了方向性和规定性的作用，而非语言才能准确地表达信息的真正内涵。非语言行为在销售沟通中不但起到支持、修饰语言行为的作用，而且可以直接替代语言行为，甚至反映出语言难以表达的思想情感。

在销售沟通与交往中，人与人之间所传递与交流的信息只有一小部分是以语言为传递媒介的，绝大部分信息是通过非语言媒介传递的。但是，人们不难发现，非语言行为很难独立担当其信息传递与销售沟通的功能，它们往往起着配合、辅助和强化语言的作用。但是，脱离非语言的配合，仅仅依靠语言的信息传播，难免使人产生词不达意或言过其实的感觉，缺乏幽默、生动或真情流露的情景也不利于二者的沟通。所以，语言与非语言两者相互配合、相互渗透，共同担当了信息传递和销售沟通的职责。非语言表达方式及其含义见表 10 - 3。

表 10 - 3 非语言表达方式及其含义

非语言表达	行为含义	
	积极的	消极的
副语言（如声音等）	演说时的抑扬顿挫表明热情，突出停顿是为了造成悬念，吸引注意力	叹气，大声夹带着愤怒
手势	柔和的手势表示友好、商量	强硬的手势意味着："我是对的，你必须听我的"
脸部表情	微笑表示友善礼貌	皱眉表示怀疑和不满意
头部	点头	摇头
眼神	亲切友好的目光	眼神飘忽，心神不宁，盯着看意味着不礼貌，但也可能表示兴趣，寻求支持
姿态	身体前倾	坐立不安，随手翻看资料表示心不在焉；双臂环抱表示防御；开会时独坐一隅意味着傲慢或不感兴趣

（1）副语言

副语言是指说话音调的高低、节奏的快慢、语气的轻重，它伴随着语言表达信息的真正含义，因而副语言与语言之间的关系非常密切。副语言尤其能表现一个人的情绪状态和态度，影响人们对信息的理解以及交流双方的相互评价。销售顾问要有意识地控制好自己的副语言行为，不要给人造成误解，同时要注意倾听顾客的弦外之音，识别顾客所传达消息的真正含义。

（2）使用你的声音

声音是一种威力强大的媒介，通过它可以赢得别人的注意，创造出有益的氛围，并鼓励他们聆听。

①高音与语调：低沉的声音显得严肃，一般会让听众更加严肃、认真地对待。尖利的或

粗暴刺耳的声音给人的印象是反应过火、行为失控。使用一种经过调控的语调表明你知道自己在做什么，使人对你信心百倍。

②语调：急缓适度的语速能吸引住听者的注意力，使人易于吸收信息。如果语速过快，他们就会无暇吸收说话的内容；如果语速过慢，声音听起来会非常阴郁，令人生厌；如果说话吞吞吐吐、犹豫不决，听者就会不由自主地十分担忧、坐立不安。自然的呼吸空间能使人吸收所说的内容。建设性地使用停顿能给人以片刻的时间进行思考，并在聆听下一则信息之前部分消化前一个信息。

③强调：适时改变重音能强调某些词语。如果没有足够的重音，人们就吃不准哪些内容重要。如果强调太多，听者转瞬就会变得晕头转向、不知所云，而且非常倦怠。

（3）使用您的面部和双手

在谈话过程中，身体一直都会发出信号——尤其是用面部和双手。如果在使用面部和双手时能随机应变，就能大大改善影响他人的效果。

①面部：延续时间少于0.4秒的细微面部表情也能显露一个人的情感，立即被他人所捕捉到。面带微笑使人们觉得你和蔼可亲。人们脸上的微笑总是没有自己想象的那么多。真心的微笑能从本质上改变大脑的运作，使自己身心舒畅起来。这种情感能使人立即进行交流和表达。

②双手："能说会道"的双手能抓住听众，使他们朝着你欲表达的意思前进。使用张开手势给人们以积极肯定的强调，表明你非常热心，完全地专注于眼下所说的事。

③表情：表情是人类在进化过程中不断发展起来的一种交流手段。表情能够传递个人的情绪状态或态度，喜、怒、乐、愁等心理状态。销售顾问在与顾客沟通时决不能对着天空高谈阔论，或者对着地板埋头苦讲，一定要注意对方的表情变化并及时作出反应和调整。

④眼睛：要使自己的话语更加可信，使自己信心更足，进而更好地进行沟通，沟通时看着别人的眼睛，能使听者感到满意，也能防止他走神，另外，要善于使用目光，如用目光表示赞赏和强化顾客的语言和行为等。

（4）使用你的体姿

人们对待他人的态度在一定程度上是通过体姿表现出来的，虽然体姿不能完全表达个人的选定情绪，但它能反映一个人的紧张或放松程度。当某个人对对方感到拘谨和恐惧、敌意或不满时，往往会呈现肌肉紧张的情况。在这种情况下，交流双方都会感到不自在，销售沟通就达不到预期的效果。所以，调整不同的体姿也是一种沟通行为。

（5）服饰与发型

个人仪表，尤其是服饰与发型，是沟通风格的延伸与个性的展示。服饰与发型是销售人员通向成功之路的决定性因素之一。销售人员应当仔细考虑服饰与发型对顾客的影响，在决定自己的服饰与发型等所传递的非语言信息都应当是积极进取、热情开朗的。顾客的个人特点、销售区域的文化氛围与经济环境以及销售的产品或服务类型，都决定了销售人员的个人仪表与行为模式。

（6）顾客的肢体语言信息识别

对消费行为的深入研究发现，在销售沟通过程中，客户一般会通过肢体语言来传递非语言信息，大多数肢体语言的含义明确。但是，销售顾问务必认识到的是客户的肢体语言是其沟通过程中的一个组成部分，且是伴随着客户一连串的语言沟通的一部分非语言暗示。销售人员既不能断章取义，也不能熟视无睹，而是要随时捕捉这些微小的非语言信号并结合整个沟通过程进行正确的"翻译"或"解码"。

7. 笑的艺术

一个人在发怒之后，必须以笑来中和一下，如果只怒而不笑的话，人的情绪势必会失去平衡。就销售而言，笑是非常重要的助手。笑也有笑的艺术，当然也需要不断练习，加以完善。

销售顾问必须做到经常练习笑的艺术和针对不同的情况展现不同的笑容。

8. 沟通的障碍与排除

所谓沟通中的障碍，就是指信息在沟通过程中遭遇诸如环境噪声等因素所导致的信息失真或停止等现象。引发信息沟通障碍的不仅有信息发送者的因素，也有信息接收者的因素，还可能是传播介质方面的原因。销售人员应熟知沟通中的信息障碍，并努力避免这些障碍以提高沟通效率。

有效的沟通技巧需要巧妙地避免沟通中出现的各种沟通障碍。在销售沟通中，经常存在以下几个方面的问题：

①没有明确的目的。

②喜欢堵住客户的嘴。

③不会倾听。

④不懂得提问。

⑤带着成见或偏见。

9. 销售沟通中的润滑剂

销售沟通中的润滑剂不仅能够帮助调节沟通氛围，在某种程度上它还可以促进沟通双方对沟通问题的理解与认识，使信息交流更加通畅。下面列举了销售过程中常常用到的沟通润滑剂，销售顾问掌握这些润滑剂对于提高自身的沟通技能大有裨益：

①赞美。赞美是销售沟通中风险最小、最易掌握的一种技巧。然而，大多数人没有赞美他人的习惯。销售顾问要改变这种习惯，学会赞美他人。首先，从追求顾客行为中的积极因素入手；其次学会让对方知道其行为使你感到愉快；再者，赞美用语的使用也是非常关键的，要避免弄巧成拙，画蛇添足。销售人员应学会掌握赞美技巧，利用赞美来激励顾客积极进取，愉快合作。

②幽默。在销售沟通中，幽默表现为运用机智、诙谐、含蓄的语言使人发笑，从而营造出一种良好的交流氛围。幽默不仅使人变得温和、委婉而且还能缓解人们的紧张情绪，帮助人们达到积极交流和销售沟通的目的。销售人员在沟通中，切忌"油嘴滑舌"和不顾交往情境的过度"幽默"。

③委婉。委婉是销售沟通中被广泛采用的交流技巧。说话委婉给人以文明和高雅的感觉，反映了一个人的文化修养和内在素质；同时，说话委婉可以使人避免陷入"一言既出，驷马难追"的困境。销售人员说话委婉，往往给人以平等待人、平易近人而不是居高临下、盛气凌人的感觉。

④寒暄。寒暄就是嘘寒问暖，这是人们见面时通常互致的问候。寒暄有时没有特定的意义，但在销售沟通中是不可或缺的交流技巧。有时看起来寒暄是没话找话，但它不仅会启动交流，使陌生人相互认识，而且使不熟悉的人开始熟悉，使生硬、单调的交往情境增添活跃

的气氛。销售人员应该经常和顾客打招呼聊天，每逢顾客生日或者节假日时，给顾客打电话问候或者发电子邮件，以此消除顾客与销售人员之间的心理隔阂，增进销售顾问与顾客的关系。

⑤善用敬语。敬语亦称"敬辞"，它与"谦语"相对，是表示尊敬礼貌的词语。除了礼貌上的必须之外，多使用敬语还可体现一个人的文化修养。常用敬语有"请"字，第二人称中的"您"字，代词"阁下""贵方"等；另外还有一些常用的词语，如初次见面称"久仰"，很久不见称"久违"，请人批评称"请教"，请人原谅称"包涵"，麻烦别人称"打搅"，托人办事称"拜托"，赞人见解高超称"高见"等。

⑥雅语。雅语是指一些比较文雅的词语，经常在一些正式场合以及长辈或女性在场的情况下，被用来替代那些比较随便甚至粗俗的话语。多使用雅语，能体现出一个人的文化素养以及尊重他人的个人素质。

⑦微笑是人际交往中的润滑剂。在生活中，微笑是最自然大方、真诚友善的。笑容是一种令人感觉愉快的面部表情，它可以缩短人与人之间的心理距离，为深入沟通与交往创造温馨和谐的氛围。因此，有人把笑容比作人际交往的润滑剂。

10.3 汽车消费信贷

10.3.1 汽车消费信贷概论

汽车消费信贷是信贷消费的一种形式。消费信贷是零售商、金融机构等贷款提供者向消费者发放的主要用于购买最终商品和服务的贷款，是一种以刺激消费、扩大商品销售、加速商品周转为目的，用未来收入做担保，以特定商品为对象的信贷行为。汽车消费信贷即用途为购买汽车的消费信贷。在我国，它是指金融机构向申请购买汽车的用户发放人民币担保贷款，再由购买汽车人分期向金融机构归还贷款本息的一种消费信贷业务。

20世纪初，在汽车大批量生产以前，由于价格十分昂贵，因而汽车仅为以少数富人为消费对象的商品，是典型的奢侈品。随着福特发明的汽车装配线的采用，汽车的生产成本大幅度降低，美国汽车的产量也从1900年的4200辆猛增到1913年的462000辆和1929年的5358000辆。大批量的生产需要巨大的市场来支撑，从而必须想方设法使汽车由少数消费的商品变成广大普通百姓都能够买得起的生活必需品。为此，美国的汽车经销商除了降低价格外，就是向购买汽车的消费者提供分期付款信贷，以刺激消费、扩大市场。自1910年首批汽车分期付款信贷发放以来，汽车消费贷款在国外已有上百年的历史，大的跨国公司都有自己的融资公司为其产品销售提供支持。例如，通用汽车融资公司1998年总资产达1470亿美元，在全球有800万客户；1998年全欧共有2100万新车获得总计2050亿美元的贷款；在美国，通过贷款购置新车数占全部购车数的82%～85%，在德国这个比例为70%，作为发展中国家的印度为60%～70%。多年来，专业的融资公司积累了相当丰富的贷款经验，手续简便灵活，对不同车型有不同的贷款利率，汽车贷款业务十分走俏。

汽车个人信贷消费在我国起步较晚。它是由早期的汽车分期付款销售业务转化来的。当时银行没有介入，只是由汽车生产厂家和经销商联手，目的是扩大汽车的消费，市场反映并不激烈。随着我国汽车工业的发展，国家大力提倡个人汽车消费，并采取一系列政策措施，培育汽车市场成熟发展。近两年来，随着我国城市道路交通建设步伐的逐渐加快，以及城镇居民收入的水平的不断提高，个人汽车消费需求出现较大增长。

10.3.2　汽车消费信贷的提供主体

（1）我国目前汽车消费信贷的提供主体

作为一项贷款业务，我国的汽车消费信贷主要由商业银行来提供，如中国建设银行、中国工商银行、中国银行、中国农业银行以及交通银行等已经分别设立了类似汽车按揭中心的专门机构，并在汽车金融服务中心配备专门的人员。但是考虑到市场的特殊性，商业银行一般将贷款业务的许多手续委托汽车经销商代理。一些城乡信用社作为合法经营贷款业务的金融机构也提供为数不多的汽车消费信贷。还有一些经过中国人民银行批准的财务公司已经开始接手这项业务。此外还有一些专业金融租赁公司，它是以租赁的方式在参与汽车消费信贷市场。

（2）国际上汽车消费信贷的提供主体

在国际上，提供汽车消费信贷的主体是附属汽车公司的专业汽车金融公司。比如，在美国全部新车消费信贷中，银行仅占 26% 的份额。福特、通用、克莱斯勒、丰田四家专业汽车金融公司占 39% ，其他财务公司和信贷联盟占 35% 。汽车金融信贷并不仅仅促进了汽车的销售，同时非常重要的是它也是赢利的手段。这些专业汽车金融公司之所以占据较大份额，首先由于他们和生产厂商的天然联系，使得他的根本利益和厂商实际上是一致的，在关键的时候是可以互相支持的。比如在美国，汽车金融公司可以支援厂家的生产资金流动，而且对销售商有 60 天还款期，金融公司对销售商的期票进行承兑，对用户不但可以进行贷款和分期付款，还可以进行售后跟踪，尤其是对一些车的残值处理，这是那些非专业的汽车金融机构无法进行的。其次，由于他们只做汽车信贷业务，因而专业性非常强。他们为消费者提供包括汽车售前、售中、售后的更广泛的专业产品和服务。更重要的是，多年的从业经验使得他们开发出专门的风险控制系统、风险评估系统，甚至专门的催讨系统，保证了较高的业务处理效率，具备了较强的竞争优势。商业银行尽管实力非常强大，但是在单一业务上却拼不过专业汽车信贷机构。他们的规模化即规模经济的问题，也是和他们的专业化联系在一起的。

这些专业汽车金融公司也早已看好我国市场，早在 1995 年，福特汽车财务公司就在北京设立办事处。1998—2001 年德国大众金融服务公司、通用汽车金融服务公司先后在中国设立代表处，但没有开展实际业务。根据 1999 年 11 月中国、美国达成的有关入市的双边协议，我国将向外开放汽车服务贸易领域，其中就包括中国允许非银行的金融机构提供汽车贷款融资——从中国加入 WTO 之日起，美国就可获得在汽车行业的贷款融资权，且包括非银行机构。中国加入 WTO，通用汽车金融公司（GMAC）第一个向中国人民银行递交了成立合资汽车融资公司的申请，并且于 2004 年 8 月 18 日在上海成立上汽通用汽车金融公司，同年汽车贷款总额即达 21976 万元。面对国外汽车专业金融公司的进入，国内汽车集团也纷纷迎战，2002 年 12 月 21 日，风神汽车公司与台湾裕隆公司举行了东风裕隆项目合作签字仪式，合资组建东风裕隆汽车销售公司、东风裕隆旧车置换公司、联友科技有限公司，合作经营东风汽车工业财务公司和东裕保险代理公司。

10.3.3　汽车消费信贷的主要方式

目前世界各国汽车消费信贷的方式不同，以下是几种代表性的方式：

（1）美国汽车消费信贷的主要方式

在美国，向用户提供汽车消费信贷融资的方式主要有两种，即直接融资和间接融资。直接融资是由银行或信用合作社直接贷款给用户，用户用取得的贷款向经销商购买汽车，然后按分期付款的方式归还银行或信用合作社的贷款。间接融资是用户同意以分期付款的方式向经销商购买汽车，然后经销商把合同卖给信贷公司或银行，信贷公司或银行将贷款拨给经销商或清偿经销商存货融资的贷款。美国直接融资的比重约占整个用户分期付款融资的42%，间接融资占58%，而且统计资料显示，银行所占的比率逐年下降，专业信贷公司的比率逐渐上升。以专业信贷公司为主的间接融资是美国汽车消费信贷融资方式的主体。

（2）日本汽车消费信贷的主要方式

日本汽车消费信贷开始时主要以银行为主体来开展这项业务。到20世纪60年代前期，为了对抗美国汽车生产厂家强劲的销售能力，日本汽车工业协会提出了通过扩展消费信贷销售内容，以增加对国产汽车需求的建议，并提出应创办汽车销售金融公司。以此为契机，许多汽车公司纷纷成立金融公司来促进这项业务的开展。目前，日本约有50%的用户是通过消费信贷方式购车的，而另外50%以现金或向亲友融通资金购车。

日本汽车用户融资的基本方式可以分为以下三种：

①直接融资。直接融资通常是指用户直接向银行贷款购车，并以购买的汽车作为贷款的抵押物，然后再向银行进行分期付款。

②间接融资。这种方式与美国的间接融资基本上是一样的，即经销商对愿意以分期付款方式购车的用户，先通过汽车厂专属的信贷公司的信用评估，然后与用户签订分期付款合同的方式，把这个合同转让给信贷公司。信贷公司把贷款及佣金拨给经销商。

③附保证的代理贷款。附保证的代理贷款是指金融机构提供贷款给用户购车，但是整个贷款的流程从信用核准到贷款后的服务及催收都由信贷公司处理。这种做法的好处是金融机构对用户的贷款通过专业信贷公司的管理及对贷款的保证，把贷款风险降到最低，信贷公司也通过这样的安排不必考虑资金的筹措问题，用本公司提供的专业服务获取适当的报酬，这是一种高度分工的做法。

日本汽车金融融资的特点是融资的市场主体主要由信贷公司、银行、汽车制造厂专属的信贷公司及经销商所组成。其中，专业信贷公司占业务量的比率最大，并且逐年上升，银行占业务量的比率则逐年下降。

（3）我国台湾地区汽车消费信贷的方式

我国台湾地区从事消费信贷融资业务的市场主体主要由制造厂专属的销售融资公司、专业的消费信贷公司及银行组成，三者占整个汽车消费信贷融资的比例分别为45%、10%和45%。我国台湾地区的汽车消费信贷方式主要有两种：一种是由银行直接贷款给用户，而用户将取得的贷款向经销商购买汽车；另一种方式是以分期付款销货的方式，即用户通过经销商的中介，以分期付款的方式向销售融资公司买车，这是我国台湾地区消费信贷融资的一个非常有特色的做法。

（4）我国汽车消费信贷的方式

目前，在我国提供汽车信贷业务的服务主体主要有三类：商业银行、汽车经销商和非银行金融机构，其中以商业银行为主，根据服务主体的不同，中国的汽车信贷市场上有以下三种经营模式：

①以银行为主体的信贷方式。该汽车信贷是由银行、专业资信调查公司、保险、汽车经销商四方联合。银行直接面对客户，在对客户信用进行评定后，银行与客户签订信贷协议，客户将在银行设立的汽车贷款消费机构获得一个车贷的额度，使用该车贷额度就可以在汽车市场上选购自己满意的产品。在该模式中，银行是中心，银行指定律师行出具客户的信用报告，银行指定保险公司并要求客户购买其保证保险，银行指定经销商销售车辆，风险由银行与保险公司共同承担。目前，国内提供汽车贷款的银行已不少于 10 家。虽然各家银行所提供的服务程序不完全一样，但都与银行、保险、专业资信调查公司、汽车经销商合作的方式进行消费信贷业务。

②以汽车经销商为主体的信贷方式。该模式的汽车信贷是由银行、保险、经销商三方联手，由经销商为客户办理贷款手续，负责对客户进行资信调查，以经销商自身资产为客户承担连带责任保证，并代银行收缴贷款本息，而客户可享受到经销商提供的一站式服务。这种信贷模式的代表是北京亚飞汽车连锁总店。由于经销商在贷款过程中承担了一定风险并付出了一定的人力、物力，所以通常需要收取 2%～4% 的管理费。

目前，以经销商为主体的信贷方式又有新的发展，从原来客户必须购买保险公司的保证保险到经销商不再与保险公司合作，客户无需购买保险，经销商独自承担全部风险。比如，北京亚飞汽车公司与光大银行推出的"三省模式"汽车信贷服务，由北京亚飞汽车公司进行资信调查，负责贷前、贷中、贷后的信用管理，并对贷款进行全程担保。

③以非银行金融机构为主体的信贷方式。该模式由非银行金融机构组织进行购买者的资信调查、担保、审批工作，向购买者提供分期付款服务。目前，国内的非银行金融机构通常为汽车厂商的财务公司。目前国内较大的汽车厂商都有自己的财务公司。其中，上海汽车工业总公司的财务公司于 1997 年开始进行个人消费信贷业务，具体的模式如下：由经销商出30% 的款项从上海大众公司提车，其余 70% 由上汽财务公司提供，该类车辆只能以消费信贷的形式出售。客户购买保险公司的保证保险，律师行出具资信文件，由经销商提供车辆，上汽财务公司提供汽车消费信贷业务。一旦出现客户风险，由保险公司将余款补偿给经销商，经销商再将其偿还给上汽财务公司。

10.3.4　汽车消费信贷实务

1.汽车消费信贷工作的参与单位及其职责

汽车消费信贷工作的参与单位有汽车经销商、商业银行、保险公司、汽车厂家、公证部门、公安部门等。各单位在汽车消费信贷工作中的职责如下：

经销商的具体职责包括：

①负责组织协调整个汽车消费信贷所关联的各个环节。

②负责车辆资源的组织、调配、保管和销售。

③负责对客户贷款购车的前期资格审查和贷款担保。

④负责汽车消费信贷的宣传，建立咨询网点及培养客源。

⑤负责售后跟踪服务及对违规客户提出处理。

银行的具体职责包括:

①负责提供汽车消费信贷所需资金。

②负责对贷款客户资格终审。

③负责贷款购车本息的核算。

④负责监督、催促客户按期还款。

⑤负责汽车消费信贷的宣传工作。

保险公司的具体职责包括:

①为客户所购车辆办理各类保险。

②为贷款购车客户按期还款做信用保险或保证保险。

③及时处理保险责任范围内的各项理赔。

公证部门的具体职责包括:

①对客户提供文件资料合法性证明及真伪进行鉴证。

②从法律角度对运作过程中所有新起草的合同协议把关认定。

③对与客户签订的购车合同予以法律公证,并向客户讲明其利害关系。

汽车厂家的具体职责包括:

①不间断地提供汽车分期付款资源支持。

②给予经销商提供展示车、周转车的支持。

③给经销其产品的经销商提供广告商务支持。

④负责车辆的质量问题及售后维修服务。

车辆管理机构的具体职责包括:

①对有关客户提供有效证明文件。

②对骗购事件进行侦破、处理。

③快速办理完成车辆入户有关手续。

④做到车辆在车款未付清前不能过户。

咨询点的具体职责包括:

①发放宣传资料、扩大业务覆盖面。

②解答客户提出的有关购车问题。

③整理客户资料。

④对欲购车客户进行初、复审查。

2. 汽车消费信贷的操作实务

下面以汽车经销商为主体的信贷方式为例详细介绍汽车消费信贷的操作实务:

(1)经销商汽车消费信贷工作内设部门职责

资源部:负责商品车辆的资源组织、提运及保管。

咨询部:负责客户购车咨询服务、资料搜集及车辆销售工作。

审查部:负责上门复审,办理有关购车手续及银行、保险、公证等部门工作的协调。

售后服务部:负责客户挑选车辆、上牌及跟踪服务。

档案管理部:负责对档案资料的登记、分类、整理、保管及提供客户分期付款信息。

财务部:收款,开票,办理银行、税务业务,设计财务流程及车辆销售核算。

保险部：为购车人所购车辆做各类保险。

（2）经销商汽车消费信贷业务的流程

客户咨询。客户咨询工作主要由咨询部承担，工作内容主要是了解客户购车需求、帮助客户选择车型、介绍购车常识和如何办理汽车消费信贷购车、报价、办理购车手续等。由于客户咨询工作是直接面对客户的，所以礼貌待客、耐心解说、准确报价、周到服务是对客户咨询员的基本要求。

客户决定购买。在客户咨询员的介绍和协助下，客户选中了某种车型决定并购买，此时咨询员应指导客户填写"消费信贷购车初、复审意见表""消费信贷购车申请表"，报审查部审查。

复审。审查部根据客户提供的个人资料、消费信贷购车申请、贷款担保等进行贷款资格审查，并根据审查结果填写"消费信贷购车资格审核调查表"等表格，还要对"消费信贷购车初、复审意见表"填写复审意见，然后将有关资料报送银行。

与银行交换意见。这一阶段主要由审查部将经过复审的客户资料提交贷款银行进行初审鉴定。

交首付款。这一工作由财务部负责进行，财务部在收取客户的首期购车款后，应出示收据，并为客户办理银行户头和银行信用卡。

客户选定车型。客户选定车型后，由服务部根据选定的车型填写"车辆验收交接单"，以备选车和提车时使用。

签订购车合同书。客户选定车型后，由审查部准备好购车合同书的标准文本，交于客户仔细阅读，确认无异议后，双方签订合同书。

公证、办理保险。办理公证和保险需要许多资料、手续繁复，各部门间应相互配合，这部分工作应由审查部和保险部共同承担。

终审。审查部将客户文件送交银行进行初审确认，鉴定合格的有关文件提交主管领导签署意见。

办理银行贷款。审查部受银行委托，与客户办理相关个人消费信贷借款手续。

车辆上牌。服务部携购车发票、购车人身份证、车辆保险单等有效证件到车辆管理部门代客办理车辆上牌。

给客户交车。服务部代客办理车辆上牌手续后，应留下购车发票、车辆购置税发票、车辆合格证和行驶证的复印件，然后向客户交车。

建立客户档案。经销商应建立完整的客户档案，以便售后服务工作和贷款催讨工作能顺利开展。

（3）汽车消费贷款银行审批程序

经销商根据客户提供的个人资料、消费信贷购车申请、贷款担保等进行贷款资格审查，并根据审查结果填写"消费信贷购车资格审核调查表"等表格，然后将有关资料报送银行。

（4）汽车消费信贷的程序管理

由汽车消费信贷的操作程序可知，消费信贷的操作程序大体上可以分为：贷款申请、贷前调查、信用分析、贷款的审批与发放、贷后检查、贷款收回、逾期及逾期处理等。这几大程序中，中心环节是贷前调查、贷时审查和贷后检查，也即通常所说的贷款"三查"。把好三查关是保证贷款顺利发放、安全收回的关键所在，对保证贷款的经济效益具有重要的意义。

①贷款申请。这是借款人与银行发生贷款关系的第一步。作为汽车消费信贷来说，贷款对象是消费者个人，而不是汽车厂商。也正是由于这个区别，消费者在提出贷款申请时，其申请贷款的数额、期限以及申请时所提供的材料等都与其他贷款不同。因消费信贷的数额一般较小，而银行对申请者所要求提供的材料，却因消费者个人的资产信用状况不同于汽车厂商，而显得较为繁杂。

一般来说，借款人在提出借款申请时，应详细列述以下内容：个人汽车消费贷款申请表、有效身份证件、目前居住地址证明、职业及收入证明、有效联系方式及联系电话、在银行存有不低于规定比例的首付款凭证或加盖经销商财务章的首付收据、银行认可的与汽车经销商签订的购车合同、担保贷款证明资料、在银行开立的个人结算账户凭证及扣款授权书、按银行要求提供有关信用状况的其他合法资料。

②贷前调查及信用分析。如果说借款人提出贷款申请时接待关系发生的开始，那么贷款调查和信用分析，则是决定借贷关系能否成立的关键。也就是说，贷前调查和信用分析是对申请作出的反应，通过对申请人的调查和信用分析，判断申请人是否有资格取得贷款。消费信贷的贷前调查和信用分析，是通过对这些私人贷款中存在的各种风险进行评估，而这些风险无疑是与商业贷款的风险不同的。在一般的银行贷款评估时，通常要分析贷款人信用的五个方面，即品质、资本金、能力、环境和担保，其中最重要的同时也是最难于评估的莫过于对借款者的品质甄别。

在对借款者品质进行调查时，首先必须掌握借款人的还款意愿。在这里，金融机构能获得的唯一量化资料是借款人的申请和信用记录。金融机构一般要去借款人的工作单位或居住地，核实其就业情况，审查其贷款申请的准确性，甚至必要的时候向与借款人有过借贷关系的其他单位征询。如果金融机构确认借款人存在不诚实或有欺诈行为，则会拒绝借贷。

这里的资本金是指借款者的富裕程度、收入水平。因为消费信贷几乎都是以借款人的收入作为其还款的第一来源的，所以资本金的多少能直接反映出借款人在满足一般生活支出和偿还其他债务以后偿还贷款的能力。因此，金融机构在对资本金进行信用分析时，首先要核实判断借款人在借款申请中所报收入与实际收入水平是否相符，并且还要判断其收入来源的合法性和稳定性。其次，金融机构还要计算出借款人在满足其日常正常开支之后，有哪些收入可以作为还款来源，并把这些收入与未来一定时期内贷款的本息偿还作比较。

抵押是指债务人为了保证主合同的履行而以其所有的财产作为履行合同的担保，当其不履行或者不能履行合同时，主合同债权人依照有关法律或合同约定处分该抵押物并从中优先受偿。

担保是指保证人与借贷合同当事人之间协商达成的有关被保证的当事人不履行或者不能履行合同时，保证人代为履行或者连带承担赔偿损失责任的协议。

消费信贷一般要求消费者提供一定数量的抵押担保物，据以作为其还款的第二来源，即在借款者的收入不足以偿还贷款时，银行就把抵押担保物作为另一还款来源。因此，银行有必要对贷款的抵押担保物进行详细的调查。在一般情况下，抵押担保物要求必须与贷款额度有相当的价值，并且价值必须稳定，且具有一定的流通性。所以银行必须要认真调查核实抵押物情况。

对抵押物的调查核实需专人调查核实，通过实地调查的方法，核查了解抵押人的担保意愿、担保抵押品的担保能力以及抵押是否足额。

以房产、汽车作抵押的需实地核查抵押物权属、抵押物价值的真实性。按照抵押充足性的基本原则，依据银行认定的评估机构出具的评估报告，调查抵押物实际价值是否足够，首付款金额加贷款金额是否小于或等于市场价，确认贷款最高额不超过抵押房产价值和购车款的规定比例。

③贷款的审批与发放。金融机构对借款人的资信状况已经有了足够的了解之后，就可根据前两个步骤所取得的资料，作出是否给予发放贷款的决定。如果金融机构认为可以放贷，就与借款人签订借款合同，发放贷款。银行有权签批人为经分行转授权的一级支行行长或业务主管行长。有权签批人负责审阅有关材料，根据审核人的综合评价意见，对符合贷款条件的，在授权权限内签署审批意见，并对签批意见负责。

④贷后检查及贷款的收回。在贷款发放以后，金融机构为了保证贷款的及时偿还，通常要对贷款进行贷后跟踪检查。在消费信贷中，这也是一个不可缺少的环节。特别是对分期偿还贷款，银行一般要定期检查贷款的执行情况，要求借款人定期反映其收入变动状况等，以随时掌握、控制可能发生的风险。金融机构有必要加强对还款的管理，以确保这些贷款本息如期全额收回。

(5)汽车消费信贷的管理要求

金融机构对消费信贷的管理要求主要突出"三性"，即赢利性、安全性和流动性。因汽车消费信贷与其他种类的贷款有很大的不同，所以在管理上也有不同的要求。

①汽车消费信贷的赢利性。金融机构从汽车消费信贷中所得的收益主要来自于贷款的利息及其他相关的手续。从国际上看，消费信贷的利率是各种贷款中最高的，而且大部分的消费贷款都按固定利率发放。特别是近几年来，随着金融自由化的不断发展，各国纷纷取消利率限制，使得金融机构在必要的时候能迅速提高消费贷款的利率，因而，金融机构从贷款的利息中所获收益比较高而且稳定。从实际经验来看，消费信贷的利率偏高不会影响客户的需求，这主要是由于消费者对消费贷款的利率敏感度相对较低。而且，消费信贷与商业贷款相比，前者因其规模一般较小，因而单位管理成本较大。再者，与商业贷款相比，消费信贷中借款者违约的可能性更大，需要有较大的利差以弥补可能的损失。总之，各种因素决定了消费信贷的利率得以在高位上运行，除利息收入外，金融机构还能从消费信贷中获取大量非利息收入，主要是各种手续费、服务费收入。

②汽车消费信贷的安全性。一般来说，在金融机构的各种贷款中，消费信贷的损失最高、风险最大，这主要是由于消费者个人收入的不稳定以及各种欺诈行为的盛行所致。

金融机构对于消费信贷的安全管理一般采取以下措施：

在贷款审批过程中，加强对借款人的资信分析，建立严格的评估制度，力求把借款人可能发生的由于收入不稳定和道德问题而产生的风险减少到最低限度。

为了使银行在风险发生时不至于遭受更大的损失或者把损失程度减到最小，银行应要求借款人提供相应价值的抵押物，以便在借款人无力偿还贷款时，银行仍能取得一定补偿。

加强对消费信贷的贷后检查，特别是对消费信贷，应当建立经常性检查制度。银行应对客户的贷款执行情况随时监控，尽可能将各种可能发生的风险减少至最低的程度。

③消费信贷的流动性。消费信贷的期限比较短，似乎不会对金融机构的流动性带来什么风险。但是，由于大多数消费信贷都实行固定利率，因此，在利率波动频繁的时候，金融机构就有可能面临流动性风险。特别是当利率下降时，借款人通常会提前偿还旧贷款，重新借

新贷款来逃避利率下降给他们带来的损失，这时候就会给银行安排贷款的资金来源带来麻烦。对此，金融机构为了加强流动性管理，通常采取以下两条措施：

按流动利率定价，但是，按流动性利率定价会使银行在成本核算及赢利上产生更多的不确定性。

建立消费信贷的次级市场，让贷款的最初发放者把贷款出售给那些愿意持有这种时间更长的贷款的投资者。这种方式最先在1985年初由美国的米德兰银行和所罗门兄弟公司尝试进行，近年来颇具规模，成为银行规避流动性风险的一个有效办法。

（6）办理购车合同公证

经销商协助客户办理购车合同公证时必须注意以下几点：

①经销商与客户所签订的购车合同是事前与公证部门协商并认定的统一文本，包括三部分内容，即《购车合同》《同意书》，《担保书》。

②合同公证时须在场的人有：公证员、购车人、共同购车人、担保人及销售商代表。

③所需材料：购车人、共同购车人、担保人三者的户口本、身份证复印件、关系证明。

（7）办理汽车消费信贷保险及机动车辆保险的程序。当购车客户经过经销商复审、银行初审、客户交了首付款、选定了车辆，并有了"车辆交接单"——《购车合同时》，保险公司可根据经销商提供的客户文件办理保险。经销商为保险公司准备的客户文件如下：

①购车人身份证复印件。

②购车人户口本复印件。

③购车人的工资收入证明复印件。

④经过公证的购车合同书。

⑤共同购车人的身份证、户口本复印件。

⑥保证人的身份证复印件。

⑦购车发票、汽车合格证、车辆购置附加费缴费凭证复印件。

⑧付款缴费凭证复印件。

⑨车辆交接单复印件。

附录　汽车贷款合同

合同文本说明：1.本合同由正文及附件(当事方/贷款车辆/还款信息)构成；

　　　　　　　2.合同当事方包括配件中所列之"贷款人""借款人"和"保证人"；

本合同由相关当事方协商一致签署，各方当事人承诺严格遵照履行。

第一条　本合同项下贷款由贷款人依照《汽车贷款管理办法》向借款人发放，仅用于借款人在××××品牌乘用车专营店处购买附件所列车辆。

第二条　本合同项下贷款的币种为人民币，贷款金额、期限、利率、计息方式及贷款偿还方式等具体信息见附件。贷款期限自贷款人将贷款资金实际拨付到相应专营店在贷款人处所开立的结算账户或其他外部银行账户之日起计算。

第三条　借款人不可撤销地授权贷款人于本合同生效并满足贷款人要求的贷款发放条件后，将本合同项下贷款资金以借款人购车款名义一次性拨付至相应专营店在贷款人处所开立的结算账户或专营店指定的其他外部银行账户，无需借款人另行授权和确认。

第四条　贷款利息收取方式有以下两种，具体采取哪种收息方式，由贷款人协商选定并在本合同附件中列明：①贷款人按月收息；②贷款人提前收息(包括部分提前收息和全部提前收息)，提前收息方式及金额见附件，提前收取的利息为本合同约定正常计收的贷款利息，不包括逾期罚息及贷款展期利息。

第五条　若无特别的约定，还款方式为：借款人按贷款人要求在指定银行开立还款账户，并向贷款人指定银行出具《授权委托书》，授权贷款人指定银行按本合同约定的日期从借款人还款账户中扣收贷款本息及其他费用。

①对按月还款的贷款，执行本款约定：借款人按月还款，每月还款金额见附件，自贷款发放次月起还款。借款人应于每月15日前向其还款账户中存入足够资金，贷款人指定银行依《授权委托书》及贷款人指令于每月15日从借款人还款账户中扣收贷款本息及其他费用。

②对非按月还款的贷款，执行本款约定：借款人按附件约定的还款日期一次性偿还剩余贷款。若借款人未按本合同及附件约定日期还清所有款项，则贷款自动展期(贷款人在贷款到期前明确通知借款人不同意贷款展期的除外)。如贷款人决定对前述未结贷款进行展期，则展期期限为6个月，自本合同附件中载明的借款人应还清全部贷款月份的当月16日起算，展期利率为本合同第二条约定利率的150%。展期贷款按等额本息法计息。借款人按等额本息法还款。即每月偿还的贷款本金及利息合计数固定不变。展期后的还款要求执行本条第①款的约定。

第六条　借款人欲提前偿还贷款，应向贷款人提出申请，经贷款人同意后，借款人一次性还清到期贷款本息及未到期贷款本金。

第七条 借款人应严格按本合同约定偿还贷款,未按约定偿还的,贷款人将依据中国人民银行有关规定对逾期贷款按本合同约定利率的150%计收罚息。

第八条 借款人主要权利及义务:①借款人有权要求贷款人按本合同约定及时发放贷款;②借款人应确保在本合同约定的还款日期还款账户内有足够还款的资金,借款人应同时确保在整个贷款期内其还款账户始终处于正常存续状态,如有变化,至少应在还款日前10天将此变化通知贷款人以确保银行到期正常扣款;③借款人应按贷款人要求提供与贷款有关的真实、完整的资料,并承担提供虚假、不详的资料可能导致的一切法律责任和后果;④贷款期间,借款人须按贷款人要求在指定保险公司为贷款车辆及时足额投保机动车保险(包括续保)。并在保险单上明确约定贷款人为该机动车保险的第一受益人,并承诺不以任何理由中断或撤销投保;⑤严格依照本合同约定及时足额归还贷款本息,如未能按本合同约定还款,同意接受贷款人或贷款人委托方对作为抵押物的贷款车辆采取控制措施。

第九条 贷款人主要义务和权利:①贷款人应按合同约定及时发放贷款;②贷款人有权对借款人的个人信息及财产状况进行了解核实,有权向有关行政机关、司法机关、其他金融机构或信用管理评级机构查询关于借款人的相关信息;③贷款人可与关联机构及合作伙伴(如车辆生产商、专营店)共享借款人信用信息和其他相关信息;④贷款人有权向有关行政机关、司法机关、其他金融机构或信用管理评级机构提供、披露借款人本合同项下的贷款信息及借款人履约信息;⑤贷款期间,贷款人有权了解借款人个人财务状况以及对贷款车辆的使用情况;⑥借款人还款逾期,为督促催告借款人还款,贷款人有权以适当方式对贷款车辆采取控制措施;⑦贷款人有权在作为抵押物的贷款车辆上加装监控设备,借款人违约,贷款人有权通过此设备对贷款车辆实施监控;

第十条 本合同生效后,任何一方不得擅自变更本合同内容,贷款人和借款人任何一方需要变更本合同条款,均应书面通知其他各方,经各方协商达成书面一致意见,方可变更,但本合同另有约定的除外。

第十一条 具备下列情形之一,贷款人有权单方面解除本合同内容,并要求借款人及保证人一次性还清本合同项下的所有未结款项(包括但不限于所有人已到期和未到期贷款本息):①借款人未按时或未足额偿还月还款;②借款人偿债能力或信用状况出现严重恶化且无法补充贷款人认可的还款能力证明或担保;③未经贷款人同意,借款人擅自转让贷款车辆;④贷款期间,借款人未按贷款人要求为贷款车辆及时续保机动车保险或虽已续保但未能约定贷款人为该保险第一受益人而对贷款人安全回收贷款造成不利影响的;⑤借款人与他人发生诉讼或仲裁纠纷,或借款人有转移、隐匿财产等行为,贷款人认为可能危及贷款安全回收的;⑥贷款担保(包括保证及抵押)发生重大不利变化,贷款人认为足以影响其债权实现,而借款人又不能补充其他有效担保的;⑦借款人丧失民事行为能力、被宣告失踪、死亡的;⑧借款人发生的其他可能影响贷款本息安全偿还的情形。

第十二条 保证人自愿为借款人前述借款提供连带责任保证担保,保证范围为本合同项下所有未结的贷款本金、利息(含罚息)及本合同第十五条约定应由借款人支付的费用;保证期间为本合同约定的贷款期届满之日起两年,如遇贷款展期或还款期限变更,则保证期间相应变更为贷款展期届满或者变更后最后还款期限届满之日起两年,保证人承诺在借款人未能按合同约定履行还款义务时其将严格按贷款人要求随时履行还款义务,同时放弃要求贷款人优先行使抵押权的抗辩权,即不论贷款人是否行使抵押权,保证人都将无条件随时履行还款责任。

第十三条　保证人承诺不因贷款人依据本合同相关约定调整对借款人的权利义务而主张保证条款无效,本合同部分条款无效或变更不影响保证条款的效力。

第十四条　逾期催收约定:①借款人还款逾期,贷款人有权按本合同附件所载明的通信地址向借款人及保证人寄送催收信函,如因借款人还款逾期。贷款人依法享有向管辖权人民法院寻求司法救济时,借款人同意以前述地址作为人民法院依法向其邮寄送达诉讼文书资料的有效地址(但非唯一地址),即不论借款人通信地址是否变更以及借款人是否实际签收,前述邮寄行为都发生送达的法律效力;②借款人还款逾期,贷款车辆被贷款人依本合同相关约定采取控制措施后,如借款人不能就逾期贷款归还与贷款人达成一致,为确保贷款人与借款人之间的纠纷尽快解决,贷款人的贷款债权得到及时有效保障,贷款人可申请有管辖权人民法院直接对贷款车辆按照评估价值进行处理,无需公开拍卖,处置价格以贷款人或法院选定的具备资质的专业评估机构所出具的资产价值评估报告为准。处置所得款项优先支付贷款人已发生的清收费用(包括但不限于诉讼费、委托评估费、依本合同约定对贷款车辆采取控制措施所发生的相关费用等)余款用于偿还未结贷款本息。多余部分退还借款人,不足部分继续向借款人及保证人收取,借款人及保证人对此予以认可。

第十五条　相关费用承担:①订立、执行本合同可能需要发生的相关费用,包括但不限于公证费、评估费、抵押登记费以及合同订立、执行和修改所发生的费用,均由借款人承担;②借款人未依本合同约定偿还贷款本息,贷款人(或其委托人)向借款人追索而产生的相关费用(包括但不限于:诉讼、保全及执行费用,律师代理费用,对贷款车辆采取控制措施所发生的费用以及实现债权过程中发生的差旅费、资产评估、处置费等)由借款人来承担;③借款人还款逾期,贷款人将委派催收人员进行现场催收,贷款人每现场催收一次,借款人须向贷款人支付不低于人民币1000元的现场催收费用;④借款人还款逾期严重或性质恶劣,贷款人决定解除合同提前回收贷款的,借款人除依照本合同第七条的约定承担逾期罚息外,另须向贷款人支付不少于人民币6000元的违约金。

第十六条　贷款人可将本合同项下对借款人的全部债权(包括应收的贷款本金、利息、罚金)及附属权利(包括对贷款车辆的抵押权、对贷款车辆机动车保险的优先索赔权利等)一并转让第三方,贷款人只需通过本合同附件中所载明的联系方式通过手机短信或邮递信函方式通知借款人即发生债权转让的法律效力,借款人及保证人对此予以确认。

第十七条　本合同项下全部贷款本息及相关费用结清。本合同即告终止。

第十八条　本合同经依法公证后,具有强制执行的效力,如借款人未能按期偿还贷款、借款人、保证人均愿意依法接受相关人民法院的强制执行,强制执行的标的包括借款人到期未偿还的贷款本息(含罚息)、所有尚未到期贷款本息及债权人实现债权的全部费用。

第十九条　本合同履行过程中发生纠纷,首先由各方友好协商解决,协商不成,可向有管辖权的人民法院提起诉讼,直到各方明确表示放弃申请仲裁。

第二十条　本合同自各方当事人在本合同文本上签字或盖章之日起生效,一式三份,法律效力相同,贷款人、借款人、保证人各执一份,其余可用于办理公证及车辆抵押登记。

贷款人特别声明:在借款人、保证人正式签署本合同前,贷款人已提请借款人及保证人对本合同各条款(特别是本合同第八条第⑤项、第十四第、第十五条、第十六条)进行了认真细致的阅读,并应借款人及保证人的要求作了相应的条款含义说明,各方对本合同各条款含义的理解及认识一致。

机动车抵押合同

本抵押合同由前述《汽车贷款合同》中的"借款人"（抵押人）与"贷款人"（抵押权人）签订，并于《汽车贷款合同》生效时在抵押权人于抵押人之间生效，本合同中"贷款"和"车辆"的定义与前述《汽车贷款合同》附件中贷款与车辆的定义相同。

鉴于：1.贷款人与借款人签订了前述《汽车贷款合同》并向借款人发放了贷款用于购买附件所列车辆；2.贷款人要求借款人以贷款所购车辆进行抵押担保；3.借款人同意将贷款所购车辆向贷款人进行抵押担保；本合同条款如下：

①抵押担保的范围为《汽车贷款合同》中所约定的所有债权、费用及违约金。

②借款人应积极配合贷款人或贷款人的委托方办理抵押登记手续，并承担办理抵押的相关费用。车辆抵押登记完成后，机动车登记证书及车辆抵押证明文件由贷款人或其委托方负责保管。贷款车辆未办理抵押登记不影响本合同的效力。

③抵押期间，借款人应妥善保管并合理使用抵押车辆，承担抵押车辆的维修、保养责任，并接受贷款人检查，因借款人原因导致抵押车辆被查封、抵押或灭失等情况而给贷款人造成经济损失的，借款人应予赔偿。

④抵押期间，借款人必须按贷款人要求为抵押车辆投保机动车保险并承担相关费用，并确保贷款人为贷款车辆机动车保险第一受益人。

⑤借款人严格按照《汽车贷款合同》中所约定还清全部贷款本息及相关费用后，本合同自动终止，贷款人负责配合借款人办理注销车辆抵押登记手续并将机动车登记证书等材料退还借款人。

⑥借款人发生《汽车贷款合同》中所约定的违约情形时，贷款人或其委托方有权依法对抵押车辆进行处置，处置所得价款超过《汽车贷款合同》项下应付款项数额的部分退还抵押人，不足部分由借款人继续清偿。

⑦本合同经依法公证，具有强制执行效力。

⑧本合同一式多份，经借款人及贷款人签字或盖章即生效，借款人和贷款人各执一份，其他用于办理公证及车辆抵押登记。

参考文献

[1] 刘建伟.汽车销售实务[M].北京:北京理工大学出版社,2012.

[2] 华英雄.汽车销售快速成交50招[M].北京:中国经济出版社,2012.

[3] 顾燕庆,朱小燕.汽车销售顾问[M].北京:机械工业出版社,2012.

[4] 宋润生.汽车营销基础与实务[M].广州:华南理工大学出版社,2008.

[5] 李刚.汽车营销基础与实务[M].北京:北京理工大学出版社,2011.

[6] 李刚.汽车及配件营销实训[M].北京:北京理工大学出版社,2011.

[7] 王世铮,高犇.汽车营销[M].北京:北京理工大学出版社,2010.

[8] 王梅.汽车营销实务[M].北京:北京理工大学出版社,2010.

[9] 孙凤英.汽车及配件营销[M].北京:高等教育出版社,2010.

[10] 杜艳霞,李祥峰.汽车与配件营销实务[M].北京:科学出版社,2010.

[11] 张国方.汽车营销学[M].北京:人民交通出版社,2008.

[12] 汪泓.汽车营销实务[M].北京:清华大学出版社,2012.

[13] 张发明.汽车营销实务[M].北京:机械工业出版社,2009.

[14] 戚叔林.汽车市场营销[M].北京:机械工业出版社,2010.

[15] 王琪.汽车市场营销[M].北京:机械工业出版社,2009.

[16] 陈永革.汽车市场营销[M].北京:高等教育出版社,2008.

[17] 夏志华,郭玲.汽车配件市场营销[M].北京:北京理工大学出版社,2010.

[18] 林凤,何宝文,张志.汽车配件管理与营销[M].重庆:重庆大学出版社,2009.

[19] 郑锐洪.营销渠道管理[M].北京:机械工业出版社,2012.

[20] 李蓉.汽车市场调查与预测[M].北京:化学工业出版社,2011.

[21] 何瑛,马钧,徐雯霞.汽车营销策划[M].北京:北京理工大学出版社,2013.

[22] 宓亚光.汽车配件经营与管理[M].北京:机械工业出版社,2011.

[23] 付慧敏,罗双,郭玲.汽车营销实务[M].哈尔滨:哈尔滨工业大学出版社,2013.

[24] 谢金法,赵伟,曹付义.汽车营销[M].北京:人民交通出版社,2014.